高等职业教育机械类专业系列教材

塑料模具的拆装与设计

主　编　黄晓华　梁士红
副主编　徐　徐　李明亮　田千虎
参　编　刘　鹏　邵丽蕾　徐善状
　　　　李耀辉　金玉静
主　审　张信群

机械工业出版社

本书为校企合作开发教材，结合企业模具设计、加工、安装调试的实际生产流程，以模具企业真实产品的典型生产案例为主要载体，采用任务驱动的形式编写而成。

全书分6个项目，计20个任务，内容包括塑料原料与塑料制品的工艺性分析、塑料成型工艺与注射设备的选择、塑料注射成型模具设计（包括注射成型模具基本结构与分类、分型面与浇注系统设计、注射模成型零件设计、注射模推出机构设计、侧向分型与抽芯机构设计、注射模模温调节系统设计、模架的设计、注射模材料的选用及模具设计过程）、压缩模与压注模设计、注射模典型结构实例分析（点浇口模具顺序分型机构、斜导柱侧向分型与抽芯机构的制作）、注射模的拆装。任务后提供知识拓展模块，学生可根据自身学习能力的不同实现分层学习。为方便学生学习和理解，本书对必要的模具结构植入动画链接，扫描二维码即可观看。

本书为高等职业院校模具设计与制造专业、机械类相关专业的教学用书，也可供模具企业相关技术人员参考。

本书配套有电子课件、习题答案等教学资源。选用本书作为教材的教师可登录机械工业出版社教育服务网（http://www.cmpedu.com），注册后免费下载相关资源。咨询电话：010-88379375。

图书在版编目（CIP）数据

塑料模具的拆装与设计/黄晓华，梁士红主编．—北京：机械工业出版社，2024.7

高等职业教育机械类专业系列教材

ISBN 978-7-111-75875-4

Ⅰ.①塑… Ⅱ.①黄… ②梁… Ⅲ.①塑料模具—装配（机械）—高等职业教育—教材②塑料模具—设计—高等职业教育—教材 Ⅳ.①TQ320.5

中国国家版本馆CIP数据核字（2024）第104618号

机械工业出版社（北京市百万庄大街22号 邮政编码100037）
策划编辑：于奇慧　　　　　责任编辑：于奇慧
责任校对：李可意　王　延　封面设计：张　静
责任印制：单爱军
北京虎彩文化传播有限公司印刷
2024年8月第1版第1次印刷
184mm×260mm・18.25印张・449千字
标准书号：ISBN 978-7-111-75875-4
定价：55.00元

电话服务　　　　　　　　　　网络服务
客服电话：010-88361066　　　机　工　官　网：www.cmpbook.com
　　　　　010-88379833　　　机　工　官　博：weibo.com/cmp1952
　　　　　010-68326294　　　金　书　网：www.golden-book.com
封底无防伪标均为盗版　　　机工教育服务网：www.cmpedu.com

前　言

本书以高等职业教育模具设计与制造专业人才培养目标为引领，以培养学生塑料模具设计岗位能力为本位，以教育部塑料模具设计课程教学标准为依据，同时融入爱国情怀、社会责任、科学素养、职业道德等素养提升元素，结合编者在企业实践中积累的经验编写而成。

随着现代制造技术的迅猛发展，在工业生产中模具已成为必不可少的重要工艺装备，尤其是塑料模具在生产中的应用更为广泛。本书按照现代塑料模具工业发展的现状，结合企业模具设计、加工、安装调试的实际生产流程，选择典型任务，通过相关知识及任务实施的介绍，系统地训练学生合理确定塑料制品成型工艺、优化设计模具结构、制造与装配模具，并能解决生产现场技术问题的能力。

本书为校企合作开发教材，以模具企业真实产品的典型生产案例为主要载体，以任务引入、任务分析及任务实施的工作过程为导向，任务后提供知识拓展模块，学生可根据自身学习能力不同实现分层学习。全书分6个项目，计20个任务，对必要的模具结构配套有动画，并以二维码的形式植入书中，方便学生理解。项目1介绍塑料成型与模具设计所必需的理论基础，包括塑料的组成、常用塑料的特点与成型特性及塑料成型制品的结构工艺性要求；项目2介绍各种塑料成型原理及工艺参数的确定，成型设备的选用；项目3介绍注射成型模具的设计与制造，包括注射模的分类、注射模分型面的选择与确定，注射模浇注系统、成型零件、推出机构、侧向分型与抽芯机构、温度调节系统等的设计，模架设计、模具零件的选择及材料的确定；项目4介绍热固性塑料压缩模、压注模的设计与制造工艺；项目5为实例分析，介绍了点浇口模具顺序分型机构、斜导柱侧向分型与抽芯机构的制作；项目6属于实践部分，内容为注射模拆装的准备、实施、安装与调试。

本书由苏州工业职业技术学院黄晓华、梁士红担任主编，滁州职业技术学院张信群教授担任主审，江苏省太仓中等专业学校徐徐、盐城工业职业技术学院李明亮、江苏联合职业技术学院田千虎担任副主编，苏州轴承厂股份有限公司刘鹏、江苏省吴江中等专业学校邵丽蕾、江苏信息职业技术学院徐善状、苏州市职业大学李耀辉、苏州工业职业技术学院金玉静参与编写。本书得到了苏州佳世达电通有限公司、苏州轴承厂股份有限公司的大力支持与帮助，并得到许多专家的热情指导与鼎力相助，他们提出了许多建设性和指导性意见，在此表示诚挚的谢意。

由于编者水平有限，书中难免存在不当和错误之处，敬请广大读者批评指正。

编　者

目　录

前言
**项目 1　塑料原料与塑料制品的工艺性
　　　　分析** ……………………………………… 1
　任务 1.1　塑料原料的分析与选择 …………… 1
　　1.1.1　塑料的组成与分类 ………………… 1
　　1.1.2　塑料的工艺性能 …………………… 6
　　知识拓展　塑料的改性 …………………… 11
　　思考题 ……………………………………… 14
　任务 1.2　塑料制品的结构工艺性分析 ……… 14
　　1.2.1　塑料制品的尺寸、尺寸公差和表面
　　　　　粗糙度 ………………………………… 15
　　1.2.2　塑料制品的结构形状 ……………… 17
　　1.2.3　塑料螺纹和齿轮 …………………… 27
　　知识拓展　带嵌件塑料制品的设计 ……… 29
　　思考题 ……………………………………… 32

**项目 2　塑料成型工艺与注射设备的
　　　　选择** ……………………………………… 33
　任务 2.1　塑料成型方法及工艺参数的
　　　　　确定 …………………………………… 33
　　2.1.1　注射成型原理及其工艺特性 ……… 33
　　2.1.2　压缩成型原理及其工艺特性 ……… 39
　　2.1.3　压注成型原理及其工艺特性 ……… 44
　　知识拓展　挤出成型原理及其工艺过程 … 50
　　思考题 ……………………………………… 53
　任务 2.2　注射成型设备的选择 ……………… 54
　　2.2.1　注射机有关工艺参数的校核 ……… 54
　　2.2.2　国产注射机的主要技术规格 ……… 58
　　知识拓展　注射模与注射机安装部分的
　　　　　　衔接 ………………………………… 61
　　思考题 ……………………………………… 62

项目 3　塑料注射成型模具设计 ……………… 63
　任务 3.1　注射成型模具基本结构与分类 …… 63
　　3.1.1　注射模的分类 ……………………… 64
　　3.1.2　注射模的结构组成 ………………… 64
　　3.1.3　注射模的典型结构 ………………… 66
　　知识拓展　角式注射机用注射模 ………… 74
　　思考题 ……………………………………… 75
　任务 3.2　分型面与浇注系统设计 …………… 75

　　3.2.1　分型面的设计 ……………………… 76
　　3.2.2　浇注系统与排溢系统的设计 ……… 79
　　3.2.3　排溢系统的设计 …………………… 95
　　知识拓展　热流道浇注系统 ……………… 98
　　思考题 ……………………………………… 102
　任务 3.3　注射模成型零件设计 ……………… 102
　　3.3.1　成型零件的结构设计 ……………… 103
　　3.3.2　成型零件工作尺寸的计算 ………… 109
　　知识拓展　螺纹型环和螺纹型芯工作
　　　　　　尺寸的计算 ………………………… 115
　　思考题 ……………………………………… 117
　任务 3.4　注射模推出机构设计 ……………… 117
　　3.4.1　推出机构的结构组成 ……………… 117
　　3.4.2　脱模力的计算 ……………………… 119
　　3.4.3　简单推出机构 ……………………… 119
　　3.4.4　推出机构的导向与复位 …………… 123
　　3.4.5　动定模双向推出机构 ……………… 124
　　3.4.6　顺序推出机构 ……………………… 125
　　3.4.7　浇注系统凝料的推出机构 ………… 126
　　知识拓展　带螺纹制件的推出机构 ……… 130
　　思考题 ……………………………………… 132
　任务 3.5　侧向分型与抽芯机构设计 ………… 133
　　3.5.1　侧向分型与抽芯机构的分类 ……… 133
　　3.5.2　斜导柱侧向分型与抽芯机构 ……… 135
　　3.5.3　斜滑块侧向分型与抽芯机构 ……… 149
　　知识拓展　其他类型的抽芯机构 ………… 153
　　思考题 ……………………………………… 154
　任务 3.6　注射模模温调节系统设计 ………… 155
　　3.6.1　模具温度及塑料成型温度 ………… 155
　　3.6.2　冷却回路的尺寸确定 ……………… 157
　　3.6.3　常见冷却系统的结构 ……………… 158
　　知识拓展　注射模的加热系统 …………… 163
　　思考题 ……………………………………… 165
　任务 3.7　模架的设计 ………………………… 165
　　3.7.1　标准注射模架 ……………………… 166
　　3.7.2　支承零部件的设计 ………………… 169
　　3.7.3　合模导向机构的设计 ……………… 171
　　知识拓展　注射模的定位机构 …………… 181

思考题 ……………………………………… 181
任务 3.8　注射模材料的选用及模具设计
　　　　　过程 …………………………… 182
　　3.8.1　模具材料的选用 ………………… 182
　　3.8.2　塑料模设计技术文件 …………… 190
　　知识拓展　注射模设计的步骤与方法 … 193
　　思考题 ……………………………………… 195

项目 4　压缩模与压注模设计 …………… 196
任务 4.1　热固性塑料压缩成型工艺
　　　　　分析 …………………………… 196
　　4.1.1　压缩成型原理及其特点 ………… 197
　　4.1.2　压缩成型工艺过程 ……………… 197
　　4.1.3　压缩成型工艺参数 ……………… 199
　　4.1.4　压力机的选择与相关技术
　　　　　参数校核 ……………………… 201
　　思考题 ……………………………………… 207
任务 4.2　压缩模设计 ……………………… 207
　　4.2.1　压缩模的结构组成与分类 ……… 207
　　4.2.2　凸模、凹模各组成部分及其
　　　　　作用 …………………………… 211
　　4.2.3　凸模、凹模配合的结构形式 …… 214
　　4.2.4　加料腔尺寸的计算 ……………… 215
　　知识拓展　压缩模的导向机构与推出
　　　　　机构 …………………………… 220
　　思考题 ……………………………………… 226
任务 4.3　压注模设计 ……………………… 226
　　4.3.1　压注成型特点 …………………… 227
　　4.3.2　压注模结构设计 ………………… 228
　　4.3.3　压注模与液压机的关系 ………… 230
　　4.3.4　压注模零部件设计 ……………… 231
　　思考题 ……………………………………… 242

项目 5　注射模典型结构实例分析 ……… 243
任务 5.1　点浇口模具顺序分型机构 ……… 243
　　5.1.1　点浇口及其脱料分析 …………… 244
　　5.1.2　双钩顺序自动脱浇口模具实例 … 245
　　思考题 ……………………………………… 253
任务 5.2　斜导柱侧向分型与抽芯机构的

制作 …………………………… 253
　　5.2.1　工作原理简介 …………………… 253
　　5.2.2　滑块斜孔的形式与加工工艺 …… 253
　　思考题 ……………………………………… 256

项目 6　注射模的拆装 …………………… 257
任务 6.1　注射模拆装前的准备 …………… 257
　　6.1.1　概述 ……………………………… 257
　　6.1.2　模具拆装的目的和要求 ………… 257
　　6.1.3　模具拆装前的准备 ……………… 258
　　6.1.4　模具拆装时的注意事项 ………… 258
　　6.1.5　模具拆装的步骤 ………………… 258
　　知识拓展　注射模拆装的应用场合 …… 259
　　思考题 ……………………………………… 259
任务 6.2　注射模的拆卸与装配 …………… 259
　　6.2.1　模具拆装的内容 ………………… 260
　　6.2.2　模具拆装的步骤 ………………… 260
　　知识拓展　注射模装配的配作加工法 … 264
　　思考题 ……………………………………… 264
任务 6.3　注射模的安装与调试 …………… 264
　　6.3.1　注射模安装与调试的目的和
　　　　　要求 …………………………… 265
　　6.3.2　操作步骤 ………………………… 265
　　知识拓展　影响注射成型质量的其他
　　　　　因素 …………………………… 272
　　思考题 ……………………………………… 272

附录 …………………………………………… 273
附录 A　实训报告 …………………………… 273
　　实训报告一　单分型面注射模拆装与
　　　　　调试 …………………………… 274
　　实训报告二　双分型面注射模拆装与
　　　　　调试 …………………………… 276
　　实训报告三　斜导柱侧抽芯注射模的
　　　　　拆装与调试 …………………… 278
　　实训报告四　斜滑块侧抽芯注射模的
　　　　　拆装与调试 …………………… 280
附录 B　参考数据表 ………………………… 282

参考文献 …………………………………… 285

项目 1
塑料原料与塑料制品的工艺性分析

塑料制品式样各异,且使用要求各不相同,对塑料原料的要求也就不同。不同的塑料原料,其使用性能、成型工艺特性和应用范围也不同。塑料的选用要综合考虑多方面的因素;要了解塑料制品的用途、使用的环境状况(如温度、化学性能、介电性能等要求)等;需要了解塑料原料的性能(如组成成分、类型和特点等),以及塑料的成型工艺特性(如热力学性能、收缩性、流动性、结晶性、热敏性、水敏性、吸湿性、应力开裂和熔体破裂等);在满足使用性能和成型工艺特性后,还应考虑塑料制品的成本,如原材料的价格、成型加工的难易程度和相应的模具制造及维护成本等。

任务 1.1 塑料原料的分析与选择

【学习目标】
1. 掌握塑料的组成、类型、特点和工艺特性。
2. 掌握常用塑料的代号、性能和用途。
3. 能根据塑料制品的性能要求合理选择塑料制品材料。
4. 树立制品塑料回收可再生的环保意识。

任务引入

图 1-1 所示为生活中常见的药瓶内盖,其材料如何选择?

相关知识

1.1.1 塑料的组成与分类

1. 塑料的组成

塑料的成分相当复杂。几乎所有的塑料都是以各种各样的树脂为基础,再加入各种添加剂制成的。

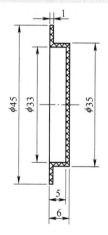

图 1-1 药瓶内盖

（1）树脂 树脂多是从石油、煤、空气、水和农副产品等物质中提炼出来的化学物质，它是塑料的主要成分（约占材料总重量的 40%~60%）。有些树脂不能单独用作塑料，必须加入一些添加剂。加入添加剂的目的，是为了减少树脂含量，改善塑料的使用和加工性能。塑料之所以具有可塑性或流动性，就是树脂所赋予的。

（2）填料 添加填料，不仅能使塑料的成本大大降低，而且还能使塑料的性能得到显著改善，对塑料的推广和应用有促进作用。常用的填料有木粉、纸浆、硅藻土、云母、石棉、炭黑、玻璃纤维等。填料在很大程度上能改变塑料的力学性能、物理性能及工艺性能，如硬度、刚度、电绝缘性等。例如，聚甲醛树脂中加入石墨、聚四氟乙烯后，塑料的耐磨性、抗水性、耐热性、硬度及机械强度等得到全面的改进。用玻璃纤维作为塑料的填料，能使塑料的机械强度大幅度提高。有的填料还可以使塑料具有树脂所没有的性能，如导电性、导磁性、导热性等。大多数填料还可以减少塑料在成型时的收缩率，以提高产品的尺寸精度。填料的用量一般不超过塑料的 40%（质量分数，下同）。

（3）增塑剂 树脂中加入增塑剂后，加大了其分子间的距离，因而削弱了大分子间的作用力，这样便使树脂分子容易滑移，从而使塑料能在较低的温度下具有良好的可塑性和柔软性。如聚氯乙烯树脂中加入邻苯二甲酸二丁酯，可变为像橡胶一样的软塑料。常用的增塑剂是液态或低熔点固态的有机化合物，主要有甲酸酯类、磷酸酯类和氯化石蜡等。对增塑剂的要求是：与树脂有良好的相溶性；挥发性小，不易从塑料制品中析出；无毒、无臭味、无色；对光和热比较稳定；不吸湿等。另外还需注意，加入增塑剂固然可以使塑料的工艺性能和使用性能均得到改善，但也降低了树脂的某些性能，如稳定性、介电性、机械强度等。因此，在塑料中要尽可能少添加增塑剂，有些塑料可不添加增塑剂。

（4）稳定剂 稳定剂可以提高树脂在受外界因素（如热、光、氧和射线等）作用时的稳定性，阻止和减缓塑料在加工及使用过程中的分解变质。许多树脂在成型加工和使用过程中，由于受外界因素的作用，性能会变差，即所谓"老化"。加入少量（千分之几）稳定剂可以减缓这种情况的发生。对稳定剂的要求是：除对聚合物的稳定效果好外，还应能耐水、耐油、耐化学药品，并与树脂相溶，在成型过程中不分解、挥发小、无色。根据不同的作用，稳定剂可分为热稳定剂、光稳定剂、抗氧化剂等。常用的稳定剂有硬脂酸盐、铅的化合物及环氧化合物等。

（5）润滑剂 添加润滑剂的目的是对塑料表面起润滑作用，改进塑料熔体的流动性，减少或避免塑料对模具型腔的摩擦和黏附，从而使塑料制品的表面更加光洁，也有助于延长模具的使用寿命。常用的润滑剂有硬脂酸及其盐类，其加入量通常小于 1%。

（6）着色剂 在塑料中有时要使用有机颜料、无机颜料和染料，使塑料制品具有各种色彩，以适合使用上的美观要求，这些有机颜料、无机颜料和染料就称为着色剂。有些着色剂兼有其他作用，如本色聚甲醛塑料用炭黑着色后，能在一定程度上防止光老化；聚氯乙烯用二盐基亚磷酸铅等颜料着色后，可避免紫外线的射入，对树脂起着屏蔽作用。因此，它们还可以提高塑料的稳定性。对着色剂的一般要求是：性质稳定、不易变色、不与其他成分（增塑剂、稳定剂等）起化学反应、着色力强、与树脂有很好的相溶性等。

（7）固化剂 固化剂又称为硬化剂、交联剂。它的作用在于促使合成树脂进行交联反应而形成体型网状结构或加快交联反应速度，成为较坚硬和稳定的塑料制品。例如，在环氧树脂中加入乙二胺、三乙醇胺等。

塑料的添加剂除上述几种外，还有发泡剂（制造泡沫塑料）、阻燃剂（降低塑料的燃烧性）、防静电剂、导电剂和导磁剂等。塑料制品可以根据需要选择适当的添加剂。

塑料还可以制成"合金"，即把不同品种、不同性能的塑料用机械的方法均匀融合起来，或者将不同单体的塑料通过化学处理得到新性能的塑料。例如，ABS 塑料就是由苯乙烯（S）、丁二烯（B）、丙烯腈（A）组成，经共聚和混合而制成的三元"合金"。

2. 塑料的分类

目前，塑料的品种很多，已投入生产的有 300 余种，常用的有 40 多种。从不同角度按照不同原则进行分类的方式也各不相同。但常用的塑料分类方法有以下两种。

（1）按分子结构及其热性能分类

1）热塑性塑料。这种塑料具有线型分子链或带支链线型分子链。这类塑料在加热时，分子活动能力强，链分子间容易产生相对运动，物料形态由固态逐渐软化或熔融成胶糊状态或黏稠流体状态，但冷却后又可变硬复原为固态。如此可以反复进行多次。在这一过程中一般只有物理变化，塑料分子结构并无变化，因而其变化过程是可逆的。但是，如果温度过高且保温时间过长，材料也将被破坏。

热塑性塑料是可以多次反复加热而仍具有可塑性的塑料。聚乙烯、聚丙烯、聚苯乙烯、聚氯乙烯、有机玻璃、聚甲醛、聚碳酸酯、ABS 等塑料均属此类。常用的热塑性塑料的特性及用途见表1-1。

表 1-1 热塑性塑料的特性和用途

名称		特性	用途
聚乙烯（PE）	高密度聚乙烯（PE-HD）	按聚合时采用的压力不同可分为高压、中压和低压三种。低压聚乙烯（又称高密度聚乙烯）的分子链上支链较少，相对分子质量、结晶度和密度较高，所以比较硬、耐磨、耐蚀、耐热及绝缘性较好	用于制造塑料管、塑料板、塑料绳及承载不高的零件，如齿轮、轴承等
	低密度聚乙烯（PE-LD）	高压聚乙烯（低密度聚乙烯）分子带有许多支链，因而相对分子质量较小，结晶度和密度较低，且具有较好的柔软性、耐冲击性及透明性。成型工艺性好，但刚性差，密度为 $0.91\sim0.96 \text{g/cm}^3$	常用于制作塑料薄膜（理想的包装材料）、软管、塑料瓶，以及电气工业中的绝缘零件和包覆电缆外皮等
聚丙烯（PP）		耐蚀性优良，力学性能高于聚乙烯，拉伸强度甚至高于聚苯乙烯和 ABS。耐疲劳和耐应力开裂性好，但收缩率较大，低温脆性大，在氧、热、光的作用下极易降解、老化。密度为 $0.90\sim0.91\text{g/cm}^3$	用于医疗器具、家用厨房用品、家电零部件、化工耐蚀零件、中小型容器和设备的衬里、表面涂层
聚氯乙烯（PVC）		耐化学腐蚀性和电绝缘性能优良，力学性能较好，具有难燃性，但耐热性差，高温时易发生降解。密度为 $1.15\sim2.00\text{g/cm}^3$	用于软、硬耐蚀管、板、型材、薄膜，电线电缆绝缘制品等；日常生活中，用于制造凉鞋、雨衣、玩具、人造革等
聚苯乙烯（PS）		树脂透明，有一定的机械强度，绝缘性能好，耐辐射，成型工艺较好；但脆性大，耐冲击性和耐热性差。密度约为 1.054g/cm^3	在机械工业上用于不受冲击的透明仪器、仪表外壳、罩体等；在电气方面用作良好的绝缘材料、接线盒、电池盒等；在日用品方面广泛用于包装材料、各种容器、玩具等

(续)

名称	特性	用途
丙烯腈-丁二烯-苯乙烯共聚物（ABS）	具有韧性、硬度、刚性均衡的优良力学特性，绝缘性能、耐化学腐蚀性好，尺寸稳定性、表面光泽性好，易涂装和着色。耐热性不太好，耐候性较差。密度为 $1.02\sim1.05g/cm^3$	用于汽车、电器仪表、机械构件，如齿轮、把手、仪表盘等
聚甲基丙烯酸甲酯（PMMA）	俗称有机玻璃，是一种透明塑料，具有高度的透明性和透光性，透光率达92%。有机玻璃轻而坚韧，密度为 $1.18g/cm^3$，机械强度好，容易着色，电气绝缘性能较好。化学性能稳定，耐化学腐蚀，但能溶于芳烃、氯代烃等有机溶剂。尺寸稳定性好。表面硬度低，容易被硬物擦伤拉毛	可制成棒、管、板等型材，也可供模塑成型加工。主要用于制造要求具有一定透明度和强度的防振、防爆和观察等方面的零件，如飞机和汽车的窗玻璃、油杯、光学镜片、透明模型、透明管道、车灯灯罩、油标及各种仪器零件，也可用作绝缘材料、广告铭牌等
聚酰胺（PA）	力学性能优异，冲击强度好，耐磨性、耐热性和自润滑性能好，但易吸水，尺寸稳定性差。密度为 $1.03\sim1.04g/cm^3$	用于机械、仪器仪表、汽车等方面耐磨受力零部件
聚碳酸酯（PC）	具有优良的综合性能，特别是力学性能优异，耐冲击性能优于一般热塑性塑料，其他性能如耐热、耐低温、耐化学腐蚀性、电绝缘性能等均好，制品尺寸精度高，树脂具有透明性，但易产生应力开裂。密度约为 $1.2g/cm^3$	强度高、耐冲击结构件，电器零部件，小负荷传动零件等
聚甲醛（POM）	力学性能优异，刚性好，耐冲击性好，有突出的自润滑性、耐磨性和耐化学腐蚀性。但耐热性和耐候性差。密度为 $1.41\sim1.71g/cm^3$	代替铜、锌等有色金属和合金制作耐磨部件，如轴承、齿轮、凸轮等耐蚀制品
聚砜类（PSU）	耐热性优良，力学性能、绝缘性能、尺寸稳定性、耐辐射性好，但成型工艺性差。密度为 $1.24\sim1.45g/cm^3$	用于高温、高强度结构零部件、耐蚀、电绝缘零部件
氟塑料	具有突出的耐蚀、耐高温性能，摩擦系数低，自润滑性能好，但力学性能不高，刚性差，成型加工性不好。密度为 $2.07\sim2.2g/cm^3$。主要有聚四氟乙烯（PTFE）、聚三氟氯乙烯（PCTFE）等	用于高温环境中的化学设备及零件，耐磨部件，密封材料等
氯化聚醚（CPT）	化学稳定性突出，耐磨、减摩性比聚酰胺、聚甲醛还好，吸水率只有0.01%，是工程塑料中吸水率最小的一种。成型收缩率小而稳定，尺寸稳定性较好。电气绝缘性能较好，特别是在潮湿状态下的介电性能优异。但刚性较差，冲击强度不如聚碳酸酯	机械上可用于制造轴承、轴承保持器、导轨、齿轮、凸轮、轴套等。在化工方面，可作防腐涂层、贮槽、容器、化工管道、耐酸泵件、阀、窥镜等
聚苯醚（PPE）	具有优良的力学性能，热变形温度高，使用温度范围宽，耐化学腐蚀性、高温蠕变性和绝缘性能好，有自熄性。尺寸稳定性好。密度为 $1.06\sim1.38g/cm^3$	代替有色金属制作精密齿轮、轴承等零件，耐高温、耐蚀电器部件
纤维素及其塑料	表面韧而硬，透明度好，容易着色，耐候性好，易于加工	硝化纤维素用作炸药，塑料用于生活、文教用品，如乒乓球、眼镜架、笔杆、尺子等

2) 热固性塑料。这类塑料最终具有体型网状结构。这种分子结构是在塑料加热成型后期逐渐形成的;在加热之初,因分子呈线型结构,具有可溶性和可塑性,可塑制成一定形状的塑料制品;当继续加热时,温度达到一定程度后,分子呈现立体网状结构,树脂变成不溶或不熔的体型结构,使形状固定下来不再变化;如再加热,也不再软化,不再具有可塑性。在这一变化过程中既有物理变化,又有化学变化,因而其变化过程是不可逆的。

热固性塑料是通过加热硬化制得的塑料。热固性塑料常采用压缩、压注或层压等方法成型。酚醛塑料、氨基塑料、环氧塑料、有机硅塑料、不饱和聚酯塑料等均属此类。常用的热固性塑料的特性及用途见表1-2。

表1-2 热固性塑料的特性和用途

名称		特性	用途
酚醛树脂(PF)		通常由酚类化合物和醛类化合物缩聚而成。绝缘性能和力学性能好,耐水性、耐酸性和耐烧蚀性能优良	用于电气绝缘制品、机械零件、黏结材料及涂料
氨基树脂	脲-甲醛树脂(UF)	本身为无色,着色性好,绝缘性能好,但耐水性差	用于电器零件、食品器具、木材和胶合板用黏结剂
	三聚氰胺-甲醛树脂(MF)	本身为无色,着色性好、硬度高、耐磨性好,绝缘性能和耐电弧性能优良	用于电器、机械零件,化妆板、黏结剂和涂料等
环氧树脂(EP)		黏结性和力学性能优良,耐化学药品性(尤其是耐碱性)良好,绝缘性能好,固化收缩率低,可在室温、接触压力下固化成型	用于力学性能要求高的零部件、电气绝缘制品、黏结剂和涂料
不饱和聚酯树脂(UP)		可在低温下固化成型,其玻璃纤维增强塑料具有优良的力学性能,良好的耐化学腐蚀和绝缘性能、但固化收缩率较大	用于建材、结构材料、汽车及电器零件、纽扣,还可用于涂料、胶泥等
聚氨酯树脂(PUR)		耐热、耐油、耐溶剂性好,强韧性、黏结性和弹性优良	隔热材料、缓冲材料、合成皮革、发泡制品
乙烯基酯树脂(VE)		绝缘性能优异,尺寸稳定性好	绝缘电器零件、精密电子零件

(2) 按用途分类

1) 通用塑料。这类塑料主要是指产量大、用途广、价格低的一类塑料,主要包括六大品种:聚乙烯、聚氯乙烯、聚苯乙烯、聚丙烯、酚醛塑料和氨基塑料。它们的产量约占塑料总产量的80%,构成了塑料工业的主体。

2) 工程塑料。工程塑料常指在工程技术中用作结构材料的塑料。它除具有较高的机械强度外,还具有很好的耐磨性、耐蚀性、自润滑性及尺寸稳定性等,具有某些金属性能,因而可以代替金属制作某些机械构件。目前常用的工程塑料包括聚酰胺、聚甲醛、聚碳酸酯、ABS、聚砜、聚苯醚、聚四氟乙烯等。

3) 特殊塑料。特殊塑料指具有某些特殊性能的塑料。这类塑料有高的耐热性或高的电绝缘性及耐蚀性等性能,如氟塑料、聚酰亚胺塑料、有机硅树脂、环氧树脂等。特殊塑料还包括为某些专门用途而改性制得的塑料,如导磁塑料和导热塑料。

1.1.2 塑料的工艺性能

塑料的工艺性能是塑料在成型加工过程中表现出来的特有性质，表现在许多方面。有些性能直接影响成型方法和工艺参数的选择，有些性能直接影响塑料制品的质量，同时也影响着模具的设计，而有些性能则只与操作有关。下面就热塑性塑料和热固性塑料的工艺性能分别进行介绍。

1. 热塑性塑料的工艺性能

热塑性塑料的成型工艺性能除了前面讨论过的热力学性能、结晶性及取向性外，还包括收缩性、流动性、相容性、吸湿性及热敏性和水敏性等。

(1) 收缩性 塑料制品自模具中取出冷却到室温后，其尺寸或体积会发生收缩，这种性质称为收缩性。收缩性的大小以单位长度塑料制品收缩量的百分数来表示，称为收缩率。由于成型模具的材料与塑料的线胀系数不同，收缩率分为实际收缩率和计算收缩率。实际收缩率表示模具或塑料制品在成型温度时的尺寸与塑料制品在室温时的尺寸之间的差别，而计算收缩率则表示室温时模具尺寸与塑料制品尺寸的差别。这两种收缩率的计算可按下列公式求得

$$S' = \frac{L_c - L_s}{L_s} \times 100\% \tag{1-1}$$

$$S = \frac{L_m - L_s}{L_s} \times 100\% \tag{1-2}$$

式中　S'——实际收缩率；

　　　S——计算收缩率；

　　　L_c——模具或塑料制品在成型温度时的单向尺寸；

　　　L_s——塑料制品在室温时的单向尺寸；

　　　L_m——模具在室温时的单向尺寸。

在普通中、小型模具成型零件尺寸计算时，计算收缩率与实际收缩率相差很小，且模具或塑料制品在成型温度时的单向尺寸测量不便，所以常采用计算收缩率。实际收缩率表示塑料实际所发生的收缩，在大型、精密模具成型零件尺寸计算时常采用。

塑料制品收缩的形式除由于热胀冷缩、塑料制品脱模时的弹性回复及塑性变形等原因产生的尺寸线性收缩外，还会因塑料制品形状、料流方向及成型工艺参数的不同产生收缩方向性。此外，塑料制品脱模后残余应力的缓慢释放和必要的后处理工艺也会使塑料制品产生后收缩。影响塑料制品成型收缩的因素主要有如下几种：

1) 塑料品种。各种塑料都具有各自的收缩率。同一种塑料由于树脂的相对分子质量、填料及配方比等不同，其收缩率及各向异性也不同。例如，树脂的相对分子质量高，填料为有机物时，树脂含量较多，则塑料的收缩率较大。

2) 塑料制品的结构。塑料制品的形状、尺寸、壁厚、有无嵌件、嵌件数量及其分布对收缩率的大小也有很大影响。如塑料制品的形状复杂、壁薄、有嵌件、嵌件数量多且对称分布，收缩率较小。

3) 模具的结构。模具的分型面，加压方向，浇注系统的形式、布局及尺寸等因素直接影响料流方向、密度分布、保压补缩作用及成型时间，对收缩率及方向性影响也很大。如采

用直浇口和大截面的浇口,可减少收缩,但方向性强;若浇口宽且短,则方向性小;距离浇口近的或与料流方向垂直的部位收缩大等。

4)成型工艺。挤出成型和注射成型一般收缩率较大,方向性也很明显。塑料的装料形式、预热情况、成型温度、成型压力、保压时间等对收缩率及方向性都有较大影响。例如采用压锭加料,进行预热,采用较低的成型温度、较高的成型压力、延长保压时间等均是减小收缩率及方向性的有效措施。

由上述可知,影响塑料收缩率变化的因素很多,而且相当复杂。不同品种的塑料,其收缩率各不相同,即使同一品种而批号不同的塑料,或同一塑料制品的不同部位,其收缩率也不同,因此收缩率不是一个固定值,而是在一定范围内变化的,这个波动范围越小,塑料制品的尺寸精度就越容易保证,否则就难于控制。在模具设计时,应根据以上因素综合考虑选取塑料的收缩率,对精度高的塑料制品,应选取收缩率波动范围小的塑料,并留有试模后修正的余地。

(2) 流动性 在成型加工中,塑料熔体在一定的温度与压力作用下充填模腔的能力,即为塑料的流动性。塑料流动性的好坏,在很大程度上会影响成型工艺的许多参数,如成型温度、压力、周期、模具浇注系统的尺寸及其他结构参数。在确定塑料制品大小与壁厚时,也要考虑流动性的影响。

从分子结构角度分析,流动的产生实质上是分子间相对滑移的结果。高聚物熔体的滑移是通过分子链段运动来实现的。显然,流动性主要取决于分子组成、相对分子质量大小及其结构。只有线型分子结构而没有或很少有交联结构的高聚物流动性好,而体型结构的高分子一般不产生流动。高聚物中加入填料,会降低树脂的流动性;加入增塑剂、润滑剂可以提高流动性。流动性差的塑料,在注射成型时不易充填模腔,易产生缺料。当采用多个浇口时,塑料熔体的会合处会因不能很好地熔接而产生熔接痕,这些缺陷甚至会导致制件报废;相反,若材料流动性太好,注射时容易产生流涎,造成塑料制品在分型面、活动成型零件、推杆等处的溢料飞边。因此,成型过程中应适当选择与控制材料的流动性,以获得满意的塑料制品。

塑料流动性的好坏采用统一的方法来测定,对于热塑性塑料,常用的方法有熔融指数测定法和螺旋线长度试验法。熔融指数测定法是将被测塑料装入图 1-2a 所示的标准装置内,在一定的温度和压力下,通过测定熔体在 10min 内通过标准毛细管(直径为 $\phi 2.09mm$ 的出料模孔)的塑料质量值来确定其流动性的状况,测定的值称为熔融指数。熔融指数越大,流动性越好。熔融指数的单位为 g/10min。螺旋线长度法是将被测塑料在一定的温度与压力下注入标准的阿基米德螺旋线模具内(图 1-2b),通过测定熔体的流动长度来表示该塑料的流动性。流动长度越长,流动性越好。

热塑性塑料的流动性分为三类:流动性好,如聚酰胺、聚乙烯、聚丙烯、聚苯乙烯、乙酸纤维素等;流动性中等,如改性聚苯乙烯、ABS、AS、聚甲基丙烯酸甲酯、聚甲醛、氯化聚醚等;流动性差,如聚碳酸酯、硬聚氯乙烯、聚苯醚、聚砜、氟塑料等。

影响流动性的因素主要有以下几种:

1)温度。塑料熔料温度高,则流动性好。但不同塑料也各有差异。聚苯乙烯、聚丙烯、聚酰胺、聚甲基丙烯酸甲酯、ABS、AS、聚碳酸酯、乙酸纤维等塑料的流动性随温度变化的影响较大;而聚乙烯、聚甲醛的流动性受温度变化的影响较小。

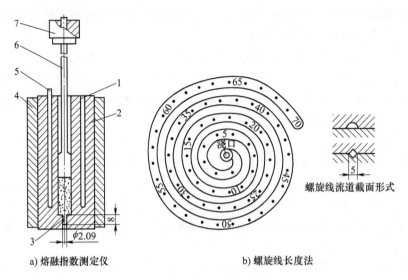

图 1-2　流动性测定示意图

1—热电偶测温管　2—料筒　3—出料孔　4—保温层　5—加热棒　6—柱塞　7—重锤

(注：6、7 总重 2160g)

2）压力。注射压力增大，则熔料受剪切作用大，流动性也增大，尤其是聚乙烯、聚甲醛的流动性对压力较为敏感。

3）模具的结构。浇注系统的形式、尺寸、布置（如型腔表面粗糙度、浇道截面厚度、型腔形式、排气系统）、冷却系统的设计、熔料的流动阻力等因素都直接影响熔料的流动性。凡促使熔料温度降低、流动阻力增加的因素，就会使流动性降低。

(3) 相容性　相容性是指两种或两种以上不同品种的塑料，在熔融状态不产生相互分离现象的能力。如果两种塑料不相容，则混熔时制件会出现分层、脱皮等表面缺陷。不同塑料的相容性与其分子结构有一定关系，分子结构相似者较易相容，例如高压聚乙烯、低压聚乙烯、聚丙烯彼此之间的混熔等。分子结构不同时较难相容，例如聚乙烯和聚苯乙烯之间的混熔。

塑料的相容性又俗称为共混性。通过塑料的这一性质，可以得到类似共聚物的综合性能，这也是改进塑料性能的重要途径之一，例如聚碳酸酯和 ABS 塑料相容，就能改善聚碳酸酯的工艺性（主要是流动性）。

(4) 吸湿性　吸湿性是指塑料对水分的亲疏程度。据此塑料大致可以分为两种类型：第一类是具有吸湿或黏附水分倾向的塑料，如聚酰胺、聚碳酸酯、ABS、聚苯醚、聚砜等；第二类是吸湿或黏附水分极小的材料，如聚乙烯、聚丙烯等。造成这种差别的原因主要是其组成及分子结构的不同。如聚酰胺分子链中含有酰胺基 CO-NH（极性基因），对水有吸附能力；而聚乙烯类的分子链中是由非极性基因组成，表面呈蜡状，对水不具有吸附能力。材料疏松可使塑料的表面积增大，也容易增加吸湿性。

凡是具有吸湿或黏附水分的塑料，如果水分含量超过一定的限度，在成型加工过程中，水分在成型机械的高温料筒中变成气体，会促使塑料高温水解，从而导致材料降解，成型后的塑料制品出现气泡、银丝与斑纹等缺陷。因此，塑料在成型前，一般都要经过干燥，使水分含量在 0.2%（质量分数）以下，并要在加工过程中继续保温，以防重新吸潮。

(5) 热敏性和水敏性

1) 热敏性。是指某些热稳定性差的塑料，在高温下受热时间较长或浇口截面过小及剪切作用大时，料温增高就易发生变色、降解、分解的倾向。具有这种特性的塑料称为热敏性塑料，如硬聚氯乙烯、聚甲醛、聚三氟氯乙烯等。

热敏性塑料在分解时产生单体、气体、固体等副产物，尤其是有的分解气体对人体、设备、模具都有刺激、腐蚀作用或有毒性。同时，有的分解物往往又是促使塑料分解的催化剂（如聚氯乙烯的分解物为氯化氢，它能促使高分子分解作用进一步加剧）。为了防止热敏性塑料在成型过程中出现过热分解现象，可采取在塑料中加入稳定剂、合理选择设备（如选用螺杆式注射机）、正确控制成型温度和成型周期、及时清理设备中的分解物等办法。此外，也可采取合理设计模具的浇注系统、模具表面镀铬等措施。

2) 水敏性。在高温下，熔体对水降解的敏感性，称为水敏性。具有水敏性的塑料，称为水敏性塑料，如聚碳酸酯。水敏性塑料在成型过程中，即使含有很少水分，也会在高温及高压下发生水解，因此这类塑料在成型前必须进行干燥处理。

2. 热固性塑料的工艺性能

同热塑性塑料相比，热固性塑料具有制件尺寸稳定性好、耐热好和刚性大等特点，所以在工程上应用十分广泛。热固性塑料在热力学性能上明显不同于热塑性塑料，其主要的工艺性能指标有收缩率、流动性、比容和压缩比、硬化速度、水分及挥发物含量等。

(1) 收缩率 同热塑性塑料一样，热固性塑料也具有因成型冷却而引起的尺寸减小。收缩率的计算方法与热塑性塑料收缩率相同。产生收缩的主要原因有以下几种：

1) 热收缩。这是因热胀冷缩而引起的尺寸变化。由于塑料是由高分子化合物为基础构成的物质，其线胀系数比钢材大几倍至十几倍，制件从成型加工温度冷却到室温时，就会产生远大于模具尺寸收缩的收缩，这种热收缩所引起的尺寸减小是可逆的。收缩量的大小可用塑料线胀系数的大小来判断。

2) 结构变化引起的收缩。热固性塑料的成型加工过程是热固性树脂在模腔中进行化学反应的过程，即产生交联结构，分子链间距离缩小，结构紧密，引起体积收缩。这种由结构变化而产生的收缩，在进行到一定程度时，就不会继续产生。

3) 弹性回复。塑料制品固化后并非刚性体，脱模时，因成型压力降低，会产生弹性回复，这种现象降低了收缩率。在成型以玻璃纤维和布质为填料的热固性塑料时，这种情况尤为明显。

4) 塑性变形。这主要表现在制件脱模时，成型压力迅速降低，但模壁紧压着制件的周围，产生塑性变形。发生变形部分的收缩率比没有发生变形部分的收缩率大，因此制件往往沿平行加压方向的收缩较小，而沿垂直加压方向的收缩较大。为防止两个方向的收缩率相差过大，可采用迅速脱模的办法。

影响热固性塑料收缩率的因素与热塑性塑料相同，有原材料、模具结构、成型方法及成型工艺条件等。塑料中树脂和填料的种类及含量，直接影响收缩率的大小。当所用树脂在固化反应中放出的低分子挥发物较多时，收缩率较大；放出低分子挥发物较少时，收缩率较小。在同类塑料中，填料含量增多，收缩率减小。填料中加无机填料比加有机填料所得的塑料制品收缩小，例如以木粉为填料的酚醛塑料的收缩率，比相同数量无机填料（如石英粉）的酚醛塑料收缩率大，前者为 $0.6\% \sim 1.0\%$，后者为 $0.15\% \sim 0.65\%$。

凡有利于提高成型压力，增大塑料流动性，使塑料制品密实的模具结构，均能减小制件的收缩率，例如用压缩或压注成型的塑料制品比注射成型的塑料制品收缩率小。凡能使塑料制品密实，成型前使低分子挥发物溢出的工艺因素，也都能使制件收缩率减小，例如成型前对酚醛塑料的预热、加压等。

（2）流动性 流动性的意义与热塑性塑料的流动性相类似，但热固性塑料通常以拉西格流动指数来表示。测定原理如图1-3所示，将一定重量的待测塑料预压成圆锭，将圆锭放入压模中，在一定的温度和压力下，测定从模孔中挤出的长度（毛糙部分不计在内，以mm计），数值大则流动性好。

流动性过大时，容易造成溢料过多，填充不密实，塑料制品组织疏松，树脂与填料分头聚集，易粘模而使脱模和模具清理困难，并产生过早硬化等缺陷；流动性过小时，则填充不足，不易成型，导致成型压力增大。因此选用塑料的流动性必须与塑料制品的要求、成型工艺及成型条件相适应。模具设计时，应根据流动性来考虑浇注系统、分型面及进料方向等。

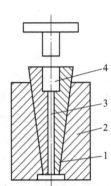

图1-3 拉西格流动
指数测定示意图
1—组合凹模　2—模套
3—流料槽
4—加料室（腔）

影响流动性的因素主要有以下三点：

1）塑料品种。不同品种的塑料，其流动性各不相同，即使同一品种的塑料，由于其中相对分子质量的大小、填料的形状、水分和挥发物的含量，以及配方不同，其流动性也不相同。

2）模具结构。模具成型表面光滑，型腔形状简单，有利于改善流动性。

3）成型工艺。采用预压锭及预热，提高成型压力，在低于塑料硬化温度的条件下提高成型温度等，都能提高塑料的流动性。

（3）比容和压缩比 比容是单位重量的松散塑料所占的体积。压缩比是塑料的体积与塑料制品的体积之比，其值恒大于1。比容和压缩比都表示粉状或短纤维状塑料的松散性，它们都可用来确定模具加料室的大小。比容和压缩比较大，则要求模具加料室尺寸要大，这样会使模具体积增大，操作不便，浪费钢材，不利于加热；另外，比容和压缩比大，使塑料内充气增多，排气困难，成型周期变长，生产率降低。比容和压缩比小，使预压锭和压缩、压注容易，而且压锭重量也较准确；但是，比容太小时，则影响塑料的松散性，以容积法装料时会造成塑料制品重量不准确。比容的大小也常因塑料的粒度及颗粒均匀度不同而有误差。

（4）硬化速度 热固性塑料在成型过程中要完成交联反应，即树脂分子由线型结构变成体型结构，这一变化过程称为硬化。硬化速度与塑料品种、塑料制品的形状及壁厚、成型温度及是否预热、预压等有密切关系。例如采用预压的压锭、预热、提高成型温度、增长加压时间，都能显著加快硬化速度。此外，硬化速度还应适合成型方法的要求。例如压注或注射成型时，要求在塑化、填充时化学反应慢，硬化慢，以保持长时间的流动状态，但当充满型腔后，在高温、高压下应快速硬化，以提高生产率。硬化速度慢的塑料，会使成型周期变长，生产率降低；硬化速度快的塑料，则不能成型大型复杂的塑料制品。

（5）水分及挥发物含量 塑料中的水分及挥发物来自两个方面：一是塑料在制造过程中未能全部除净水分，或在贮存、运输过程中，由于包装或运输条件不当而吸收水分；二是来自压缩或压注过程中化学反应的副产物。

塑料中水分及挥发物的含量，在很大程度上直接影响塑料制品的物理、力学和介电性能。塑料中水分及挥发物的含量大，在成型时产生内压，促使气泡产生或以应力的形式暂存于塑料中，一旦压力去除后便会使塑料制品变形、机械强度降低。压制时，由于温度和压力的作用，大多数水分及挥发物逸出。但尚未逸出时，它们占据一定的体积，严重阻碍化学反应，当塑料制品冷却后，则会造成组织疏松。当逸出时，挥发物气体又像一把利剑割裂塑料制品，使塑料制品产生龟裂，降低机械强度和介电性能。此外，水分及挥发物含量过多时，会促使流动性过大，容易溢料，使成型周期增长，收缩率增大，塑料制品容易发生翘曲、波纹及光泽不好等现象。塑料中水分及挥发物的含量不足时，会导致流动性不良，成型困难，同时也不利于压锭。水分及挥发物在成型时变成气体，必须排出模外，有的气体对模具有腐蚀作用，对人体也有刺激作用。为此，在模具设计时应对这种特征有所了解，并采取相应措施。

任务实施

图1-1所示的药瓶内盖是日常生活中的常见塑料制品，市场需要求量大。根据其使用性能分析，该内盖用于药品的密封，因而选用无毒无味且透明的PE（聚乙烯）塑料，该塑料属于可回收塑料，通过再循环处理可再生利用。

知识拓展

塑料的改性

目前，塑料品种的发展方向，一方面是开发新型塑料，另一方面是塑料的改性。由于目前以石油为原料的化学单体已被详细地研究，而且开发新的塑料品种费用巨大，因此，在多数情况下，是将现有的塑料通过各种手段加以改性，以满足成型性能和使用性能的要求。

塑料改性的方法有增强改性、填充改性、共聚改性、共混改性（高分子合金）、低发泡改性、电镀改性等。其中增强和填充改性是当前最主要的方法，增强改性在许多情况下也是以填充改性方式进行的。

1. 塑料的增强改性

塑料增强改性的目的是改善塑料的力学性能、电性能及热性能等。所用的增强剂有玻璃纤维、石棉纤维、碳纤维、硼纤维、石墨纤维、玻璃微珠及高强度的热塑性塑料等。近来又发展了以无机物晶须和合成纤维作为增强剂，但一般以玻璃纤维为主。经增强改性后的塑料称为增强塑料（RP）。

(1) 增强塑料的性能优越性

1）提高了力学性能。如拉伸强度、弯曲强度、疲劳强度、抗蠕变性、刚度和表面硬度等，其力学强度达到甚至超过普通钢，其比强度达到甚至超过合金钢。

2）改善了热性能。如提高了热变形温度，降低了线胀系数，提高了导热系数，改善了阻燃性等。

3）降低了吸水性，提高了尺寸稳定性。

4）改善了电性能，抑制应力开裂等。

增强塑料制品虽可改善电性能、抑制应力开裂等，但是增强塑料制品的接缝强度和光泽性、透明度有所降低，有些增强塑料的力学性能、成型收缩率和线胀系数会出现不同程度的方向性。

显然，如果塑料的配方和增强剂的品种、纤维长度、含量等的不同，增强效果就不同。在生产中应根据使用性能要求、成型加工的需要及制造的可能性选择适当的塑料配方及增强剂。

（2）增强塑料的类型

1）热固性增强塑料。热固性增强塑料是由树脂、增强剂和其他添加剂组成，其中树脂作为黏结剂。可制成增强塑料的热固性树脂有酚醛树脂、氨基树脂、环氧树脂、聚邻苯二甲酸二烯丙酯、不饱和聚酯等。增强剂的品种及规格很多，多数采用玻璃纤维，一般含量为60%（体积分数，后同）。其他添加剂有稀释剂、玻璃纤维表面处理剂，还有改进流动性、降低收缩性、提高光泽度和耐磨性等的各种填料及着色剂等。

经增强的热固性塑料，冲击强度等力学性能大为提高，使用性能得到改善。玻璃纤维增强塑料（玻璃钢）与某些金属的性能比较见表1-3。

表1-3 玻璃钢与某些金属的性能比较

材料名称	密度 ρ/(g/cm^3)	强度 R_m/MPa	比强度/(N·m/kg)
高级合金钢	8.0	1280	1.6×10^6
Q235	7.85	400	0.5×10^6
2A12（LY12）	2.8	420	1.6×10^6
环氧玻璃钢	1.73	500	2.8×10^6
聚酯玻璃钢	1.80	290	1.6×10^6
酚醛玻璃钢	1.80	290	1.6×10^6

2）热塑性增强塑料。热塑性增强塑料一般由树脂、增强剂及其他添加剂组成。目前常用的树脂有聚酰胺、聚苯乙烯、ABS、聚碳酸酯、线型聚酯、聚乙烯、聚丙烯、聚甲醛、聚砜、聚芳酯等。增强剂一般为玻璃纤维，其含量一般为20%~40%。经增强的热塑性塑料，其性能会得到改善。

增强聚酰胺是增强塑料中应用最广泛的一种。未增强的聚酰胺耐热性不高，热稳定性较差，吸水性较大，其制品的尺寸稳定性不够好。经玻璃纤维增强后的聚酰胺，其力学性能、尺寸稳定性、耐热性等明显得到提高，疲劳强度为未增强的聚酰胺的2.5倍，抗蠕变性能也大幅度增强；热变形温度也大为提高，如未增强的聚酰胺PA-6的热变形温度为66℃，经30%长玻璃纤维增强后，热变形温度高达216℃；线胀系数显著减小，尺寸稳定性大幅度提高，制品的尺寸精度与金属材料制品接近。但增强聚酰胺的流动性较差，因而注射成型时，注射压力、速度和料筒温度应适当提高。

聚碳酸酯的疲劳强度低，使用中容易产生应力开裂等。经玻璃纤维增强后明显提高了疲劳强度，改善了应力开裂性。未增强时的疲劳强度一般为7~10MPa，而加入20%玻璃纤维后，其疲劳强度可达40MPa。增强聚碳酸酯的线胀系数可降到一般轻金属的水平，因而在注射成型带有金属嵌件的聚碳酸酯制品时，金属嵌件与塑料在冷却时由于收缩不一致而产生的应力大为减小。增强聚碳酸酯的其他力学性能及耐热性均有较大幅度提高，成型收缩率进一步减小。但增强聚碳酸酯的冲击强度有所降低,制品失去透明性。

聚甲醛是一种良好的工程材料,但热稳定性较差,容易老化,而增强聚甲醛的强度、刚度、热变形温度、抗蠕变能力、耐老化性等大大提高,如含有25%玻璃纤维的增强共聚甲醛与增强前的相比,强度和刚度分别提高了2倍和3倍。但玻璃纤维增强的聚甲醛在成型时,由于玻璃纤维沿流动方向上的取向,造成流动方向与垂直于流动方向上的性能和收缩率的差异,从而导致制品发生翘曲和变形。为了克服这种缺陷,可采用玻璃微珠增强聚甲醛,虽然会影响强度提高的幅度,但其刚度、热变形温度仍有较大提高,成型收缩率和变形却大为减小。

增强玻璃纤维的取向在增强聚酰胺、增强聚碳酸酯、增强聚丙烯等塑料中同样存在。

以上介绍的是以玻璃纤维为增强剂的情况,如果采用其他增强剂,则可以达到各具特点的增强目的,如碳纤维增强聚四氟乙烯,可使其抗压强度、耐蠕变性及在水中的耐磨性均得到大幅度提高。ABS塑料增强聚苯醚可以大幅度提高抗冲击能力等。

增强的热塑性塑料对成型性有不利的影响,如流动性下降,异向性明显,脱模不良,模具磨损增大,纤维表面处理剂易挥发成气体等,这些变化在成型工艺及模具设计中需加以注意,并采取相应措施予以解决。

2. 塑料的其他改性

塑料除了增强改性之外,还广泛采用了共混、填充等改性方法。这些改性方法针对性强,效果也很显著,现举例如下。

(1) **填充改性** 青铜等金属粉末填充聚四氟乙烯,以提高聚四氟乙烯的力学性能,改善其导热性;用云母片填充聚对苯二甲酸乙二(醇)酯玻璃纤维增强塑料,可得到低翘曲变形的聚对苯二甲酸乙二(醇)酯增强塑料。总之,可根据塑料成品的使用及工艺要求,有针对性地加入某些填料,以改善其性能,同时降低塑料的成本。

(2) **共聚改性** 用两种或两种以上单体共聚而成的共聚物,在合成树脂中所占比例不小。共聚实质上也是对塑料的一种改性。例如ABS塑料综合了丙烯腈、丁二烯和苯乙烯三种组成物的性能;乙烯-丙烯塑料具有良好的成型性能、制品的韧性好等优点。

(3) **共混改性** 聚碳酸酯和聚乙烯共混,可使聚碳酸酯熔体的黏度降低,成型加工性能改善,抗冲击能力提高,耐应力开裂性得到改善;聚苯乙烯与橡胶共混制造高抗冲击聚苯乙烯,可以克服聚苯乙烯脆性较大的缺点。

(4) **电镀改性** 过去用于电镀的塑料绝大部分是ABS塑料。由于对电镀材料的耐热性、强度和刚度提出了更高要求,因而开发了电镀聚酰胺。用于电镀的聚酰胺是以矿物为填料进行填充改性的,它具有优异的强度、刚度、耐热性和尺寸稳定性。经过电镀后,其弯曲模量和热变形温度进一步得到提高。

(5) **低发泡改性** 低发泡改性聚苯醚可得到内部无应力、无缩孔的大型制品。与其他改性聚苯醚方法相比,在相同质量下,刚度高得多。与金属制品相比,在相同承载能力下,质量只有金属的20%~50%,单位质量的刚度是钢的7倍,是锌的20倍,吸声效果可提高10倍。低发泡改性聚苯醚还具有优良的电绝缘性、隔热性、耐蚀性和阻燃性等。

塑料经增强、阻燃、填充等改性而成为一种新型的结构材料(即塑料合金)已经成为世界研究开发的热点。纳米塑料、汽车及家电专用塑料、环境友好改性塑料、木塑复合材料、稀土多功能改性剂、抗菌塑料、废弃塑料改性与加工等多方面的有关改性塑料的最新科技成果和发展趋势，得到更多领域的关注，如 PBT、PPE、PA6、PA66、PC、聚对苯二甲酸乙二酯（PET）、聚苯硫醚（PPS）的合金化改性已得到广泛应用。

思考题

1. 塑料如何分类？各有哪些类型？
2. 塑料中加入添加剂的作用是什么？主要有哪几种添加剂？
3. 热塑性塑料的工艺性能有哪些？热固性塑料的工艺性能有哪些？
4. 什么是流动性？影响塑料流动性的因素有哪些？
5. 简述塑料的改性及意义。
6. 何为热塑性塑料？有何特点？
7. 如何选择图 1-4 所示的电动机定子铁心绝缘套的材料？

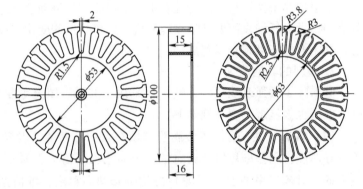

图 1-4　电动机定子铁心绝缘套

任务 1.2　塑料制品的结构工艺性分析

【学习目标】
1. 掌握塑料制品的尺寸精度和表面粗糙度。
2. 掌握塑料制品结构设计的原则。
3. 会分析塑料制品的结构工艺性与要求。
4. 培养塑料模具设计中的精工精神。

 任务引入

塑料制品由于使用要求的不同，造成其材料的组成成分不同，形状也各不相同。而要把塑料加工成满足一定需求的制品，除考虑选用合适的材料外，还必须考虑制品的结构工艺性。

塑料制品的结构工艺性，是指塑料制品在成型时对模具结构、成型工艺的适应程度。塑料制品良好的结构工艺性，既可使成型工艺稳定，保证制品质量，提高生产率，又可使模具结构简化，降低模具设计和制造成本。因此在设计塑料制品时应充分考虑其结构工艺性。塑料制品的设计因不同的塑料成型方法、品种性能和使用功能而有所不同，其结构及形状也不相同。通过本任务的学习，对塑料制品的结构工艺性建立充分的认识。

良好的塑料制品工艺性是获得合格制品的前提，也是模塑工艺得以顺利进行和塑料模具达到经济合理要求的基本条件。设计塑料制品不仅要满足使用要求，而且要符合成型工艺特点，并尽可能使模具结构简化。这样，既能保证工艺稳定，提高制品质量，又能提高生产率，降低成本。设计塑料制品必须充分考虑以下因素：

1）成型方法。不同塑料制品的工艺要求有所不同。这里着重分析的是压缩模塑和注射模塑制品的工艺要求。

2）塑料的性能。塑料制品的尺寸、尺寸公差、结构形状应与塑料的物理性能、力学性能和工艺性能等相适应。

3）模具的结构及加工工艺性。塑料制品的形状应有利于简化模具结构、尤其有利于简化抽芯和脱模机构，还要考虑模具零件尤其是成型零件的加工工艺性。

塑料制品结构工艺性设计的主要内容包括：尺寸与公差、表面质量、制品形状、壁厚、脱模斜度、加强肋、支承面、圆角、孔、螺纹、齿轮结构、嵌件、文字、符号和标记等。

任务内容：分析图 1-1 所示药瓶内盖的结构工艺性，确定此塑料制品是否适合注射成型。

 相关知识

1.2.1 塑料制品的尺寸、尺寸公差和表面粗糙度

1. 塑料制品的尺寸

尺寸是指制品的总体尺寸，不是壁厚、孔径等结构尺寸。

塑料制品尺寸的大小取决于塑料本身的流动性。对于流动性差的塑料（如玻璃纤维增强塑料等）或薄壁制品，进行注射成型和压注成型时，应特别注意制品尺寸，避免熔体不能充满型腔或形成熔接痕，从而影响制品的外观和强度。此外，压缩成型和压注成型的塑料制品，尺寸受到压力机最大压力及台面尺寸的限制；注射成型的塑料制品，尺寸受到注射机的公称注射量、锁模力、模板尺寸及脱模距离的限制。

2. 塑料制品的尺寸公差

影响塑料制品尺寸公差的因素主要有：模具的类型、结构与制造误差及磨损，尤其是成型零件的制造和装配误差，以及使用中的磨损；塑料收缩率的波动；模塑工艺条件的变化；塑料制品的形状及成型工艺性；飞边厚度的波动；脱模斜度及成型后制品的尺寸变化等。

目前我国已经颁布了工程塑料模塑（成型）制品尺寸公差的国家标准（GB/T 14486—2008），见表 B-2。模塑制品尺寸公差的代号为 MT，公差等级分为 7 级，每一级又可分为 a、b 两种，其中 a 为不受模具活动部分影响的尺寸公差，b 为受模具活动部分影响的尺寸公差（例如由于受水平分型面溢边厚度的影响，压缩件高度方向的尺寸）。该标准只规定了标准公差值，上、下极限偏差可根据塑料制品的配合性质来分配。

塑料制品尺寸公差等级的选用与塑料品种有关，参见表 1-4。塑料制品公差等级的选用要根据具体情况来分析，一般配合部分的尺寸精度高于非配合部分的尺寸精度。塑料制品的

精度要求越高,模具的制造精度要求也越高,模具的制造难度及成本也越高,而塑料制品的废品率也会增加。因此,应合理地选用尺寸公差等级。

3. 塑料制品的表面粗糙度

塑料制品的表面质量包括有无斑点、条纹、凹痕、起泡、变色等缺陷,还有表面光泽性和表面粗糙度。表面光泽性和表面粗糙度应根据塑料制品的使用要求而定,尤其是透明制品,对表面光泽性和表面粗糙度有严格要求。

塑料制品的表面粗糙度主要与模具型腔的表面粗糙度有关。一般来说,模具型腔的表面粗糙度数值要比塑料制品的低 1~2 级。塑料制品的表面粗糙度 Ra 值一般为 $0.8~0.2\mu m$。模具在使用过程中,由于型腔磨损而使表面粗糙度值不断增大,所以应随时抛光复原。透明塑料制品要求型腔和型芯的表面粗糙度相同。

表 1-4 塑料制品尺寸公差等级的选用

材料代号	模塑材料		公差等级		
			标注公差尺寸		未注公差尺寸
			高精度	一般精度	
ABS	(丙烯腈-丁二烯-苯乙烯)共聚物		MT2	MT3	MT5
CA	乙酸纤维素		MT3	MT4	MT6
EP	环氧树脂		MT2	MT3	MT5
PA	聚酰胺	无填料填充	MT3	MT4	MT6
		30%玻璃纤维填充	MT2	MT3	MT5
PBT	聚对苯二甲酸丁二酯	无填料填充	MT3	MT4	MT6
		30%玻璃纤维填充	MT2	MT3	MT5
PC	聚碳酸酯		MT2	MT3	MT5
PDAP	聚邻苯二甲酸二烯丙酯		MT2	MT3	MT5
PEEK	聚醚醚酮		MT2	MT3	MT5
PE-HD	高密度聚乙烯		MT4	MT5	MT7
PE-LD	低密度聚乙烯		MT5	MT6	MT7
PESU	聚醚砜		MT2	MT3	MT5
PET	聚对苯二甲酸乙二酯	无填料填充	MT3	MT4	MT6
		30%玻璃纤维填充	MT2	MT3	MT5
PF	苯酚-甲醛树脂	无机填料填充	MT2	MT3	MT5
		有机填料填充	MT3	MT4	MT6
PMMA	聚甲基丙烯酸甲酯		MT2	MT3	MT5
POM	聚甲醛	≤150mm	MT3	MT4	MT6
		>150mm	MT4	MT5	MT7
PP	聚丙烯	无填料填充	MT4	MT5	MT7
		30%无机填料填充	MT2	MT3	MT5
PPE	聚苯醚;聚亚苯醚		MT2	MT3	MT5
PPS	聚苯硫醚		MT2	MT3	MT5

(续)

材料代号	模塑材料	公差等级 标注公差尺寸 高精度	标注公差尺寸 一般精度	未注公差尺寸
PS	聚苯乙烯	MT2	MT3	MT5
PSU	聚砜	MT2	MT3	MT5
PUR-P	热塑性聚氨酯	MT4	MT5	MT7
PVC-P	软质聚氯乙烯	MT5	MT6	MT7
PVC-U	未增塑聚氯乙烯	MT2	MT3	MT5
SAN	（丙烯腈-苯乙烯）共聚物	MT2	MT3	MT5

1.2.2 塑料制品的结构形状

1. 形状

塑料制品内外表面的形状设计在满足使用要求的前提下，应尽量使其有利于成型。由于采用瓣合分型或侧向抽芯机构不但使模具结构复杂，制造成本提高，而且还会在制件分型面位置上留下飞边，增加塑料制品的修整量。因此应尽量避免侧面凹槽或与脱模方向垂直的孔，使模具结构简化。表1-5所示为改变塑料制品形状以利于成型的典型实例。

表1-5 改变塑料制品形状以利于成型的典型实例

序号	不合理	合理	说明
1	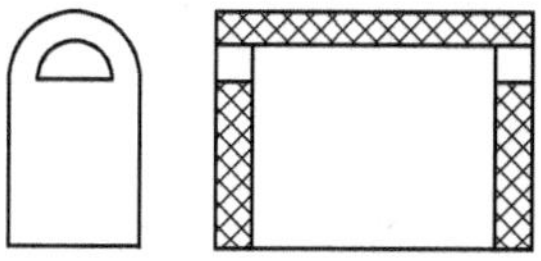	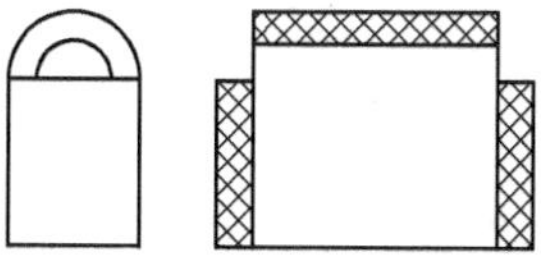	改变形状后，不需采用侧向抽芯，使模具结构简化
2		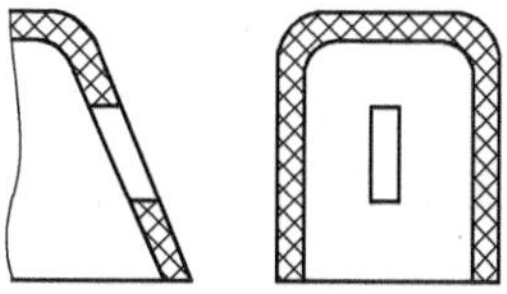	增加制件侧壁斜度后，可采用组合型芯成型，避免了侧向抽芯机构
3	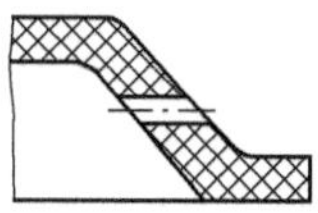	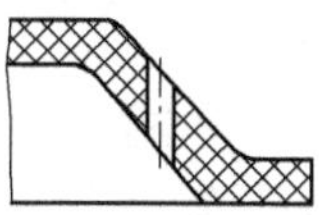	横向孔改为纵向孔，可避免侧向抽芯
4	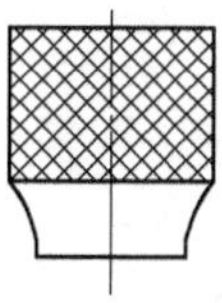	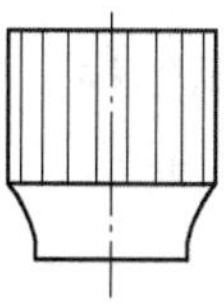	将制件表面的菱形花纹改为直条花纹，便可从型腔顺利脱模，避免了瓣合侧抽芯结构

当塑料制品侧壁的凹槽（或外凸）深度（或高度）较小并允许带有圆角时，则可采用整体式凸模或凹模结构，利用塑料在脱模温度下具有足够弹性的特性，以强行脱模的方式

脱模。

聚甲醛、聚乙烯、聚丙烯等塑料允许模具有5%的凹陷或凸起时采用强制脱模方式。图1-5a所示为塑料制品内侧有凹陷或凸起的强行脱模[$(A-B)/B \leq 5\%$]；图1-5b所示为塑料制品外侧有凹陷或凸起的强制脱模[$(A-B)/C \leq 5\%$]。但多数情况下，带侧凹的塑料制品不宜采用强行脱模，以免损坏制品，此时应采用侧向分型抽芯机构的模具。

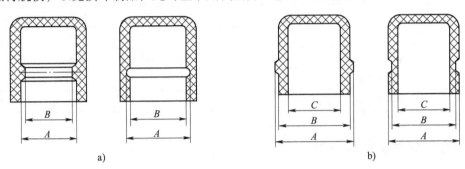

图 1-5 可强制脱模的侧向凹凸结构

塑料制品的形状还要有利于提高其强度和刚度。为此薄壳状塑料制品可设计成球面或拱形曲面。例如容器底或盖设计成图1-6a、b所示的形状，可大大增强其刚度。在容器的边缘设计成图1-6c所示形状，可增强刚度，减少变形。

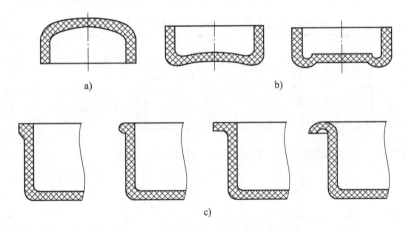

图 1-6 容器底、盖、边缘的结构设计

紧固用的凸耳或台阶应有足够的强度和刚度，以承受紧固时的作用力。为此，应避免台阶突然变化，而应逐步过渡，如图1-7所示。其中图1-7a所示结构不合理，图1-7b所示结构采用逐步过渡并以加强肋增强，其结构是合理的。

塑料制品的形状还应该考虑成型时分型面的位置，脱模后不易变形等。

综上所述，塑料制品的形状必须便于成型、

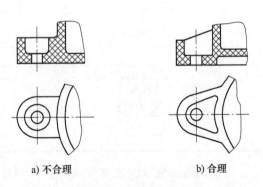

a) 不合理　　b) 合理

图 1-7 塑料制品紧固用凸耳

简化模具结构、降低成本、提高生产率和保证制品的质量。

2. 壁厚

塑料制品应有一定的壁厚，这不仅是为了在使用中有足够的强度、刚度，也是为了塑料在成型时保持良好的流动状态。另外，为保证塑料制品在装配时能够承受紧固力，或在脱模时能够承受脱模机构的冲击和振动，也需要塑料制品有一定的壁厚。

塑料制品的壁厚不宜过小，但也不宜过大。壁厚大，用料太多，不但增加成本，而且增加成型时间和冷却时间，延长模塑周期。对于热固性塑料，还可能造成固化不足。另外，也容易产生气泡、缩孔、凹痕、翘曲等缺陷。塑料制品壁厚的大小主要取决于塑料品种、制品大小及模塑工艺条件。对于热固性塑料的小型件，壁厚取 1~2mm；大型件取 3~8mm。常用热固性塑料制品的壁厚可参考表1-6。热塑性塑料易于成型薄壁制品，壁厚可达 0.25mm，但一般不宜小于 0.6mm，常选取 2~4mm。常用热塑性塑料制品的壁厚可参考表1-7。

表1-6 热固性塑料制品的壁厚推荐值　　　　　　（单位：mm）

塑料名称	制件外形高度		
	<50	50~100	>100
粉状填料的酚醛塑料	0.7~2.0	2.0~3.0	5.0~6.5
纤维状填料的酚醛塑料	1.5~2.0	2.5~3.5	6.0~8.0
氨基塑料	1.0	1.3~2.0	3.0~4.0
聚酯玻璃纤维填料的塑料	1.0~2.0	2.4~3.2	>4.8
聚酯无机物填料的塑料	1.0~2.0	3.2~4.8	>4.8

表1-7 热塑性塑料制品最小壁厚及推荐壁厚　　　　（单位：mm）

塑料	最小壁厚	小型塑料制品推荐壁厚	中型塑料制品推荐壁厚	大型塑料制品推荐壁厚
聚酰胺	0.45	0.75	1.60	2.40~3.20
聚乙烯	0.60	1.25	1.60	2.40~3.20
聚苯乙烯	0.75	1.25	1.60	3.20~5.40
改性聚苯乙烯	0.75	1.25	1.60	3.20~5.40
有机玻璃（372）	0.80	1.50	2.20	4.00~6.50
硬聚氯乙烯	1.15	1.60	1.80	3.20~5.80
聚丙烯	0.85	1.45	1.75	2.40~3.20
氯化聚醚	0.85	1.35	1.80	2.50~3.40
聚碳酸酯	0.95	1.80	2.30	3.00~4.50
聚苯醚	1.20	1.75	2.50	3.50~6.40
乙酸纤维素	0.70	1.25	1.90	3.20~4.80
乙基纤维素	0.90	1.25	1.60	2.40~3.20
丙烯酸类	0.70	0.90	2.40	3.00~6.00
聚甲醛	0.80	1.40	1.60	3.20~5.40
聚砜	0.95	1.80	2.30	3.00~4.50

同一塑料制品的壁厚应尽可能一致，否则会因冷却或固化速度不同而产生内应力，使塑料制品产生变形、缩孔及凹陷等缺陷。当然，要求塑料制品各处壁厚完全一致也是不可能的，因此，为了使壁厚尽量一致，在可能的情况下常常将厚的部分挖空。如果在结构上要求具有不同的壁厚时，不同壁厚的比例不应超过1∶3，且不同壁厚应采用适当的圆角半径使厚薄部分缓慢过渡。表1-8为改善塑料制品壁厚的典型实例。

表1-8　改善塑料制品壁厚的典型实例

序号	不合理	合理	说明
1	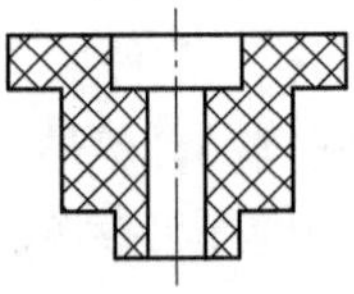	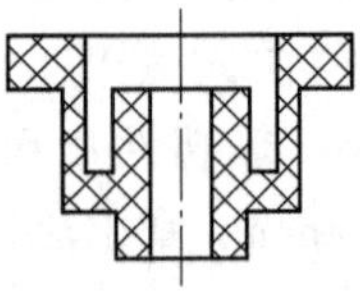	
2	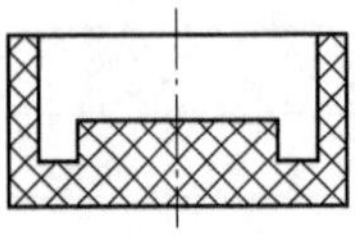	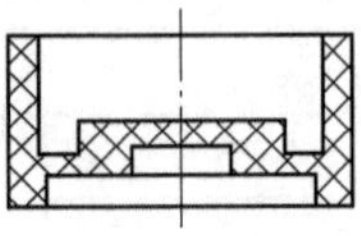	左图壁厚不均匀，易产生气泡、缩孔、凹陷等缺陷，使塑料制品变形；右图壁厚均匀，改善了成型条件，有利于保证塑料制品质量
3	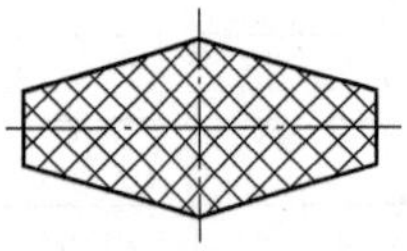	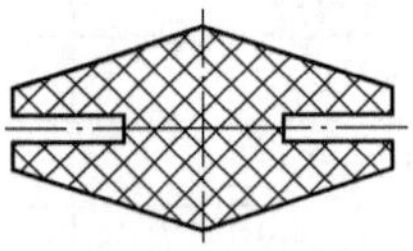	
4	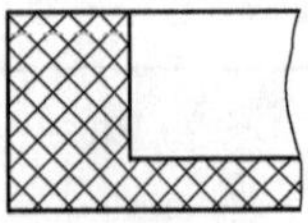	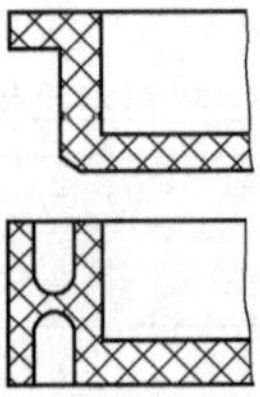	
5	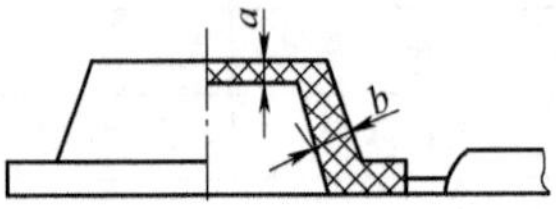	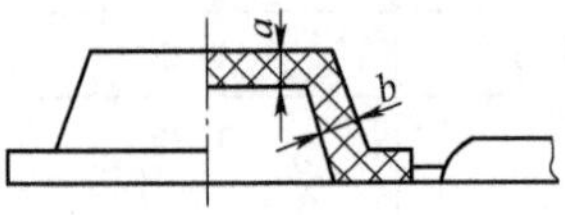	平顶塑料制品采用侧浇口进料时，为避免平面上留有熔接痕，必须保证平面进料畅通，故应满足条件 $a>b$
6	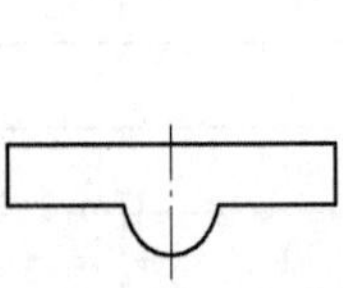	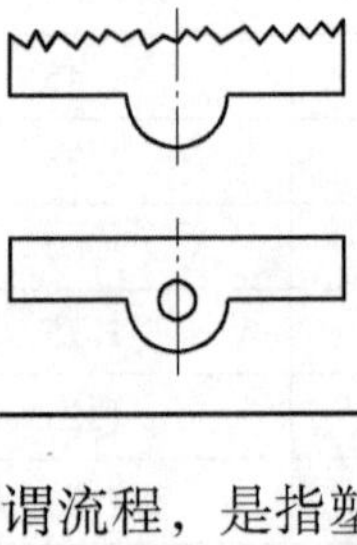	壁厚不均的塑料制品，可将易产生凹痕的表面设计成波纹形式或在厚壁处开设工艺孔

此外，壁厚与流程有密切的关系。所谓流程，是指塑料熔料从进料口起流向型腔各处的距离。大量实验证明，各种塑料在常规工艺条件下，流程的长短与塑料制品壁厚成比例关系。塑料制品的壁厚越大，则允许的流程越长。因此塑料制品的壁厚也可根据经验公式来确定，参见表1-9。

表1-9 塑料制品壁厚与流程的关系　　　　　　　　　　（单位：mm）

材料流动性	材料名称	壁厚t与流程L的关系
好	聚乙烯、聚丙烯	$t=0.2+0.007L$
一般	ABS、尼龙1010	$t=0.4+0.009L$
差	聚碳酸酯、聚砜	$t=0.6+0.011L$

注：若成型工艺采取一定的措施，适当提高模具温度、料流速度、注射压力、成型温度等，最小壁厚还可以比表中数值小一些。

3. 脱模斜度

为了便于塑料制品脱模，以防脱模时擦伤制品表面，与脱模方向平行的制品内、外表面一般应具有合理的脱模斜度，如图1-8所示。

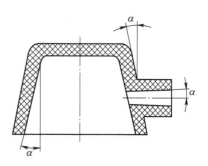

图1-8 塑料制品的脱模斜度

塑料制品上脱模斜度的大小，与塑料的收缩率、塑料制品的形状和壁厚，以及摩擦系数等有关。收缩率大的塑料，取较大的脱模斜度；硬质塑料比软质塑料的脱模斜度大；形状越复杂或成型孔较多的塑料制品，取较大的脱模斜度；塑料制品高度越高，孔越深，取较小脱模斜度；壁厚大时，也应取较大的脱模斜度。常用塑料制品的脱模斜度可参考表1-10。

表1-10 塑料制品的脱模斜度

塑料名称	脱模斜度	
	型腔	型芯
聚乙烯（PE）、聚丙烯（PP）、软质聚氯乙烯（PVC-P）、聚酰胺（PA）、氯化聚醚（CPT）	25′~45′	20′~45′
未增塑聚氯乙烯（PVC-U）、聚碳酸酯（PC）、聚砜（PSU）	35′~40′	30′~50′
聚苯乙烯（PS）、有机玻璃（PMMA）、ABS、聚甲醛（POM）	35′~1°30′	30′~40′
热固性塑料	25′~40′	20′~50′

从表1-10可以看出，在一般情况下，脱模斜度为30′~1°30′，但应注意根据具体情况而定。当塑料制品有特殊要求或精度要求较高时，应选用较小的斜度，外表面的斜度可小至5′，内表面的斜度小至10′~20′。对于高度不大的制品，还可以不设置脱模斜度；对于尺寸较高、较大的制品，选用较小的斜度；对于形状复杂、不易脱模的制品，应取较大的斜度；对于制品上的凸起或加强肋，单边应有4°~5°的斜度；侧壁带皮革花纹时，应有4°~6°的斜度；制品壁厚大时，应选较大的斜度。在开模时，为了让制品留在凸模上，内表面的斜度比外表面的斜度小。相反，为了让制品留在凹模一边，则外表面的斜度比内表面的斜度小。

斜度的取向原则是：内孔以小端为准，符合图样要求，斜度由扩大方向得到；外形以大端为准，符合图样要求，斜度由缩小方向得到（图1-9）。一般脱模斜度不包括在塑料制品的尺寸公差范围内，但制品精度要求高时，脱模斜度应包括在尺寸公差范围内。

4. 加强肋

加强肋的作用在于在不增加壁厚的情况下，增加塑料制品的强度和刚度，防止塑料制品翘曲变形。有的加强肋还能改善成型时熔体的流动状况。布置加强肋时，应尽量减少塑料的局部集中，以免产生缩孔和气泡。加强肋的厚度不应大于塑料制品的壁厚，否则壁面会因肋根的内切圆处的缩孔而产生凹陷；加强肋与塑料制品壁的连接处应采用圆角过渡；加强肋的端面高度不应超出塑料制品的高度，宜低 0.5mm 以上。尽量采用数个高度较矮的肋代替孤立的高肋，加强肋之间的中心距应大于两倍壁厚，加强肋的设置方向除应与受力方向一致外，还应尽可能与熔体流动方向一致，以免料流受到搅乱而导致塑料制品的韧性降低。

加强肋的结构尺寸如图 1-10 所示。表 1-11 为加强肋设计的典型实例。

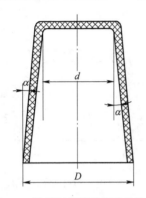

图 1-9 塑料制品脱模斜度的取向

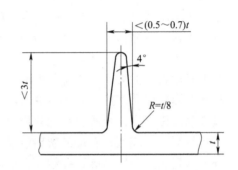

图 1-10 加强肋的结构尺寸

表 1-11 加强肋设计的典型实例

序号	不合理	合理	说明
1			增设加强肋后，可提高塑料制品的强度，改善料流情况
2			采用加强肋，既不影响塑料制品的强度，又可避免因壁厚不均而产生缩孔
3			对于平板状塑料制品，加强肋应与料流方向平行，以免造成充模阻力增大和降低塑料制品韧性
4			对于非平板状塑料制品，加强肋应错开排布，以免塑料制品产生翘曲变形
5			加强肋不得高于端面或支承面，可略低 0.5mm

5. 支承面

当塑料制品需要一个面作为支承（或基准面）时，以整个底面作为支承面是不合理的，因为塑料制品稍有翘曲或变形，就会使底面不平。通常采用凸起的边框或底脚（三点或四点）作为支承面，如图1-11所示。图1-11a所示为以整个底面作为支承面，是不合理的；图1-11b、c所示为分别以边框凸起和底脚作为支承面，设计较为合理。

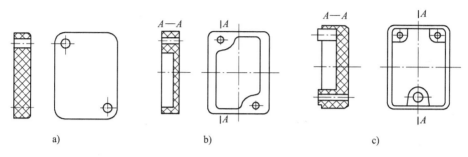

图1-11 塑料制品的支承面

6. 圆角

塑料制品上的所有转角应尽可能采用圆弧过渡。采用圆弧过渡的好处在于避免应力集中，提高强度，改善熔体在型腔中的流动状况，有利于充满型腔，便于脱模。此外，圆弧还可使塑料制品变得美观，并且模具型腔在淬火或使用时也不致因应力集中而开裂。当塑料制品结构上无特殊要求时，制品的各连接处的圆角半径应不小于 0.5~1mm，这样能大大提高塑料制品的强度。图1-12所示为塑料制品受力时应力集中系数与圆角半径的关系。从图1-12可以看出，当 R/δ 为0.3以下时，应力大增，而 R/δ 为0.8以上时，应力集中变化就不大了。内外表面的拐角处的圆角半径可按图1-13确定。当使用上要求必须以尖角过渡，或分型面处和型芯与型腔配合处不便做成圆角时，则以尖角过渡。

塑料制品上的圆角对于模具制造、提高模具强度也是必要的。

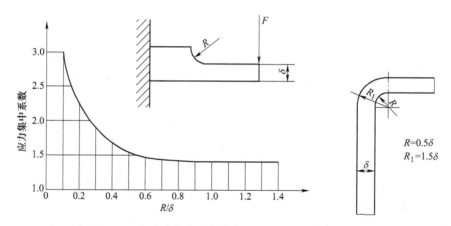

图1-12 R/δ 与应力集中系数的关系　　图1-13 塑料制品上圆角半径的确定

7. 孔的设计

塑料制品上各种孔的位置应尽可能开设在不减弱塑料制品的机械强度的部位，也应力求不增加模具制造工艺的复杂性。孔的形状宜简单，若采用复杂形状的孔，模具制造较困难。孔与孔之间、孔与壁之间均应有足够的距离，热固性塑料制品的孔间距、孔边距见表1-12（当两孔直径不同时，按小孔孔径取值）。热固性塑料制品的孔间距、孔边距可按表1-12中所列数值的75%确定。孔径与孔的深度也有一定的关系，见表1-13。如果使用上要求两个孔的间距或孔边距小于上述规定的数值时（图1-14a），可将孔设计成图1-14b的形式。

表1-12　热固性塑料制品的孔间距、孔边距　　　　　　　　（单位：mm）

孔径	<1.5	1.5~3	3~6	6~10	10~18	18~30
孔间距、孔边距	1~1.5	1.5~2	2~3	3~4	4~5	5~7

注：1. 增强塑料宜取较大值。
　　2. 两孔径不一致时，则依据小孔的孔径查表。

表1-13　孔径与孔深的关系

成型方式		孔的深度	
		通孔	盲孔
压缩成型	横孔	2.5d	<1.5d
	竖孔	5d	<2.5d
挤出或注射成型		10d	4~5d

注：1. d 为孔的直径。
　　2. 采用纤维状塑料时，表中数值的折算系数为0.75。

塑料制品上紧固用的孔和其他受力的孔，应设计出凸边予以加强，如图1-15所示。固定孔建议采用图1-16a所示沉头螺钉孔形式，一般不采用图1-16b所示沉头螺钉孔形式。如果必须采用图1-16b所示形式时，则应采用图1-16c的形式，以便设置型芯。

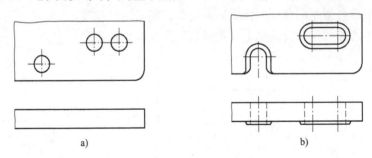

图1-14　孔间距或孔边距较小时的改进设计

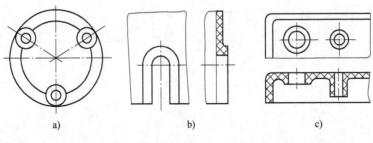

图1-15　孔的加强

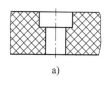 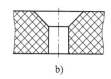 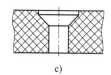

图 1-16　固定孔的形式

（1）通孔　成型通孔用的型芯一般有以下几种安装方法，如图 1-17 所示。图 1-17a 中，型芯一端固定，这种方法简单，但会出现不易修复的横向飞边，且当孔较深或孔径较小时易弯曲。图 1-17b 中，用一端固定的两个型芯来成型，并使一个型芯的径向尺寸比另一个大 0.5～1mm，这样即使稍有不同轴，也不致引起安装和使用上的困难，其特点是型芯长度缩短一半，增加了稳定性，这种成型方式适用于较深的孔且孔径要求不很高的场合。图 1-17c 中，型芯一端固定，一端导向支撑，这种方法使型芯有较好的强度和刚度，又能保证同轴度，但导向部分因导向误差易发生磨损，以致产生圆周纵向溢料。不论用何种方法固定型芯，孔深均不能太大，否则型芯会弯曲。压缩成型时，尤其要注意，通孔的深度不应超过孔径的 3.75 倍。

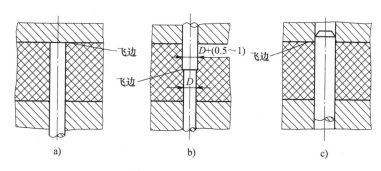

图 1-17　通孔的成型方法

（2）盲孔　盲孔只能用一端固定的型芯来成型，因此其深度应浅于通孔。根据经验，注射成型或压注成型时，孔深应不超过孔径的 4 倍；压缩成型时，孔深应浅些，平行于压制方向的孔的深度一般不超过直径的 2.5 倍，垂直于压制方向的孔的深度一般不超过直径的 2 倍。直径小于 1.5mm 的孔或深度太大（大于以上值）的孔，最好采用成型后再机械加工的方法获得。如能在成型时于钻孔位置压出定位浅孔，可使后加工更为方便。

（3）异形孔　当塑料制品上有异形孔（斜度孔或复杂形状孔）时，常常采用拼合的方法来成型，这样可避免侧向抽芯。图 1-18 所示为典型实例。

8. 塑料制品的花纹、标记、符号及文字

塑料制品上的花纹（如凸凹纹、皮革纹等）、标记、符号及文字，有的是使用上的需要，有的则是为了装饰。设计的花纹应易于成型和脱模，便于模具制造。为此，纹向应与脱模方向一致，并有适当的脱模斜度。图 1-19a 所示制品及图 1-19d 所示制品脱模麻烦，模具结构复杂；图 1-19c 所示制品在分型面处的飞边不易清除；而图 1-19b、e 所示制品脱模方便，模具结构简单，制造方便，而且分型面处的飞边为一圆形，容易去除。塑料制品侧表面的皮革纹等是依靠侧壁斜度保证脱模的。

塑料制品上的标记、符号和文字有三种不同的形式：第一种为凸字，如图 1-20a 所示，

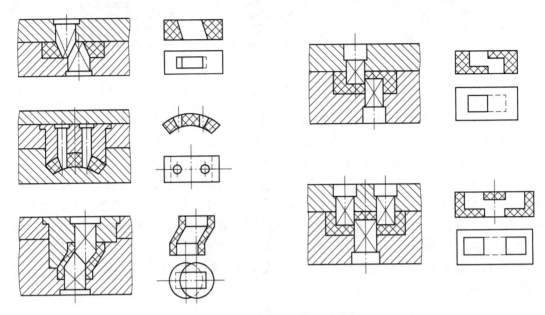

图 1-18 用拼合型芯成型异形孔

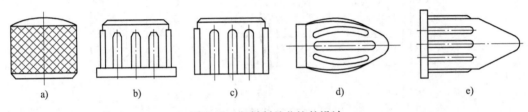

图 1-19 塑料制品花纹的设计

这种形式制模方便，但使用过程凸字容易损坏；第二种为凹字，如图 1-20b 所示，凹字可以填上各种颜色的油漆，字迹鲜艳，但这种形式如果采用机械加工模具则较麻烦，现多用电铸、冷挤压、电火花加工等方法制造模具；第三种为凹坑凸字，在凸字的周围带有凹入的装饰框，如图 1-20c 所示，制造这种形式的模具可以采用镶件，在镶件上加工凸字，然后镶入模体中，这种形式的凸字在使用时不易损坏，模具制造也较方便。

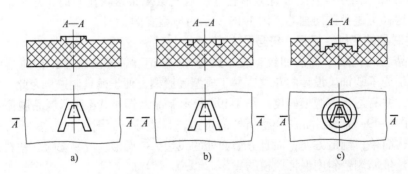

图 1-20 塑料制品上的文字形式

1.2.3 塑料螺纹和齿轮

1. 塑料螺纹

塑料制品上的螺纹可以在模塑时直接成型，也可以模塑成型后进行机械加工；对于经常拆装或受力较大的螺纹，则采用金属螺纹嵌件。

对于塑料制品中直接模塑成型的螺纹，设计时要满足以下要求：

1）螺纹应选较大的公称直径，螺纹过细则使用强度不够。塑料制品上的螺纹选用范围见表1-14。另外，塑料螺纹的精度也不能要求过高，一般低于3级。

表1-14 塑料制品螺纹选用范围

螺纹公称直径 /mm	螺纹种类				
	公称标准螺纹	1级细牙螺纹	2级细牙螺纹	3级细牙螺纹	4级细牙螺纹
<3	+	—	—	—	—
3~6	+	—	—	—	—
6~10	+	+	—	—	—
10~18	+	+	+	—	—
18~30	+	+	+	+	—
30~50	+	+	+	+	+

注：表中"+"为建议采用的范围。

塑料制品上螺纹的直径不宜过小，外螺纹直径不应小于4mm，内螺纹直径不应小于2mm。精度一般不超过3级。如果模具上螺纹的螺距没有考虑塑料的收缩率，那么塑料制品螺纹与金属螺纹的配合长度一般不大于螺纹直径的1.5~2倍，否则会因干涉而造成附加内应力，使螺纹连接强度降低。

2）螺纹始末端留台阶。为了使塑料制品上的螺纹始端和末端在使用中不致崩裂或变形，应在螺纹始、末端留有台阶，如图1-21和图1-22所示。螺纹的始端和末端应逐渐开始和结束，有一段过渡长度 l，可按表1-15选取，在过渡长度内，螺纹是逐步消失的。

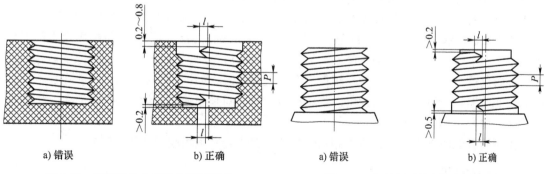

图1-21 塑料制品内螺纹的正误形状　　图1-22 塑料制品外螺纹的正误形状

表 1-15 塑料制品上螺纹始末部分的过渡长度

螺纹直径/mm	螺距 P/mm		
	<0.5	0.5~1	>1
	始末部分的过渡长度 l/mm		
≤10	1	2	3
>10~20	2	3	4
>20~34	2	4	6
>34~52	3	6	8
>52	3	8	10

注：始末部分的过渡长度相当于车制金属螺纹型芯或型腔的退刀槽长度。

3) 同轴的两段螺纹的设计。在同一塑料制品同一轴线上有两段螺纹时，应使两段螺纹的旋向相同、螺距相等，如图 1-23a 所示。当旋向相反或螺距不等时，就应采用两段螺纹型芯组合使用，成型后分段拧下，如图 1-23b 所示。

2. 塑料齿轮

塑料齿轮在电子、仪表等工业部门中应用越来越多。为使齿轮适应注射成型工艺，对齿轮各部分尺寸进行规定，如图 1-24 所示，轮缘宽度 t_1 最小应为齿高 t 的 3 倍；辐板厚度 H_1 应等于或小于轮缘厚度 H，轮毂厚度 H_2 应等于或大于轮缘厚度 H，并相当于轴径 D；轮毂外径 D_1 最小应为轴径 D 的 1.5~3 倍。

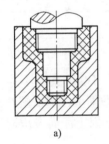

图 1-23 两段同轴螺纹的成型　　　　图 1-24 齿轮各部分尺寸

设计塑料齿轮时，还应避免在成型、装配和使用时产生内应力或应力集中；避免由于收缩不均匀而变形。为此，塑料齿轮应尽量避免截面突然变化，转角处尽量以较大的圆角半径过渡，轴与孔的配合不采用过盈配合，而用过渡配合。轴与齿轮孔的固定方法如图 1-25 所示。图 1-25a 表示轴与孔采用月形配合，图 1-25b 表示轴与齿轮用两个定位销固定，前者较为常用。对于薄型齿轮，如果厚度不均匀，可引起齿形歪斜，用无轮毂、无轮缘的齿轮可以很好地解决这个问题。另外，如在辐板上有较大的孔时，如图 1-26a 所示，因孔在成型时很少向中心收缩，所以会使齿轮歪斜。若轮毂与轮缘之间采用薄肋，如图 1-26b 所示，则能保证轮缘向中心收缩。

由于塑料的收缩率较大，所以相互啮合的塑料齿轮宜采用相同的塑料制成。

 任务实施

药瓶内盖的结构工艺性分析包括尺寸精度和结构形状分析。

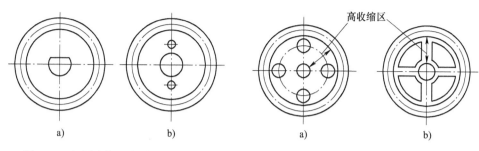

图 1-25 塑料齿轮孔与轴的固定形式　　图 1-26 塑料齿轮辐板结构

1. 尺寸精度分析

该制件精度无特殊要求,最关键的 φ35mm 尺寸只需与药瓶的相应孔配作,获得满意的配合即可。从用途角度考虑,制品表面粗糙度值较小,表面应光洁,宜取 $Ra0.4\sim0.8\mu m$。

2. 结构形状分析

该制件壁厚均匀,有利于注射成型;由于轴向长度较短,故制件外形不设脱模斜度,有利于药品的密封;为避免应力集中,瓶盖的转角处均设置 $R0.5mm$ 的圆角。

3. 结论

通过上述分析可知:该制件结构简单,结构工艺合理,尺寸精度要求不高,因而相应的模具成型零件结构简单、加工方便。采用注射成型可以保证制品的成型质量。

巩固提高

电动机定子铁心绝缘套的结构工艺性分析

图 1-4 所示的绝缘套采用的材料为聚酰胺 PA,制件虽壁厚均匀,但有 27 个槽型且壁较薄,模具结构虽不算复杂,但应严防推出后的制件发生变形。该模具无需抽芯。

1. 尺寸精度分析

该制件的核心是绝缘套的槽型能顺利插入定子铁心的槽型,因此必须严控制件的位置度;制件槽型与定子铁心槽的配合,由配作加工来保证;制件的表面粗糙度值必须控制在 $Ra0.4\sim0.8\mu m$,否则在嵌定子绕组时,易刮伤甚至刮断漆包线。

2. 结构形状分析

制件壁厚均匀(为 0.8mm),但由于拐角太多,因而充型时压力损失较大,在浇注系统设计时应进行较慎重的选择。

3. 结论

通过以上分析可知:该制件结构属于中等复杂程度。结构形状受到定子铁心形状的制约。由于不能设置脱模斜度(影响槽满率),制件顶出后易发生变形,批量生产时可考虑对制件进行调湿处理。

知识拓展

带嵌件塑料制品的设计

1. 嵌件的用途

在塑料制品内嵌入零件形成不可拆卸的连接,所嵌入的零件即称为嵌件。各种塑料制品中嵌件的作用不尽相同，有的是为了增加塑料制品的局部强度、硬度、耐磨性，有的是为了保证电性能，有的是为了增加制品形状和尺寸的稳定性，提高精度等。嵌件的材料一般为金属材料，也有用非金属材料的。

2. 嵌件的种类

常用的嵌件如图 1-27 所示。图 1-27a 所示为圆筒形嵌件，有通孔和盲孔，有螺纹套、轴套和薄壁管等；图 1-27b 所示为圆柱形嵌件，有螺杆、轴销、接线柱等；图 1-27c 所示为板形或片形嵌件，有导体、焊片等；图 1-27d 所示为汽车方向盘中的细杆状贯穿嵌件；图 1-27e 所示为有机玻璃表壳中嵌入黑色 ABS 塑料，属于非金属嵌件。

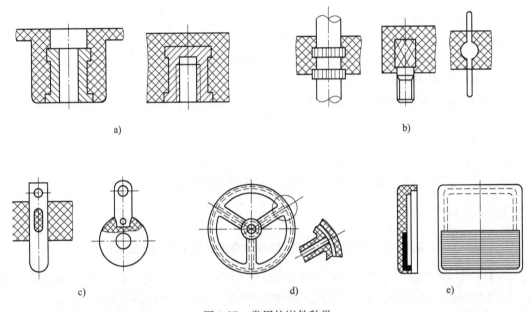

图 1-27 常用的嵌件种类

3. 带嵌件的塑料制品的设计要点

设计带嵌件的塑料制品时，应注意的主要问题是嵌件固定的牢靠性、塑料制品的强度及成型过程中嵌件定位的稳定性。解决以上问题的关键是嵌件的结构设计及其与塑料制品的配合关系。现就一些有关问题说明如下。

（1）**嵌件材料及嵌入部分的结构** 嵌件材料与塑料制品材料的膨胀系数应尽可能接近。嵌件嵌入部分必须保证嵌件受力时不能转动或拔出，嵌件表面必须设计有适当的凸状或凹状部分。其结构有以下几种：嵌入部分表面滚花和开槽，小件可只滚花而不开槽；嵌入部分压扁，如图 1-28a 所示，这种结构用于导电部分必须保证有一定横截面的场合；板、片嵌件嵌入部分采用切口、冲孔、打弯方法固定，如图 1-28b 所示；薄壁管状嵌件可将端部翻边以便固定，如图 1-28c 所示。

对于圆柱形或套管形嵌件，嵌入部分的尺寸推荐如下（图 1-29）：$H = D$，$h = 0.3D$，$h_1 = 0.3H$，$d = 0.75D$。特殊情况下，H 最大不超过 $2D$。嵌件各转角部位应以圆角过渡。

（2）**嵌件在模具中的定位与固定** 设计时必须保证嵌件在模具中正确定位和牢靠固定，以防成型时发生歪斜或位移。此外，还应防止成型时塑料挤入嵌件上的预留孔或螺纹中。

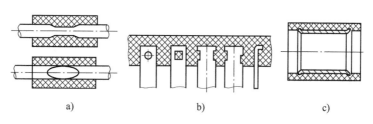

图 1-28 嵌件嵌入部分的结构类型

圆柱形嵌件一般采用插入模具相应孔中加以固定。为了增加嵌件固定的稳定性和防止塑料挤入螺纹中,采用图 1-30 所示的结构及配合。对于有盲孔的螺纹嵌件,可将嵌件插入模具中的圆形光杆上,如图 1-31a 所示;为了增强稳固性,可采用外部凸台或内部台阶与模具密切配合,如图 1-31b~d 所示。

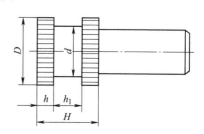

图 1-29 嵌件尺寸

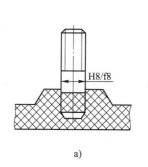 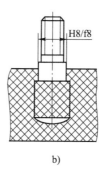 

图 1-30 圆柱形嵌件在模具中的固定方法

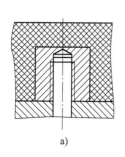 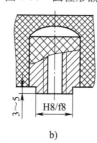 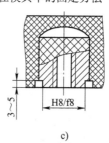 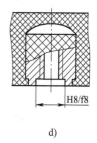

图 1-31 环形嵌件在模具中的固定方法

无论是圆柱形或环形嵌件,在模具中伸出的自由长度均不应超过定位部分直径的两倍,否则,在成型时熔体压力会使嵌件发生位移或变形。当嵌件过高或使用细杆状或片状的嵌件时,应在模具上设支柱予以支承,如图 1-32 所示。但支柱在制品上留下的孔应不影响制品的使用。薄片嵌件还可在熔体流动方向上设孔,以降低熔体对嵌件的压力,如图 1-32c 所示。

(3) 嵌件周围塑料层的设计 由于设置嵌件会在嵌件周围塑料中产生内应力,内应力大小与塑料特征、嵌件材料与塑料膨胀系数差异、嵌件结构有关,内应力大时,会导致制品开裂。为此,嵌件周围塑料必须有足够的厚度。嵌件通常设置在制件的凸耳或其他凸出部位,如图 1-33 所示。

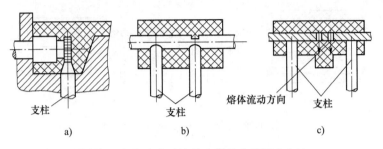

图 1-32　细长或薄片嵌件在模具中的固定方法

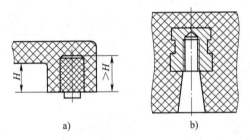

图 1-33　嵌件设置位置及尺寸要求

对于酚醛塑料及类似的热固性塑料，金属嵌件周围的塑料层厚度可参考表 1-16。

表 1-16　金属嵌件周围塑料层厚度　　　　　　　　　　　　（单位：mm）

示意图	金属嵌件直径 D	周围塑料层最小厚度 t	顶部塑料层最小厚度 t_1
	≤4	1.5	0.8
	>4~8	2.0	1.5
	>8~12	3.0	2.0
	>12~16	4.0	2.5
	>16~25	5.0	3.0

嵌件的设置需要考虑的问题是多方面的。除了应注意上述问题之外，还应注意嵌件在成型时对熔体流动的阻力，对熔体流动状态和充满型腔的影响等情况。

思考题

1. 塑料制品上设计脱模斜度的作用是什么？
2. 如果塑料制品上没有设计相应的脱模斜度，应怎样对模具进行处理？
3. 塑料制品对壁厚有何要求？如壁厚不合理会出现哪些不良影响？
4. 塑料制品上的螺纹结构可用哪些方法获得？各用在哪些场合？
5. 塑料制品上设置嵌件的目的是什么？在设计嵌件结构时，需要注意哪些问题？
6. 塑料制品应如何设置脱模斜度？
7. 对于带嵌件的塑料制品，设计要点有哪些？

项目 2
塑料成型工艺与注射设备的选择

任务 2.1 塑料成型方法及工艺参数的确定

【学习目标】
1. 掌握塑料的成型原理、过程及特点。
2. 掌握工艺参数确定的依据及对塑料制品质量的影响。
3. 能正确确定成型工艺参数,合理选择成型方法。
4. 在工艺参数的制订中培养严谨的工作态度。

 任务引入

塑料的种类很多,其成型方法也很多,有注射成型、压缩成型、压注成型、挤出成型、发泡成型等。各种成型方法的成型过程、成型所用的设备、工艺参数也各不相同。这些成型工艺中,前四种最为常用。

在确定制品的成型方法时,应考虑所选塑料的种类、制品生产批量、模具类型及不同成型方法的特点、应用范围,然后再根据塑料的成型工艺特点、不同成型方法的工艺过程确定所生产制品的工艺过程。

塑料的原材料在成为塑料制品之前,多为颗粒状或粉末状。要将此种状态的塑料成型为外形美观、尺寸精准、性能可靠的塑料制品,就必须控制成型时的温度、压力、时间等主要工艺参数。

任务:分析图 1-1 所示药瓶内盖的成型方法,确定成型工艺参数。

 相关知识

2.1.1 注射成型原理及其工艺特性

1. 注射成型的原理、特点及应用

(1) **注射成型的原理** 由于注射机分为柱塞式和螺杆式两种,因此,以下分别介绍这两种注射机的注射成型原理。图 2-1 所示为柱塞式注射成型原理。将颗粒状或粉状塑料从注射机的料斗送进加热的料筒中，经过加热熔化呈流动状态后，在柱塞的推动下，熔融塑料被压缩并向前移动，进而通过料筒前端的喷嘴以很快的速度注入温度较低的闭合型腔中，充满型腔的熔料在受压的情况下，经冷却固化后即可保持模具型腔所赋予的形状，然后开模分型获得成型制件。这样就完成了一个成型周期，以后就不断地重复上述周期的生产过程。

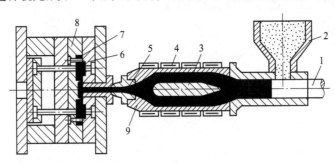

图 2-1　柱塞式注射成型原理
1—柱塞　2—料斗　3—分流锥　4—加热器　5—喷嘴　6—定模板　7—制件　8—动模板　9—料筒

图 2-2 所示为螺杆式注射成型原理。将颗粒状或粉状塑料加入到料斗中，在外部安装电加热圈的料筒内，颗粒状或粉状的塑料在螺杆的作用下，边塑化边向前移动，预塑着的塑料

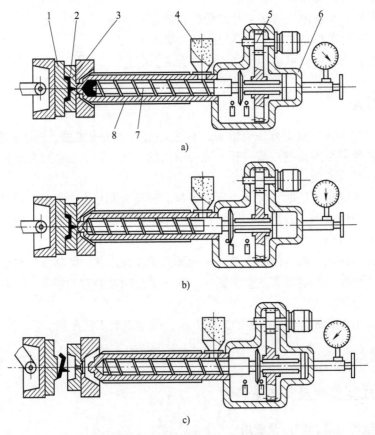

图 2-2　螺杆式注射成型原理
1—动模　2—制件　3—定模　4—料斗　5—传动装置　6—液压缸　7—螺杆　8—加热器

在转动着的螺杆作用下通过螺旋槽被输送至料筒前端的喷嘴附近,螺杆的转动使塑料进一步塑化,料温在剪切摩擦热的作用下进一步提高,塑料得以均匀塑化。当料筒前端积聚的熔料对螺杆产生一定的压力时,螺杆就在转动中后退,直至与调整好的行程开关相接触,具有模具一次注射量的塑料预塑和储料(即料筒前部熔融塑料的储量)结束,接着注射液压缸开始工作,与液压缸活塞相连接的螺杆以一定的速度和压力将熔料通过料筒前端的喷嘴注入温度较低的闭合模具型腔中,如图2-2a所示。保压一定时间,经冷却固化后即可保持模具型腔所赋予的形状,如图2-2b所示。然后开模分型,在推出机构的作用下,将注射成型的塑料制品推出型腔,如图2-2c所示。通常,一个成型周期从几秒钟至几分钟不等,时间的长短取决于制件的大小、形状和厚度,模具的结构,注射机的类型,塑料的品种和成型工艺条件等因素。每个制件的重量可从小于1g至数十千克不等,视注射机的规格及制件的需要而异。

(2) 注射成型的特点及应用 注射成型是热塑性塑料成型的一种重要方法。到目前为止,除氟塑料外,几乎所有的热塑性塑料都可以采用此法成型。它具有成型周期短,能一次成型外形复杂、尺寸精确、带有金属或非金属嵌件的塑料制品;对成型各种塑料的适应性强;生产率高,易于实现全自动化生产等特点。因此,注射成型广泛地用于塑料制品的生产中,其产品占目前塑料制品生产的30%左右。但应当注意的是,注射成型的设备价格及模具制造费用较高,不适合单件及批量较小的塑料制品的生产。

目前,注射成型工艺发展很快,除了热塑性塑料注射成型以外,一些热固性塑料也可以成功地用于注射成型,且具有效率高、产品质量稳定的特点。低发泡塑料(密度为0.2~0.9g/cm³的发泡塑料)注射成型可提供缓冲、隔声、隔热等优良性能的塑料制品;双色或多色注射成型可提供多种颜色、美观适用塑料制品。此外,应用热流道注射成型工艺在获得大型塑料制品和降低或消除浇注系统凝料等方面有明显优点。注射成型还是获得中空塑料制品型坯的重要工艺方法。

2. 注射成型工艺

完整的注射工艺过程,按其先后顺序应包括:成型前的准备、注射过程、制件的后处理。

(1) 成型前的准备 为使注射过程能顺利进行并保证塑料制品的质量,在成型前应进行一些必要的准备工作,包括原料外观(如色泽、颗粒大小及均匀性等)的检验和工艺性能(熔融指数、流动性、热性能及收缩率)的测定;原料的染色及对粉料的造粒;易吸湿的塑料容易产生斑纹、气泡和降解等缺陷,应进行充分的预热和干燥;生产中需要改变产品、更换原料、调换颜色或发现塑料中有分解现象时的料筒清洗;塑料制品的嵌件预热及对脱模困难的塑料制品的脱模剂选用等。由于注射原料的种类及形态、制件的结构、有无嵌件及使用要求的不同,各种制件成型前的准备工作也不完全一样。

(2) 注射过程 注射过程一般包括加料、塑化、注射、冷却和脱模几个步骤。

1) 加料。由于注射成型是一个间歇过程,因而需定量(定容)加料,以保证操作稳定,塑料塑化均匀,最终获得良好的制件。加料过多、受热的时间过长等容易引起物料的热降解,同时注射机功率损耗增多;加料过少时,料筒内缺少传压介质,型腔中塑料熔体的压力降低,难于补塑(即补压),容易引起制件出现收缩、凹陷、空洞等缺陷。

2) 塑化。加入的塑料在料筒中进行加热,由固体颗粒转换成黏流态并且具有良好的可塑性的过程，称为塑化。决定塑料塑化质量的主要因素是物料的受热情况和所受到的剪切作用。通过料筒对物料加热，使聚合物分子松弛，出现由固体向液体的转变，一定的温度是塑料得以形变、熔融和塑化的必要条件。而剪切作用（指螺杆式注射机）则以机械力的方式强化了混合和塑化过程，使混合和塑化扩展到聚合物分子的水平（而不仅是静态的熔融），它使塑料熔体的温度分布、物料组成和分子形态都发生改变，并更趋于均匀。螺杆的剪切作用能在塑料中产生更多的摩擦热，促进了塑料的塑化，因而螺杆式注射机对塑料的塑化比柱塞式注射机要好得多。总之，对塑料的塑化要求是：塑料熔体在进入型腔之前要充分塑化，既要达到规定的成型温度，又要使塑化物料各处的温度尽量均匀一致，还要使热分解物的含量达到最小值，并能提供上述质量的足够的熔融塑料，以保证生产连续并顺利地进行。这些要求与塑料的特性、工艺条件的控制及注射机塑化装置的结构等密切相关。

3) 注射。不论何种形式的注射机，注射的过程可分为充模、保压、倒流等几个阶段。

①充模：塑化好的熔体被柱塞或螺杆推挤至料筒前端，经过喷嘴及模具浇注系统进入并填满型腔，这一阶段称为充模。

②保压：在模具中熔体冷却收缩时，继续保持施压状态的柱塞或螺杆迫使浇口附近的熔料不断补充入模具中，使型腔中的塑料能成型出形状完整而致密的制件，这一阶段称为保压。

③倒流：保压结束后，柱塞或螺杆后退，型腔中的压力解除，这时型腔中的熔料压力将比浇口前方的高，如果浇口尚未冻结，就会发生型腔中的熔料通过浇口流向浇注系统的倒流现象，使制件产生收缩、变形及质地疏松等缺陷。如果保压结束之前浇口已经冻结，就不存在倒流现象。

4) 冷却和脱模。

①浇口冻结后的冷却：当浇注系统中的塑料已经冻结后，继续保压已不再需要，因此可退回柱塞或螺杆，卸除料筒内塑料的压力，并加入新料，同时通入冷却水、油或空气等冷却介质，对模具进行进一步的冷却，这一阶段称为浇口冻结后的冷却。实际上冷却过程从塑料注入型腔起就开始了，它包括从充模完成、保压到脱模前的这一段时间。

②脱模：制件冷却到一定的温度即可开模，在推出机构的作用下将塑料制品推出模外。

(3) 制件的后处理 注射成型的塑料制品经脱模或机械加工之后，常需要进行适当的后处理，以消除存在的内应力，改善塑料制品的性能和提高尺寸稳定性。后处理的主要方法是退火和调湿处理。

1) 退火处理。退火处理是将注射制件在定温的加热液体介质（如热水，热的矿物油、甘油、乙二醇和液体石蜡等）或热空气循环烘箱中静置一段时间，然后缓慢冷却的过程。其目的是减少由于制件在料筒内塑化不均匀或在型腔内冷却速度不同，致使内部产生的内应力，这在生产厚壁或带有金属嵌件的塑料制品时更为重要。退火温度应控制在塑料制品使用温度以上 10~20℃，或塑料的热变形温度以下 10~20℃。退火处理的时间取决于塑料品种、加热介质温度、塑料制品的形状和成型条件。退火处理时的冷却速度不能太快，以避免重新产生内应力。

2) 调湿处理。调湿处理是将刚脱模的制件放在热水中，以隔绝空气，防止制件氧化，加快吸湿平衡速度的一种后处理方法，其目的是使制件的颜色、性能及尺寸得到稳定。通常聚酰胺类塑料制品需进行调湿处理，处理的时间随聚酰胺塑料的品种、制品的形状及厚度、结晶度大小而异。

3. 注射成型工艺参数

注射成型工艺的核心问题,就是采用一切措施以得到塑化良好的塑料熔体,并把它注射到型腔中,在控制条件下冷却定型,使制件达到所要求的质量。影响注射成型工艺的重要参数是塑化流动和冷却的温度、压力,以及相应的各个过程的作用时间。

(1) 温度 注射成型过程需控制的温度有料筒温度、喷嘴温度和模具温度等。料筒温度、喷嘴温度主要影响塑料的塑化和充模;而模具温度主要影响塑料的流动和冷却定型。

1) 料筒温度。料筒温度的选择与各种塑料的特性有关。每一种塑料都具有不同的黏流态温度 θ_f (对于结晶型塑料,即为熔点 θ_m),为了保证塑料熔体的正常流动,不使物料发生变质分解,料筒最合适的温度范围应在黏流态温度 θ_f 和热分解温度 θ_d 之间。

料筒温度过高、时间过长(即使温度不十分高的情况下)时,塑料的热氧化降解量就会变大。因此,对于热敏性塑料,如聚甲醛、聚三氟氯乙烯、未增塑聚氯乙烯等,除需严格控制料筒最高温度外,还应控制塑料在料筒中停留的时间。

同一种塑料,由于来源和牌号不同,其平均相对分子质量和相对分子质量分布亦不相同,则其黏流态温度及热分解温度是有差别的。为了获得适宜的流动性,对于平均相对分子质量高、分布较窄的塑料,因其熔融温度一般都偏高,应适当提高料筒温度。对于玻璃纤维增强的热塑性塑料,随着玻璃纤维含量的增加,熔体的流动性降低,因此要相应地提高料筒温度。

柱塞式和螺杆式注射机由于其塑化过程不同,因而选择的料筒温度也不同。通常后者选择的温度应低一些(一般比柱塞式的低 10~20℃)。选择料筒温度时,还应结合制件及模具的结构特点。由于薄壁制件的型腔比较狭窄,熔体注入的阻力大,冷却快,为了顺利充型,料筒温度应选择高一些;相反,注射厚壁制件时,料筒温度可降低一些。对于形状复杂及带有嵌件的制件,或者熔体充模流程曲折较多或较长时,料筒温度也应该选择高一些。

料筒温度的分布,一般是从料斗一侧(后端)起至喷嘴(前端)止逐步升高的,以使塑料温度平稳地上升,以达到均匀塑化的目的。但当原料含湿量偏高时,也可适当提高后端温度。由于螺杆注射机的剪切摩擦热有助于塑化,因而前段的温度不妨略低于中段,以防止塑料过热分解。

2) 喷嘴温度。喷嘴温度一般略低于料筒最高温度,以防止熔料在直通式喷嘴发生"流涎现象"。由喷嘴低温产生的影响可以从塑料注射时所发生的摩擦热得到一定的补偿。当然,喷嘴温度也不能过低,否则将会造成熔料早凝而将喷嘴堵死,或者由于早凝熔料注入型腔而影响制件的质量。

料筒和喷嘴温度的选择不是孤立的,与其他工艺条件存有一定关系。例如,选用较低的注射压力时,为保证塑料流动,应适当提高料筒温度;反之,料筒温度偏低时,就需要较高的注射压力。由于影响因素很多,一般都在成型前通过对空注射法或制件的直观分析法进行调整,以便从中确定最佳的料筒和喷嘴温度。

3) 模具温度。模具温度对塑料熔体的充型能力及制件的内在性能和外观质量影响很大。模具温度的高低取决于塑料结晶性的有无,制件的尺寸、结构、性能要求,以及其他工艺条件(熔料温度、注射速度及注射压力、模具周期等)。

模具温度(模温)通常是由通入定温的冷却介质来控制的,也有靠熔料注入模具自然升温和自然散热达到平衡而保持一定的模温。在特殊情况下,也有采用电阻加热圈和加热棒对模具加热等保持定温。不管采用什么方法使模具保持定温,对塑料熔体来说都是冷却,保持的定温都低于塑料的玻璃化温度 θ_g 或工业上常用的热变形温度,这样才能使塑料成型和脱模。

无定形塑料熔体注入型腔后,随着温度的不断降低而固化,但并不发生相变。模温主要影响熔料的黏度,也就是充型速率。如果充型顺利,采用低模温是可取的,因为这样可以缩短冷却时间,从而提高生产率。因此对于熔融黏度较低或中等的无定型塑料(如聚苯乙烯、乙酸纤维素等),模具温度常偏低;反之,对于熔融黏度高的塑料(如聚碳酸酯、聚苯醚、聚砜等),则必须采取较高的模温(对于聚碳酸酯,为 90~120℃,对于聚苯醚,为 110~130℃,对于聚砜,为 130~150℃)。应该说明的是,对于软化点较高的塑料,提高模温可以调整制件的冷却速率,使其均匀一致,以防因温差过大而产生凹痕、内应力和裂纹等缺陷。

结晶性塑料注入型腔后,当温度降低到熔点以下即开始结晶。结晶的速率受冷却速率控制,而冷却速率是由模具温度控制的,因而模具温度直接影响制件的结晶度和结晶构型。模具温度高时,冷却速率小,但结晶速率可能大,因为一般塑料最大结晶速率的温度都在熔点下的高温一边;其次,模具温度高时还有利于分子的松弛过程,分子取向效应小,这种条件仅适于结晶速率很小的塑料,如聚对苯二甲酸乙二酯等,在实际注射中很少采用,因为模具温度高也会延长成型周期和使制件发脆。模具温度适当时,冷却速度适宜,塑料分子的结晶和定向也都适中,这是通常用得最多的条件。模具温度低时,冷却速率大,熔体的流动与结晶同时进行,但熔体在结晶温度区间停留时间缩短。此外,模具的结构和注射条件也会影响冷却速率,例如,提高料筒温度和增加制件厚度都会使冷却速率发生变化,对于高压聚乙烯,变化可达 2%~3%,对于低压聚乙烯,变化可达 10%,对于聚酰胺,变化可达 40%。即使是同一制件,其中各部分的密度也可能是不相同的,这说明各部分的结晶度不一样。造成这种现象的主要原因是熔料各部分在模内的冷却速率差别太大。

(2) **压力** 注射模塑过程中的压力包括塑化压力和注射压力,它们直接影响塑料的塑化和制件质量。

1) 塑化压力。塑化压力又称背压,是指采用螺杆式注射机时,螺杆头部熔料在螺杆转动后退时所受到的压力。这种压力的大小是可以通过液压系统中的溢流阀来调整的。注射过程中,塑化压力的大小是随螺杆的设计、制件质量的要求及塑料的种类等的不同而异的。如果这些情况和螺杆的转速都不变,则增加塑化压力时会提高熔体的温度,使熔体的温度均匀、色料的混合均匀并排出熔体中的气体。但增加塑化压力会降低塑化速率、延长成型周期,甚至可能导致塑料的降解。一般操作中,塑化压力应在保证制件质量的前提下越低越好,其具体数值随所用塑料的品种而异,但通常很少超过 6MPa。注射聚甲醛时,较高的塑化压力(也就是较高的熔体温度)会使制件的表面质量提高,但也可能使塑料变色、塑化速率降低和流动性下降。对聚酰胺来说,塑化压力必须降低,否则塑化速率将很快降低,这是因为螺杆中逆流和漏流增加的缘故。如需增加料温,则应采用提高料筒温度的方法。聚乙烯的热稳定性较高,提高塑化压力不会有降解的危险,这有利于混料和混色,不过塑化速率会降低。

2) 注射压力。注射机的注射压力是指柱塞或螺杆头部对塑料熔体所施加的压力。在注射机上常用表压指示注射压力的大小,一般在 40~130MPa 之间,其作用是克服塑料熔体从料筒流向型腔的流动阻力,给予熔体一定的充型速率及对熔体进行压实等。

注射压力的大小取决于注射机的类型,塑料的品种,模具浇注系统的结构、尺寸与表面粗糙度,模具温度,制件的壁厚及流程的大小等,关系十分复杂,目前难以作出具有定量关系的结论。在其他条件相同的情况下,柱塞式注射机的注射压力应比螺杆式的大,其原因在于塑料在柱塞式注射机料筒内的压力损耗比螺杆式的大。塑料流动阻力的另一决定因素是塑料与模具浇注系统及型腔之间的摩擦系数和熔融黏度,两者越大时,注射压力应越大,同一种塑料的摩擦系数和熔融黏度是随所用料筒温度和模具温度而变动的。此外,还与是否加润滑剂有关。

为了保证制件的质量,对注射速度(熔融塑料在喷嘴处的喷出速度)常有一定的要求,而对注射速度较为直接的影响因素是注射压力。就制件的机械强度和收缩率来说,每一种制件都有各自的最佳注射速度,而且经常是一个范围的数值。这一数值与很多因素有关,其中最主要的影响因素是制件的壁厚。厚壁的制件用低的注射速度,反之则相反。

型腔充满后,注射压力的作用全在于对模内熔料的压实。在生产中,压实时的压力等于或小于注射时的注射压力。如果注射和压实时的压力相等,则往往可以使制件的收缩率减小,并且尺寸稳定性较好。缺点是会造成脱膜时的残余压力过大和成型周期过长。但对结晶性塑料来说,成型周期不一定增长,因为压实压力大时可以提高塑料的熔点(例如聚甲醛,如果压力加大到50MPa,则其熔点可提高90℃),脱模可以提前。

(3) **时间** 成型周期直接影响劳动生产率和注射机使用率,因此在生产中,在保证质量的前提下,应尽量缩短成型周期中各个阶段的有关时间。在整个成型周期中,以注射时间和冷却时间最重要,它们对制件的质量均有决定性的影响。注射时间中的充模时间与充模速率成正比。在生产中,充模时间一般为3~5s。注射时间中的保压时间就是对型腔内塑料的压实时间,在整个注射时间内所占的比例较大,一般为20~25s(特厚制件可高达5~10min)。在浇口处熔料冻结之前,保压时间的长短,对制件密度和尺寸精度有影响,在此以后则无影响。保压时间的长短不仅与制件的结构尺寸有关,而且与料温、模温以及主流道和浇口的大小有关。如果主流道和浇口的尺寸合理、工艺条件正常,通常以制件收缩率波动范围最小的压实时间为最佳值。

冷却时间主要取决于制件的厚度、塑料的热性能和结晶性能,以及模具温度等。冷却时间的长短应以脱模时制件不引起变形为原则。冷却时间一般为30~120s。冷却时间过长,不仅延长生产周期,降低生产率,对复杂制件还将造成脱模困难。成型周期中的其他时间则与生产过程是否连续化和自动化以及两化的程度等有关。

各种塑料的注射工艺参数参见表2-1。

2.1.2 压缩成型原理及其工艺特性

1. 压缩成型原理、特点与应用

压缩成型原理如图2-3所示。将粉状(或粒状、碎屑状及纤维状)的热固性塑料放入敞开的模具加料室中(底部为型腔),如图2-3a所示,然后合模加热使其熔化,并在压力作用下使物料充满模腔(图2-3b),这时塑料中的高分子产生化学交联反应,逐步转变为不熔的硬化定型制件,最后脱模将其取出(图2-3c)。

压缩成型主要用于热固性塑料制品的生产。对于热塑性塑料,由于压缩成型的生产周期长,生产率低,同时易损坏模具,故生产中很少采用,仅在塑料制品较大时或做试验研究时才采用。由于热固性塑料的注射成型及其他成型方法的相继出现,目前压缩成型的应用受到一定的限制,但是生产某些大型的特殊产品时还常采用这种成型方法。用于压缩成型的塑料主要有酚醛塑料、氨基塑料、环氧树脂、不饱和聚酯塑料、聚酰亚胺等。

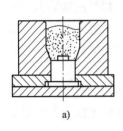
a)
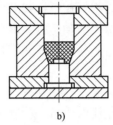
b)
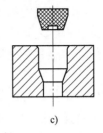
c)

压缩压铸成型

图 2-3　压缩成型原理

表 2-1　各种塑料的注射工艺参数

项目	塑料							
	PE-LD	PE-HD	乙丙共聚 PP	PP	玻纤增强 PP	软质 PVC	未增塑 PVC	PS
注射机类型	柱塞式	螺杆式	柱塞式	螺杆式	螺杆式	柱塞式	螺杆式	柱塞式
螺杆转速/(r/min)	—	30~60	—	30~60	30~60	—	20~30	—
喷嘴 形式	直通式	直通式	直通式	直通式	直通式	直通式	直通式	直通式
温度/℃	150~170	150~180	170~190	170~190	180~190	140~150	150~170	160~170
料筒温度/℃ 前段	170~200	180~190	180~200	180~200	190~200	160~190	170~190	170~190
中段	—	180~200	190~220	200~220	210~220	—	165~180	—
后段	140~160	140~160	150~170	160~170	160~170	140~150	160~170	140~160
模具温度/℃	30~45	30~60	50~70	40~80	70~90	30~40	30~60	20~60
注射压力/MPa	60~100	70~100	70~100	70~120	90~130	40~80	80~130	60~100
保压压力/MPa	40~50	40~50	40~50	50~60	40~50	20~30	40~60	30~40
注射时间/s	0~5	0~5	0~5	0~5	2~5	0~8	2~5	0~3
保压时间/s	15~60	15~60	15~60	20~60	15~40	15~40	15~40	15~40
冷却时间/s	15~60	15~60	15~50	15~50	15~40	15~30	15~40	15~30
成型周期/s	40~140	40~140	40~120	40~120	40~100	40~80	40~90	40~90
项目	塑料							
	PS-HI	ABS	高抗冲 ABS	耐热 ABS	电镀级 ABS	阻燃 ABS	透明 ABS	PET
注射机类型	螺杆式	螺杆式	螺杆式	螺杆式	螺杆式	螺杆式	螺杆式	螺杆式
螺杆转速/(r/min)	30~60	30~60	30~60	30~60	20~60	20~50	30~60	20~40
喷嘴 形式	直通式	直通式	直通式	直通式	直通式	直通式	直通式	直通式
温度/℃	160~170	180~190	190~200	190~200	190~210	180~190	190~200	250~260
料筒温度/℃ 前段	170~190	200~210	200~210	200~220	210~230	190~200	200~220	260~270
中段	170~190	210~230	210~230	220~240	230~250	200~220	220~240	260~280
后段	140~160	180~200	180~200	190~200	200~210	170~190	190~200	240~260
模具温度/℃	20~50	50~70	50~80	60~85	40~80	50~70	50~70	100~140
注射压力/MPa	60~100	70~90	70~120	85~120	70~120	60~100	70~100	80~120
保压压力/MPa	30~40	50~70	50~70	50~80	50~70	30~60	50~60	30~50
注射时间/s	0~3	3~5	3~5	3~5	0~4	3~5	0~4	0~5
保压时间/s	15~40	15~30	15~30	15~30	20~50	15~30	15~40	20~50
冷却时间/s	10~30	15~30	15~30	15~30	15~30	15~30	10~30	20~30
成型周期/s	40~90	40~70	40~70	40~70	40~90	30~70	30~80	50~90

(续)

项目	塑料							
	PBT	玻纤增强 PBT	PA 6	玻纤增强 PA6	PA 11	玻纤增强 PA11	PA 66	玻纤增强 PA66
注射机类型	螺杆式	螺杆式	螺杆式	螺杆式	螺杆式	螺杆式	螺杆式	螺杆式
螺杆转速/(r/min)	20~40	20~40	20~50	20~40	20~50	20~40	20~50	20~40
喷嘴 形式	直通式	直通式	直通式	直通式	直通式	直通式	自锁式	直通式
温度/℃	200~220	210~230	200~210	200~210	180~190	190~200	250~260	250~260
料筒温度/℃ 前段	230~240	230~240	220~230	220~240	185~200	200~220	255~265	260~270
中段	230~250	240~260	230~240	230~250	190~220	220~250	260~280	260~290
后段	200~220	210~220	200~210	200~210	170~180	180~190	240~250	230~260
模具温度/℃	60~70	65~75	60~100	80~120	60~90	60~90	60~120	100~120
注射压力/MPa	60~90	80~100	80~110	90~130	90~120	90~130	80~130	80~130
保压压力/MPa	30~40	40~50	30~50	30~50	30~50	40~50	40~50	40~50
注射时间/s	0~3	2~5	0~4	2~5	0~4	2~5	0~5	3~5
保压时间/s	10~30	10~20	15~50	15~40	15~50	15~40	20~50	20~50
冷却时间/s	15~30	15~30	20~40	20~40	20~40	20~40	20~40	20~40
成型周期/s	30~70	30~60	40~100	40~90	40~100	40~90	50~120	50~100

项目	塑料						
	PC		PC/PE		玻纤增强 PC	PSU	改性 PSU	玻纤增强 PSU
注射机类型	螺杆式	柱塞式	螺杆式	柱塞式	螺杆式	螺杆式	螺杆式	螺杆式
螺杆转速/(r/min)	20~40	—	20~40	—	20~40	20~30	20~30	20~30
喷嘴 形式	直通式	直通式	直通式	直通式	直通式	直通式	直通式	直通式
温度/℃	230~250	240~250	220~230	230~240	240~260	280~290	250~260	280~300
料筒温度/℃ 前段	240~280	270~300	230~250	250~280	260~290	290~310	260~280	300~320
中段	260~290	—	240~260	—	270~310	300~330	280~300	310~330
后段	240~270	260~290	230~240	240~260	260~280	280~300	260~270	290~300
模具温度/℃	90~110	90~110	80~100	80~100	90~110	130~150	80~100	130~150
注射压力/MPa	80~130	110~140	80~120	80~130	100~140	100~140	100~140	100~140
保压压力/MPa	40~50	40~50	40~50	40~50	40~50	40~50	40~50	40~50
注射时间/s	0~5	0~5	0~5	0~5	2~5	0~5	0~5	2~7
保压时间/s	20~80	20~80	20~80	20~80	20~60	20~80	20~70	20~50
冷却时间/s	20~50	20~50	20~50	20~50	20~50	20~50	20~50	20~50
成型周期/s	50~130	50~130	50~140	50~140	50~110	50~140	50~130	50~110

与注射成型相比，压缩成型的生产过程控制、使用的设备及模具较简单，易成型大型制件。热固性塑料压缩成型的塑料制品具有耐热性好、使用温度范围宽、变形小等特点；其缺点是生产周期长，效率低，较难实现自动化，因而工人劳动强度大，不易成型形状复杂的制件。典型的压缩成型制件有仪表壳、电闸板、电器开关、插座等。

2. 压缩成型工艺过程

（1）压缩成型前的准备 热固性树脂比较容易吸湿，储存时易受潮，加之比容较大，为了使成型过程顺利进行，并保证制件的质量和产量，应预先对塑料进行预热处理，在有些情况下还要对制件进行预压处理。

1）预压。在室温下将松散的热固性塑料用预压模在压力机上压成重量一定、形状一致的型坯，型坯的形状以能十分紧凑地放入模具中预热为宜，多为圆片状，也有长条状等。

2）预热。在成型前，应对热固性塑料加热，除去其中的水分和其他挥发物，同时提高料温，便于缩短压缩成型周期。生产中常用电热烘箱进行预热。

(2) 压缩成型过程　模具装上压力机后要进行预热。一般热固性塑料压缩过程可以分为加料、合模、排气、固化和脱模等几个阶段，在成型带有嵌件的塑料制品时，加料前应预热嵌件并将嵌件安放定位于模内。

1）嵌件的安放。在有嵌件的模具中，通常用手（模具温度高时应戴上手套）将嵌件安放在固定位置，特殊情况下要用专门工具安放。安放的嵌件要求位置正确和平稳，以免造成废品或损伤模具。压缩成型时，为防止嵌件周围的塑料出现裂纹，常采用浸胶布做成垫圈进行增强。

2）加料。在模具加料室内加入已经预热和定量的物料，如型腔数低于6个，且加入的又是预压物，则一般用手加料；如所用的塑料为粉料或粒料，则可用勺加料。型腔数多于6个时，应采用专用加料工具。加料定量的方法有重量法、容积法和计数法三种。重量法准确，但操作麻烦；容积法虽然不及重量法准确，但操作方便；计数法只用于加预压物。

3）合模。加料完成后便可合模。在凸模尚未接触物料之前，要快速合模，借以缩短模塑周期和避免塑料过早固化和过多降解。当凸模触及塑料后，改为慢速合模，避免模具中的嵌件、成型杆或型腔遭到破坏。此外，放慢速度还可以使模具内的气体充分排除。待模具闭合即可增大压力（通常达15~35MPa）对原料进行加热加压。合模所需的时间由几秒至数十秒不等。

4）排气。压缩热固性塑料时，在模具闭合后，有时还需卸压将凸模松动少许时间，以便排出其中的气体，这道工序称为排气。排气不但可以缩短固化时间，而且有利于制件性能和表面质量的提高。排气的次数和时间依据需要而定，通常排气的次数为1~2次，每次时间由几秒至几十秒。

5）固化。热固性塑料的固化是在压缩成型温度下保持一段时间，以待其性能达到最佳状态。固化速率不高的塑料，有时也不必将整个固化过程放在模内完成，而只要制件能够完整地脱模即可结束固化，因为拖长固化时间会降低生产率。提前结束固化时间的制件需用后烘的方法来完成固化。通常酚醛压缩制件的后烘温度范围为90~150℃，时间由几小时至几十小时不等，视制件的厚薄而定。模内固化时间取决于塑料的种类、制件的厚度、物料的形状，以及预热和成型的温度等。一般由30s至数分钟不等，需由实验方法确定，过长或过短对制件的性能都不利。

6）脱模。固化完毕后即可将制件与模具分开，通常用推出机构将制件推出模外。带有侧型芯或嵌件时，应先用专门工具将侧型芯或嵌件拧脱，然后再进行脱模。

(3) 压后处理　制件脱模后，对模具应进行清洗，有时对制件要进行后处理。

1）模具的清理。脱模后，要用铜签（或铜刷）刮出留在模内的碎屑、飞边等，然后再用压缩空气将其吹净，如果这些杂物压入再次成型的制件中，会严重影响制件质量甚至造成报废。

2）后处理。为了进一步提高制件的质量，热固性塑料制品脱模后常在较高的温度下保温一段时间。后处理能使塑料固化更趋完全，同时减少或消除制件的内应力，减少水分及挥发物等，有利于提高制件的电性能及强度。后处理方法和注射成型制件的后处理方法一样，在一定的环境或条件下进行，所不同的只是处理温度不同。一般处理温度约比成型温度提高10~50℃。

3. 压缩成型的工艺参数

压缩成型的工艺参数主要是指压缩成型压力、压缩成型温度和压缩时间。

（1）压缩成型压力 压缩成型压力是指压缩时压力机通过凸模对塑料熔体充满型腔和固化时在分型面单位投影面积上施加的压力，简称成型压力，可采用以下公式进行计算

$$p = \frac{p_b \pi D^2}{4A} \tag{2-1}$$

式中 p——成型压力（MPa），一般为15~30MPa；

p_b——压力机工作液压缸表压力（MPa）；

D——压力机主缸活塞直径（m）；

A——制件与凸模接触部分在分型面上的投影面积（m^2）。

施加成型压力的目的是促使物料流动充模，增大制件密度，提高制件的内在质量，克服塑料树脂在成型过程中因化学变化释放的低分子物质及塑料中的水分等产生的胀模力，使模具闭合，保证制件具有稳定的尺寸、形状，减少飞边，防止变形。但过大的成型压力会降低模具寿命。

压缩成型压力的大小与塑料种类、制件结构及模具温度等因素有关，一般情况下，塑料的流动性越小，制件越厚及形状越复杂，塑料固化速度和压缩比越大，所需的成型压力也越大。热固性塑料压缩成型温度和成型压力见表2-2。

表2-2 热固性塑料的压缩成型温度和成型压力

塑料种类	压缩成型温度/℃	压缩成型压力/MPa	塑料种类	压缩成型温度/℃	压缩成型压力/MPa
酚醛塑料（PF）	146~180	7~42	邻苯二甲酸二烯丙酯（PDAP）	120~160	3.5~14
三聚氰胺-甲醛塑料（MF）	140~180	14~56	环氧树脂（EP）	145~200	0.7~14
脲-甲醛塑料（UF）	135~155	14~56	有机硅塑料（SI）	150~190	7~56
不饱和聚酯塑料（UP）	85~150	0.35~3.5			

（2）压缩成型温度 压缩成型温度是指压缩成型时所需的模具温度。它是使热固性塑料流动、充模并最后固化成型的主要影响因素，决定了成型过程中聚合物交联反应的速度，从而影响塑料制品的最终性能。

热固性塑料受到温度作用时，其黏度或流动性会发生很大变化，这种变化是温度作用下的聚合物松弛（使黏度降低，流动性增加）和交联反应（引起黏度增大、流动性降低）这两类物理变化和化学变化的总结果。温度上升的过程，就是塑料从固体粉末逐渐熔化，黏度由大到小；然后交联反应开始，随着温度的升高，交联反应速度增大，聚合物熔体黏度则经历由小到大（流动性由大到小）的过程，因而其流动性随温度变化具有峰值。因此，在闭

模后,迅速增大成型压力,使塑料在温度还不很高而流动性又较大时充满型腔各部分是非常重要的。温度升高能使热固性塑料在模腔中的固化速度加快,固化时间缩短,因此高温有利于缩短模压周期,但过高的温度会因固化速度太快而使塑料流动性迅速下降,并引起充模不满,特别是模压形状复杂、壁薄、深度大的制件,这种弊病最为明显;温度过高还可能引起物料变色,树脂和有机填料等的分解,使制件表面颜色暗淡。同时,高温下外层固化要比内层快得多,从而使内层挥发物难以排除,不仅会降低制件的力学性能,而且会使制件发生肿胀、开裂、变形和翘曲等。因此,在压缩成型厚度较大的制件时,往往不是升高温度,而是在降低温度的前提下延长压缩时间。但温度过低时,不仅固化慢,而且效果差,也会造成制件暗淡无光,这是由于固化不完全的外层受不住内层挥发物的压力作用。

(3) 压缩时间 热固性塑料压缩成型时,在一定压力和一定温度下保持一定的时间,才能使其充分固化,成为性能优越的制件,这一时间称为压缩时间。压缩时间与塑料的种类(树脂种类、挥发物含量等)、制件形状、压缩成型的工艺条件(温度、压力)及操作步骤(是否排气、预压、预热)等有关。压缩成型温度升高,塑料固化速度加快,所需压缩时间减少,因而压缩周期随模温升高而减少;压缩成型压力对模压时间的影响虽不及成型温度那么明显,但随压力增大,压缩时间也略有减少;由于预热减少了塑料充模和开模时间,所以压缩时间比不预热时要短。通常压缩时间还随制件厚度增加而增加。

压缩时间的长短对制件的性能影响很大,压缩时间太短,树脂固化不完全(欠熟),制件的物理和力学性能差,外观无光泽,脱模后易出现翘曲、变形等现象。但过分延长压缩时间时,会使塑料"过熟",不仅延长成型时间,降低生产率,多消耗热能,而且树脂交联过度会使制件收缩率增加,引起树脂和填料之间产生内应力,从而使制件力学性能下降,严重时会使制件破裂。一般的酚醛制件,压缩时间为 1~2min;对于有机硅塑料,达 2~7min。表 2-3 列出了酚醛塑料和氨基塑料的压缩成型工艺参数。

表 2-3 酚醛塑料和氨基塑料压缩成型工艺参数

工艺参数	酚醛塑料			氨基塑料
	一般工业用①	高电绝缘用②	耐高频电绝缘用③	
压缩成型温度/℃	150~165	160±10	185±5	140~155
压缩成型压力/MPa	30±5	30±5	>30	30±5
压缩时间/(min/mm)	1±0.2	1.5~2.5	2.5	0.7~1.0

① 系以苯酚-甲醛线型树脂和粉末为基础的压缩粉。
② 系以甲酚-甲醛可溶性树脂的粉末为基础的压缩粉。
③ 系以苯酚-苯胺-甲醛树脂和无机矿物为基础的压缩粉。

2.1.3 压注成型原理及其工艺特性

压注成型又称为传递成型,它是在压缩成型基础上发展起来的一种热固性塑料的成型方法。

1. 压注成型原理及其特点

压注成型原理如图 2-4 所示,模具闭合后,将热固性塑料(预压锭或预热的原料)加入到加料腔中(图 2-4a);塑料受热熔融,接着在压力作用下,塑料熔体通过模具浇注系统,以高速挤入型腔（图2-4b）；塑料在型腔内继续受热受压而固化成型为不熔的定型塑料制品，最后打开模具将其取出（图2-4c）。

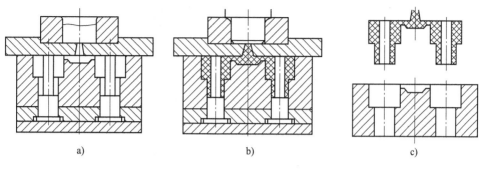

图2-4 压注成型原理

与压缩成型相比较，压注成型的塑料在进入型腔前已经塑化，因此能生产外形复杂、薄壁或壁厚变化很大、带有精细嵌件的制件；塑料在模具内的保压硬化时间较短，缩短了成型周期，提高了生产率；制件的密度和强度也得到提高；由于塑料成型前模具完全闭合，分型面的飞边很薄，因而制件精度容易保证，表面粗糙度值也较小。

但压注所用模具的结构要复杂些；压注成型塑料原料浪费较大，制件因有浇口痕迹，使修整工作量增大；工艺条件较压缩成型要求更严格，操作难度大。

2. 压注成型工艺过程

压注成型的工艺过程和压缩成型基本相似，故不再赘述。它们的主要区别在于压缩成型过程是先加料后闭模，而压注成型则一般要求先闭模后加料。

3. 压注成型工艺参数

压注成型工艺参数同压缩成型相比较，有一定区别。

（1）压注成型压力 由于经过浇注系统的消耗，压注成型的压力一般为压缩成型的2~3倍。压力随塑料种类、模具结构及制件的形状不同而不同。对于酚醛塑料粉，为50~80MPa；对于纤维填料的塑料，为80~160MPa；对于环氧树脂、硅酮等低压封装塑料，为2~10MPa。

（2）模具温度 压注成型的模具温度通常要比压缩成型时的温度低15~30℃，一般为130~190℃，这是因为塑料通过浇注系统时能从中获取一部分摩擦热。加料腔和下模的温度要低一些，而中部的温度要高一些，这样可以保证塑料进入型腔畅通而又不会出现溢料现象，同时也可避免制件出现缺料、起泡、接缝等缺陷。

（3）压注时间及保压时间 在一般情况下，压注时间控制在加压后10~30s内将塑料充满型腔。保压时间与压缩成型比较，可以短一些，因为塑料在加热和压力作用下，通过浇口的料量少，加热迅速而均匀，塑料化学反应也较均匀，所以当塑料进入型腔时已临近树脂固化的最后温度。

压注成型对塑料有一定要求，即在未达到硬化温度以前塑料应具有较大的流动性，而达到硬化温度后，又须具有较快的硬化速度，能符合这种要求的塑料有酚醛、三聚氰胺-甲醛和环氧树脂等。而不饱和聚酯和脲醛塑料，则因在低温下具有较大的硬化速度，所以不能成型较大的塑料制品。

酚醛塑料压注成型的主要工艺参数参见表2-4。部分热固性塑料压注成型的主要工艺参数参见表2-5。

表2-4 酚醛塑料压注成型的主要工艺参数

工艺参数	罐式		柱塞式
	未预热	高频预热	高频预热
预热温度/℃	—	100~110	100~110
成型压力/MPa	160	80~100	80~100
充模时间/min	4~5	1~1.5	0.25~0.33
固化时间/min	8	3	3
成型周期/min	12~13	4~4.5	3.5

表2-5 部分热固性塑料压注成型的主要工艺参数

塑料	填料	成型温度/℃	成型压力/MPa	压缩率	成型收缩率（%）
环氧双酚A塑料	玻璃纤维	138~193	7~34	3.0~7.0	0.1~0.8
	矿物填料	121~193	0.7~21	2.0~3.0	0.1~0.2
环氧酚醛塑料	矿物和玻纤	121~193	1.7~21	—	0.4~0.8
	矿物和玻纤	190~196	2~17.2	1.5~2.5	0.3~0.6
	玻璃纤维	143~165	17~34	6~7	0.02
三聚氰胺	纤维素	149	55~138	2.1~3.1	0.5~1.5
酚醛	织物和回收料	149~182	13.8~138	1.0~1.5	0.3~0.9
聚酯（BMC、TMC[①]）	玻璃纤维	138~160			0.4~0.5
聚酯（SMC、TMC）	导电护套料[②]	138~160	3.4~1.4	1.0	0.02~0.1
聚酯（BMC）	导电护套料	138~160		—	0.05~0.4
醇酸树脂	矿物质	160~182	13.8~138	1.8~2.5	0.3~1.0
聚酰亚胺	50%玻纤	199	20.7~69	—	0.2
脲醛塑料	α-纤维素	132~182	13.8~138	2.2~3.0	0.6~1.4

① TMC指黏稠状塑料。
② 指在聚酯中添加导电性填料和增强材料的电子材料工业用护套料。

 任务实施

1. 成型方式的选择

根据项目1中所述，药瓶内盖制件所选材料为PE，属于热塑性塑料，需大批量生产。虽然注射成型的模具结构较其他成型方式的模具复杂、成本偏高，但注射成型具有成型周期短、效率高、质量好、尺寸稳定等优点，并且容易实现自动化生产，故该制品选择注射成型的方式生产。

2. 工艺规程的确定

一个完整的注射成型工艺过程包括成型前准备、注射成型过程及塑料制品后处理3个阶段。

（1）成型前的准备

①对原料的检验：对原料的成分、外观等进行检验，检查材料是否供应正常，色泽、粒度是否符合生产要求（有的塑料在外观检查前还要进行粉碎处理）。

②注射机与模具的清理与检查：如要改变生产品种或更换PE塑料的颜色，则要对注射机的料筒和模具型腔进行清洗。在生产中如发现出现了加热不均匀的现象，也要停机并对料筒进行清洗。

（2）注射过程 PE塑料在注射机料筒内经过加热、塑化达到流动状态后，经由模具的浇注系统进入模具型腔。注射过程一般包括：加料、塑化、充模、保压补缩、冷却定型和脱模等步骤。

（3）后处理 制品在成型脱模后，一般要去除飞边和浇注系统凝料。如有必要，还需对制品进行后处理，如退火。某些表面精度要求较高的制品还要进行抛光等处理。

3. 设定并调整注射工艺参数

根据所选PE材料，查阅表2-1，编制注射成型工艺卡，见表2-6。

巩固提高

定子铁心绝缘套的成型方式和注射工艺参数的确定

1. 成型方式的选择

定子铁心绝缘套所选材料为PA塑料，属于热塑性塑料，且需大批量生产。虽然注射成型的模具结构较其他塑料成型模具复杂，成本较高，但成型周期短、效率高、质量好，并且容易实现自动化生产，故该制品可选择注射成型的方式生产。

2. 工艺规程的确定

（1）成型前的准备

1）对原料进行检验。

2）注射机与模具的清理与检查。

3）原料的干燥处理。由于PA塑料具有一定的吸湿性，所以在成型前要对塑料原料进行干燥处理。

4）涂刷脱模剂。如有必要，在成型前应在模具型腔或型芯上涂刷脱模剂，方便成型后将制品从模具中脱离出来。脱模剂可根据条件选择硬脂酸锌、液状石蜡或硅油等。

（2）注射过程 因采用了变异的轮辐式浇口，料温设定和压力调节宜由低至高，防止产品出现变形和材料变质。

（3）后处理 取出制件后去除浇口凝料和飞边。若发现制件过硬导致定子下线时损坏漆包线，可对去除凝料和飞边后的绝缘套进行调湿处理，这样可获得较好的软化效果。

3. 设定并调整注射工艺参数

根据所选PA材料，查阅表2-1，编制注射成型工艺卡，见表2-7。

表 2-6 药瓶内盖注射成型工艺卡

(企业名称)	塑料零件注射成型工艺卡		产品型号		零(部)件图号		共 页
			产品名称		零(部)件图号		第 页
材料名称	PE	材料编号	材料颜色	本色	药瓶内盖	药瓶内盖	
零件净重	5g	零件毛重 8g	消耗定额	20g/件		件数/台	
		设备 编号	料筒温度	第一段	140~160℃	闭模	2~5s
		数量 2		第二段	150~180℃	注射	0~3s
		XS-ZY-125		第三段		高压	
		附件		第四段	170~200℃	冷却	15~40s
				第五段	160~190℃	开模	
		总高	喷嘴温度			总时间	40~60s
		顶出距离	注射压力		60~100MPa	模温	60~70℃
			保压		40~60MPa	螺杆类型	
			螺杆转速		r/min	加料刻度	
						脱模剂	
	零件成型后处理	图号 名称 数量	工序号	工序内容		工艺设备	工时
							单件 准终
		热处理方式	10	将 PE 材料适当干燥处理			
		加热温度	20	将材料加至注射机料筒内			
		加热时间	30	按设定工艺注射成型			
		保温温度	40	取出制品,并去除浇道凝料和飞边			
		保温时间					
原料干燥处理	使用设备		冷却方式		编制(日期)	审核(日期)	会签(日期)
	盛料高度						
	干燥温度						
	干燥时间						
	翻料时间						
标记	处数	更改文件号	签字	日期	标记	处数	更改文件号	签字	日期

表 2-7 定子铁心绝缘套注射成型工艺卡

(企业名称)		塑料零件注射成型工艺卡		产品型号		零(部)件图号		共 页
				产品名称	定子铁心绝缘套	零(部)件图号	定子铁心绝缘套	第 页
材料名称	PA	材料编号		材料颜色	本色	件数/台		
零件净重	20g	零件毛重	24g	材料消耗定额	40g/件			
设备		编号	XS-ZY-125	注射成型工艺	料筒温度	第一段	190~210℃	注射时间	闭模	2~5s
		数量	2			第二段	200~220℃		注射	0~5s
附件						第三段			高压	
						第四段	210~230℃		冷却	20~40s
		总高				第五段	200~210℃		开模	
		顶出距离				喷嘴			总时间	40~90s
					压力	注射	40~100MPa		模温	40~80℃
						保压	40~60MPa		螺杆类型	
零件成型后处理	图号	名称	数量	螺杆转速	r/min	加料刻度		脱模剂		
				工序号		工序内容		工艺设备	工时	
									单件	准终
	热处理方式			10		将PA材料适当干燥处理				
	加热温度			20		将材料加至注射机料筒内				
	加热时间			30		按设定工艺注射成型				
	保温温度			40		取出制品,并去除浇道凝料和飞边				
	保温时间									
	冷却方式									
				编制(日期)	工艺(日期)	审核(日期)	会签(日期)			
标记	处数	更改文件号	签字	日期						

原料干燥处理	使用设备				
	盛料高度				
	干燥温度				
	干燥时间				
	翻料时间				
标记	处数	更改文件号	签字	日期	

知识拓展

挤出成型原理及其工艺过程

1. 挤出成型原理及其特点

热塑性塑料的挤出成型原理如图2-5所示（以管材的挤出为例）。首先将粒状或粉状塑料加入料斗中（图中未画出），在旋转的挤出机螺杆的作用下，塑料沿螺杆的螺旋槽向前输送，在此过程中，不断地接受外加热和螺杆与物料之间、物料与物料之间及物料与料筒之间的剪切摩擦热，逐渐熔融呈黏流态，然后在挤压系统的作用下，塑料熔体通过具有一定形状的挤出模具（机头）口模及一系列辅助装置（定型、冷却、牵引、切割等装置），从而获得截面形状恒定的塑料型材。

挤出成型所用的设备为挤出机，其所成型的制件均为具有恒定截面形状的连续型材。挤出成型工艺还可以用于塑料的着色、造粒和共混等。

挤出成型能连续成型，生产量大，生产率高，成本低；制件的几何形状简单，截面形状不变，所以模具结构也较简单，制造维修方便，制件的内部组织均匀紧密、尺寸比较稳定；适应性强，除氟塑料外，几乎所有的热塑性塑料都可采用挤出成型，部分热固性塑料也可采用挤出成型；挤出成型所用设备结构简单、操作方便、应用广泛。

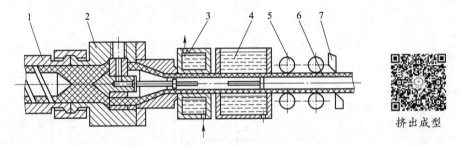

图 2-5　挤出成型原理

1—挤出机料筒　2—机头　3—定径装置　4—冷却装置　5—牵引装置　6—塑料管　7—切割装置

2. 挤出成型工艺过程

热塑性塑料的挤出成型工艺过程可分为以下三个阶段。

第一阶段：塑化。塑料原料在挤出机内的机筒温度和螺杆的旋转压实及混合作用下，由粒状或粉状转变成黏流态物质（常称为干法塑化）；或固体塑料在机外溶解于有机溶剂中而成为黏流态物质（常称为湿法塑化），然后加入到挤出机的料筒中。通常采用干法塑化方式。

第二阶段：成型。黏流态塑料熔体在挤出机螺杆的推挤作用下，通过具有一定形状的口模而得到截面与口模形状一致的连续型材。

第三阶段：定型。通过适当的处理方法，如定径处理、冷却处理等，使已挤出的连续型材固化为塑料制品。

下面介绍热塑性塑料的干法塑化挤出成型工艺过程。

（1）原料的准备　挤出成型用的大部分原料是粒状塑料，粉状用得很少，因为粉状塑料含有较多的水分，将会影响挤出成型的顺利进行，同时影响制件的质量，如出现气泡、表面灰暗无光、皱纹、流痕等，物理性能和力学性能也随之下降，而且粉状物料的压缩比大，不利于输送。不论是粉状物料，还是粒状物料，都会吸收一定的水分，所以在成型之前应进行干燥处理，将原料中的水分控制在0.5%（质量分数）以下。原料的干燥一般是在烘箱或烘房中进行的。此外，在准备阶段还要尽可能除去塑料中存在的杂质。

（2）**挤出成型** 将挤出机预热到规定温度后，起动电动机带动螺杆旋转输送物料，同时向料筒中加入塑料。料筒中的塑料在外加热和剪切摩擦热作用下熔融塑化，由于螺杆旋转时对塑料不断推挤，迫使塑料经过滤板上的过滤网，由机头成型为一定口模形状的连续型材。

初期的挤出质量较差，外观也欠佳，要调整工艺条件及设备装置，直到正常状态后才能投入正式生产。在挤出成型过程中，要特别注意温度和剪切摩擦热两个因素对制件质量的影响。

（3）**制件的定型与冷却** 热塑性塑料制件在离开机头口模以后，应该立即进行定型和冷却，否则，制件在自重作用下就会变形，出现凹陷或扭曲现象。大多数情况下，定型和冷却是同时进行的，只有在挤出各种棒料和管材时，才有一个独立的定径过程，而挤出薄膜、单丝时，无需定型，仅冷却便可。挤出板材与片材时，有时还通过一对压辊压平，也有定型与冷却作用。管材的定型可采用定径套、定径环和定径板等，也有采用能通水冷却的特殊口模来定径的，但不管哪种方法，都是使管坯内外形成压差，使其紧贴在定径套上而冷却定型。

冷却一般采用空气冷却或水冷却，冷却速度对制件性能有很大影响。对于硬质制件（如聚苯乙烯、低密度聚乙烯和未增塑聚氯乙烯等），不能冷却得过快，否则容易造成残余内应力，并影响制件的外观质量；对于软质或结晶型制件，则要求及时冷却，以免制件变形。

（4）**制件的牵引、卷取和切割** 制件自口模挤出后，一般都会因压力突然解除而发生离模膨胀现象，而冷却后又会发生收缩现象，从而使制件的尺寸和形状发生改变。此外，由于制件被连续不断地挤出，自重越来越大，如果不加以引导，会造成制件停滞，制件不能顺利地挤出。因此，在冷却的同时，要连续均匀地将制件引出，即牵引。

牵引过程由挤出机的牵引装置来完成。牵引速度要与挤出速度相适应，一般牵引速度略大于挤出速度，以便消除制件尺寸的变化，同时对制件进行适当的拉伸可提高质量。对于不同的制件，牵引速度不同，通常薄膜和单丝可以快些，牵引速度大；制件的厚度和直径越小，纵向断裂强度越高，纵向伸长率越低。对于硬质制件，牵引速度则不能大，通常需将牵引速度定在一定范围内，并且要十分均匀，以免影响制件的尺寸均匀性和力学性能。

通过牵引的制件，可根据使用要求在切割装置上裁剪（如棒、管、板、片等），或在卷取装置上绕制成卷（如薄膜、单丝、电线电缆等）。此外，某些制件，如薄膜等，有时还需进行后处理，以提高尺寸稳定性。图2-6所示为常见的挤出工艺过程示意图。

3. 挤出成型工艺参数

挤出成型工艺参数包括温度、压力、挤出速度、牵引速度等。

（1）**温度** 温度是挤出过程得以顺利进行的重要条件之一。塑料从加入料斗到最后成为塑料制品经历了一个极为复杂的温度变化过程。严格地讲，挤出成型温度应指塑料熔体的温度，但该温度却在很大程度上取决于料筒和螺杆的温度，这是因为塑料熔体的热量除一部

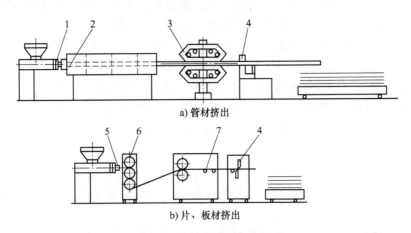

图 2-6 挤出工艺过程示意图
1—挤管机头　2—定型与冷却装置　3—牵引装置　4—切割装置　5—片、板挤出机头
6—碾平与冷却装置　7—切边与牵引装置

分来源于料筒中混合时产生的摩擦热以外，大部分是料筒外部的加热器所提供的。因此，在实际生产中为了检测方便，经常用料筒温度近似表示成型温度。

图 2-7 所示为聚乙烯的挤出成型温度曲线，它是沿料筒轴线方向测得的。由图可知，料筒和塑料温度在螺杆各段是有差异的，要满足要求，料筒就必须具有加热、冷却和温度调节等一系列装置。一般来说，对挤出成型温度进行控制时，加段料的温度不宜过高，而压缩段和均化段的温度则可取高一些，具体的数值应根据塑料种类和制件情况而定。机头和口模温度相当于注射成型时的模温，通常，机头温度必须控制在塑料热分解温度以下，而口模处的温度可比机头温度稍低一些，但应保证塑料熔体具有良好的流动性。

图 2-7 所示的温度曲线只是稳定挤出过程中温度的宏观表示。实际上，在挤出过程中，即使是稳定挤出，每个测试点的温度随时间变化还是有变化的，温度随时间的不同而产生波动，并且这种波动往往具有一定的周期性。习惯上，把沿着塑料流动方向上的温度波动称为轴向温度波动，另外，在与塑料流动方向垂直的截面上，各点的温度值也是不同的，即有径向温差。

上述温度波动和温差，都会给制件质量带来不良的后果，使制件产生残余应力，各点强度不均匀，表面灰暗无光。产生温度波动和温差的因素很多，如加热冷却系统不稳定，螺杆转速变化等，但螺杆设计和选用的好坏影响最大。表 2-8 所列为几种塑料挤出成型时的温度参数。

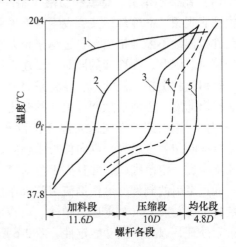

图 2-7 挤出成型温度曲线
1—料筒温度曲线　2—螺杆温度曲线
3—物料（PE）的最高温度　4—物料（PE）的平均温度　5—物料（PE）的最低温度
D—料筒直径

表 2-8　热塑性塑料挤出成型时的温度参数

塑料名称	挤出温度/℃				原料中水分的质量分数（%）
	加料段	压缩段	均化段	机头及口模段	
丙烯酸类聚合物	室温	100~170	≤200	175~210	≤0.025
乙酸纤维素	室温	110~130	≤150	175~190	<0.5
聚酰胺（PA）	室温~90	140~180	≤270	180~270	<0.3
聚乙烯（PE）	室温	90~140	≤180	160~200	<0.3
未增塑聚氯乙烯（HPVC）	室温~60	120~170	≤180	170~190	<0.2
软质聚氯乙烯及氯乙烯共聚物	室温	80~120	≤140	140~190	<0.2
聚苯乙烯（PS）	室温~100	130~170	≤220	180~245	<0.1

（2）压力　在挤出过程中，由于料流的阻力，螺杆槽深度的变化，且过滤板、过滤网和口模等产生阻碍，沿料筒轴线方向，塑料内部建立起一定的压力。压力的建立是塑料得以经历物理状态的变化，得以均匀密实并得到成型制件的重要条件之一。和温度一样，压力随时间的变化也会产生周期性波动，这种波动对制件质量同样有不利影响，如局部疏松、表面不平、弯曲等。螺杆、料筒的设计，螺杆转速的变化，加热及冷却系统的不稳定都是产生压力波动的原因。为了减小压力波动，应合理控制螺杆转速，保证加热和冷却装置的温控精度。

（3）挤出速度　挤出速度是指单位时间内由挤出机头和口模中挤出的塑化物料量或制件长度，它表征挤出生产能力的高低。影响挤出速度的因素很多，如机头、螺杆和料筒的结构，螺杆转速，加热、冷却系统的结构和塑料的性能等。在挤出机的结构、塑料品种及制件类型已确定的情况下，挤出速度仅与螺杆转速有关，因此，调整螺杆转速是控制挤出速度的主要措施。挤出速度在生产过程中也存在波动现象，对产品的形状和尺寸精度有显著不良影响。为了保证挤出速度均匀，应设计与生产的塑料制品相适应的螺杆结构和尺寸；严格控制螺杆转速；严格控制挤出温度，防止因温度改变而引起挤出压力和熔体黏度变化，从而导致挤出速度波动。

真空成型模具

吹塑成型

（4）牵引速度　挤出成型主要生产长度连续的塑料制品，因此必须设置牵引装置。从机头和口模中挤出的制件，在牵引力作用下将会发生拉伸取向。拉伸取向程度越高，制件沿取向方向的拉伸强度也越大，但冷却后长度收缩也越大。通常，牵引速度可与挤出速度相当。牵引速度与挤出速度的比值称为牵引比，其值必须等于或大于1。

思考题

1. 注射成型工艺参数中的温度控制包括哪些？如何加以控制？
2. 注射成型过程中的压力包括哪两部分？如何加以控制？
3. 压注成型与压缩成型相比，在工艺参数上的选取有何区别？
4. 塑料有哪些常用的成型方式？各有哪些主要特点？
5. 热固性塑料适合挤出成型吗？为什么？
6. 详细阐述热塑性塑料挤出成型的工艺过程。

7. 注射成型过程包括哪几个步骤？其中塑化的意义是什么？

8. 塑料制品的后处理有哪些手段？后处理的目的是什么？

任务 2.2 注射成型设备的选择

【学习目标】
1. 掌握注射机有关工艺参数的校核。
2. 熟悉国产注射机的主要技术规格。
3. 通过注射成型工艺参数的校核，树立安全使用设备的意识。
4. 通过对国产设备的了解，增强民族自信心和自豪感。

 任务引入

注射模是安装在注射机上进行注射成型的。在设计模具之前，除了必须了解注射成型工艺过程之外，还应熟悉有关注射机的技术规范和使用性能。只有这样，才能处理好注射模与注射机之间的关系，使设计出来的注射模能在注射机上安装和使用。

任务内容：选择图 1-1 所示药瓶内盖注射成型的注射机型号。

 **相关知识**

2.2.1 注射机有关工艺参数的校核

设计注射模时，设计者首先需要确定模具的结构、类型和一些基本的参数和尺寸，如模具的型腔个数、需用的注射量、制件在分型面上的投影面积、成型时需用的合（锁）模力、注射压力、模具的厚度、安装固定尺寸及开模行程等。这些数据都与注射机的有关性能参数密切相关，如果两者不相匹配，则模具无法使用。为此，必须对两者之间有关的数据进行校核，并通过校核来设计模具与选择注射机型号。

1. 型腔数量的确定和校核

模具设计的第一步就是确定型腔数量。型腔数量与注射机的塑化速率、最大注射量及锁模力等参数有关，此外，还受制件的精度和生产的经济性等因素影响。下面介绍根据注射机性能参数确定型腔数量的几种方法，用这些方法可以校核初定的型腔数量能否与注射机规格相匹配。

1）由注射机料筒塑化速率确定型腔数量 n

$$n \leqslant \frac{\frac{KMt}{3600} - m_2}{m_1} \tag{2-2}$$

式中　K——注射机最大注射量的利用系数，一般取 0.8；

M——注射机的额定塑化量（g/h 或 cm^3/h）；

t——成型周期（s）；

m_2——浇注系统所需塑料质量或体积（g 或 cm^3）；

m_1——单个制件的质量或体积（g 或 cm³）。

2）按注射机的最大注射量确定型腔数量 n

$$n \leqslant \frac{Km_N - m_2}{m_1} \tag{2-3}$$

式中　m_N——注射机允许的最大注射量（g 或 cm³）。

其他符号意义同前。

3）按注射机的额定锁模力确定型腔数量 n

$$n \leqslant \frac{F - pA_2}{pA_1} \tag{2-4}$$

式中　F——注射机的额定锁模力（N）；

　　　A_1——单个制件在模具分型面上的投影面积（mm²）；

　　　A_2——浇注系统在模具分型面上的投影面积（mm²）；

　　　p——塑料熔体对型腔的成型压力（MPa），其大小一般是注射压力的80%，注射压力大小见表2-1。

需要指出的是，在用上述三个公式确定型腔数量或进行型腔数量校核时，还必须考虑注射机安装模板尺寸的大小（能装多大的模具）、成型制件的尺寸精度及模具的生产成本等。一般说来，型腔数量越多，制件的精度越低（经验认为，每增加一个型腔，制件的尺寸精度便降低4%~8%），模具的制造成本越高。

2. 注射量校核

模具型腔能否充满与注射机允许的最大注射量密切相关，设计模具时，应保证注射模内所需熔体总量在注射机实际的最大注射量的范围内。根据生产经验，注射机的最大注射量是其允许最大注射量（额定注射量）的80%，由此有

$$nm_1 + m_2 \leqslant 80\%m \tag{2-5}$$

式中　m——注射机允许的最大注射量（g 或 cm³）。

其他符号意义同前。

在利用上式校核时应注意，柱塞式注射机和螺杆式注射机所标定的允许最大注射量是不同的。国际上规定柱塞式注射机的允许最大注射量是以一次注射聚苯乙烯的最大克数为标准；而螺杆式注射机的允许最大注射量以螺杆在料筒中的最大推出容积（cm³）表示。

3. 制件在分型面上的投影面积与锁模力校核

注射成型时，制件在模具分型面上的投影面积是影响锁模力的主要因素，其数值越大，需要的锁模力也就越大。如果这一数值超过了注射机允许使用的最大成型面积，则成型过程中将会出现胀模溢料现象。因此，设计注射模时必须满足下面关系

$$nA_1 + A_2 < A \tag{2-6}$$

式中　A——注射机允许使用的最大成型面积（mm²）。

其他符号意义同前。

注射成型时，模具所需的锁模力与制件在水平分型面上的投影面积有关，为了可靠地锁模，不使成型过程中出现溢料现象，应使塑料熔体对型腔的成型压力与制件和浇注系统在分型面上的投影面积之和的乘积小于注射机额定锁模力，即

$$(nA_1 + A_2)p < F \tag{2-7}$$

式中符号意义同前。

4. 注射压力的校核

注射压力的校核是核定注射机的最大注射压力能否满足该制件成型的需要。制件成型所需要的压力是由注射机类型、喷嘴形式、塑料流动性、浇注系统和型腔的流动阻力等因素决定的，如螺杆式注射机，其注射压力的传递比柱塞式注射机好，因此，注射压力可取得小一些；对于流动性差的塑料或细长流程制件，注射压力应取得大一些。设计模具时，可参考各种塑料的注射成型工艺确定制件的注射压力，再与注射机额定压力相比较。

5. 模具与注射机安装模具部分相关尺寸的校核

不同型号的注射机，其安装模具部位的形状和尺寸各不相同，设计模具时应对其相关尺寸加以校核，以保证模具能顺利安装。需校核的主要内容有喷嘴尺寸、定位圈尺寸、模具的最大厚度与最小厚度、安装螺孔位置及尺寸等。

(1) 喷嘴尺寸 注射机喷嘴头一般为球面，其球面半径应与相接触的模具主流道始端的球面半径相适应（详见浇注系统设计）。有的角式注射机喷嘴头为平面，这时模具与其相接触面也应做成平面。

(2) 定位圈尺寸 模具安装在注射机上时，必须使模具中心线与料筒、喷嘴的中心线相重合，因此注射机定模板上设有定位孔，要求模具的定位部分也设计一个与主流道同心的凸台，即定位圈，并要求定位圈与注射机定模板上的定位孔之间采用一定的配合。

(3) 模具厚度 模具厚度 H（又称为闭合高度）必须满足以下条件

$$H_{\min} < H < H_{\max} \tag{2-8}$$

式中 $H_{\min}$——注射机允许的最小模厚，即动、定模板之间的最小开距；

$H_{\max}$——注射机允许的最大模厚。

国产机械锁模的角式注射机对模具的最小厚度没有限制。在校核模具厚度的同时，应考虑模具的外形尺寸（长×宽）与注射机模板尺寸和拉杆间距相适应，校核模具能否穿过拉杆间的空间装到模板上。

(4) 安装螺孔位置及尺寸 模具常用的安装方法有两种：一种是用螺钉直接固定；另一种是用螺钉、压板固定。采用前一种方法设计模具时，动、定模部分的底板尺寸应与注射机对应模板上所开设的螺孔的尺寸和位置相适应（注射机动、定模安装板上开有许多不同间距的螺孔，只要保证与其中一组相适应即可）；若采用后一种方法，自由度较大。

6. 开模行程的校核

开模行程 S（合模行程）指模具开合过程中动模固定板的移动距离。它的大小直接影响模具所能成型的制件高度。太小时则不能成型高度较大的制件，因为成型后，制件无法从动、定模之间取出。设计模具时必须校核所选注射机的开模行程，以便使其与模具的开模距离相适应。下面分三种情况加以讨论。

(1) 注射机最大开模行程 $S_{\max}$ 与模厚无关时的校核 主要是指液压和机械联合作用的锁模机构，使用这种锁模机构的注射机有 XS-Z-30、XS-Z-60、XS-ZY-125、XS-ZY-350、XS-ZY-500、XS-ZY-1000 和 G54-S200/400 等，它们的开模距离均由连杆机构的行程或其他机构（如 XS-ZY-1000 注射机中的闸杆）的行程所决定，不受模具厚度的影响，其开模距离用下述方法校核。

1) 对于单分型面注射模（图2-8）

$$S_{\max} \geq S = H_1 + H_2 + (5 \sim 10)\,\text{mm} \tag{2-9}$$

式中　H_1——推出距离（脱模距离）；

H_2——包括浇注系统凝料在内的制件高度。

2) 对于双分型面注射模（图2-9）

$$S \geq H_1 + H_2 + a + (5 \sim 10)\,\text{mm} \tag{2-10}$$

式中　a——取出浇注系统凝料必需的长度。

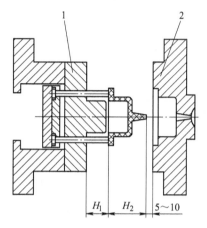

图2-8　单分型面注射模开模行程
1—动模　2—定模

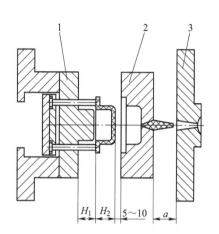

图2-9　双分型面注射模开模行程
1—动模板　2—中间板　3—定模板

（2）注射机最大开模行程（$S_{\max}$）与模具厚度有关时的校核　主要是指合模系统为全液压式的注射机（如 XS-ZY-250 等）和带有丝杠传动合模系统的直角式注射机（如 SYS-45、SYS-60 等），它们的最大开模行程与模具厚度有关，即

$$S_{\max} = S_k - H_M \tag{2-11}$$

式中　S_k——注射机动模固定板和定模固定板的最大间距；

H_M——模具厚度。

如果单分型面注射模或双分型面注射模在上述两类注射机上使用，则可分别用下面两种方法校核注射机的最大开模行程。

1) 对于单分型面注射模（图2-10）

$$S_{\max} = S_k - H_M \geq H_1 + H_2 + (5 \sim 10)\,\text{mm} \tag{2-12}$$

或

$$S_k > H_M + H_1 + H_2 + (5 \sim 10)\,\text{mm} \tag{2-13}$$

2) 对于双分型面注射模

$$S_{\max} = S_k - H_M \geq H_1 + H_2 + a + (5 \sim 10)\,\text{mm} \tag{2-14}$$

或

$$S_k > H_M + H_1 + H_2 + a + (5 \sim 10)\,\text{mm} \tag{2-15}$$

（3）具有侧向抽芯时的最大开模行程校核　当模具需要利用开模动作完成侧向抽芯动作时（图2-11），开模行程的校核还应考虑为完成抽芯动作所需增加的开模行程。设完成抽芯动作的开模距离为 H_C，可分下面两种情况校核注射机的最大开模行程。

1) 当 $H_C > H_1 + H_2$ 时，可用 H_C 代替前述各校核式中的 $H_1 + H_2$，其他各项保持不变。

2) 当 $H_C < H_1 + H_2$ 时，H_C 对开模行程没有影响，仍用上述各公式进行校核。

除了上述介绍的三种校核情况之外，注射成型带有螺纹的塑料制品且需要利用开模运动完成脱卸螺纹的动作时，如果要校核注射机最大开模行程，还必须考虑从模具中旋出螺纹型芯或型环所需的开模距离。

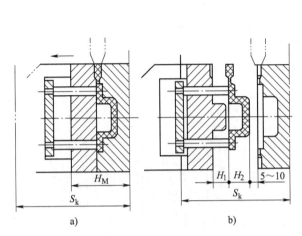
图 2-10 直角式单分型面注射模的开模行程

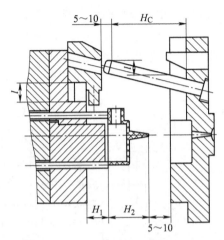
图 2-11 有侧向抽芯时注射模的开模行程

7. 顶出装置的校核

各种型号注射机的开合模系统中采用的顶出装置和最大顶出距离不尽相同，设计的模具必须与其相适应。通常根据开合模系统顶出装置的顶出形式、顶出杆直径、顶出杆间距（注射机多顶出杆的情况）和顶出距离等，校核模具内的推杆位置是否合理，推杆长度能否满足制件脱模的要求。国产注射机的顶出装置大致可分为以下几类：

1) 中心顶出杆机械顶出。如卧式 XS-Z-60、ZS-ZY-350、立式 SY-30、直角式 SYS-45 及 SYS-60 等型号注射机。

2) 两侧双顶出杆机械顶出。如卧式 XS-Z-30、XS-ZY-125 等型号注射机。

3) 中心顶出杆液压顶出与两侧顶出杆机械顶出联合作用。如卧式 XS-ZY-250、XS-ZY-500 等型号注射机。

4) 中心顶出杆液压顶出与其他开模辅助液压缸联合作用。如卧式 XS-ZY-1000 注射机。

2.2.2　国产注射机的主要技术规格

注射机类型和规格很多，分类的方法各异，通常按其外形分为卧式、立式和角式三种，应用较多的是卧式注射机，如图 2-12 所示。

各种注射机尽管外形不同，但基本上都由合模系统与注射系统组成。它们的特点如下：

1. 卧式注射机

柱塞（或螺杆）与合模机构均沿水平方向布置的注射机称为卧式注射机。这类注射机重心低，稳定，加料、操作及维修均很方便，制件推出后可自行脱落，便于实现自动化生产。大、中型注射机一般均采用这种形式。其主要缺点是模具安装较麻烦，嵌件放入模具有倾斜和落下的可能，机床占地面积较大。

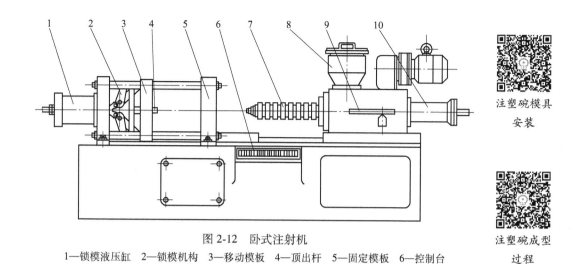

图 2-12 卧式注射机

1—锁模液压缸 2—锁模机构 3—移动模板 4—顶出杆 5—固定模板 6—控制台
7—料筒及加热器 8—料斗 9—定量供料装置 10—注射液压缸

常用的卧式注射机型号有 XS-Z-30、XS-Z-60、XS-ZY-125、XS-ZY-500、XS-ZY-1000 等。其中,XS—塑料成型机;Z—注射机;Y—螺杆式;30、60、125 等—注射机一次的最大注射量(cm^3)。

2. 立式注射机

立式注射机的柱塞(或螺杆)与合模机构是垂直于地面安装的,其主要优点是占地面积小,安装和拆卸模具方便,安放嵌件较容易。缺点是重心高、不稳定,加料较困难,推出的制件要人工取出,不易实现自动化生产。这种机型一般为小型的,最大注射量在 $60cm^3$ 以下。常用的立式注射机有 SY-30、SY-45 等。

 任务实施

在注射模设计过程中,完成塑料制品工艺性分析、确定成型方式后,就需初步选择注射机规格。初选注射机规格通常是根据注射机的最大注射量、锁模力及塑料制品的几何参数等因素来确定,一般以其中的一个参数作为设计依据,其余的参数在完成模具设计后作为校核条件。

药瓶内盖所需成型设备的选择过程如下。

(1)根据最大注射量初选注射机 通常一次注射填充模具所需的熔融塑料的量(包括型腔和浇注系统的塑料熔体)不能超过注射机所允许的最大注射量的80%,否则有可能造成制品形状不完整、内部组织疏松或制品强度下降等缺陷。

1)计算单个制品的体积 V(过程略)

$$V \approx 5500 mm^3 = 5.5 cm^3$$

2)计算单个制品的质量 M_s。计算单个制品的质量是为了选择注射机及确定模具型腔数目。查相关资料知,PE 塑料的密度取 $\rho = 0.95 g/cm^3$,故制品的质量为

$$M_s = \rho V = 5.5 \times 0.95 g = 5g$$

3)制品每次成型所需的注射量 M。根据制品是中等精度,大批量生产的要求,本设计

可采用一模多件的模具结构。同时由于制品较小,考虑到模具结构尺寸的大小,以及制造费用和其他成本费用等因素,药瓶内盖制品的成型可采用一模两腔的模具结构。估算浇注系统凝料的质量时,取 2 个制品的质量(即浇注系统凝料取 10g),故制品成型每次所需注射量为

$$M = 2M_s + 10g = (2 \times 5 + 10)g = 20g$$

4)所需注射机的注射量 M_j。计算注射机要满足注射要求所需的注射量为

$$M_j = \frac{M}{80\%} = 20g/0.8 = 25g$$

(2)结论 根据最大注射量,初选 XS-ZY-125 型注射机,该型号的注射机能满足药瓶内盖制品的注射量要求。XS-ZY-125 型注射机的主要技术参数见表 2-9。

表 2-9 XS-ZY-125 型注射机的主要技术参数

项目	参数	项目	参数
额定注射量/cm³	125	最大开模行程/mm	300
注射压力/MPa	120	最大模具厚度/mm	300
注射行程/mm	115	最小模具厚度/mm	200
锁模力/kN	900	喷嘴球面半径/mm	12
模板尺寸(宽度×长度)/mm	428×458	喷嘴孔直径/mm	4
拉杆空间尺寸(宽度×长度)/mm	260×290	定位圈外径/mm	100

巩固提高

定子铁心绝缘套制品所需成型设备的选择

1. 根据锁模力初选注射机

当塑料熔体注入型腔时,注射压力在模具型腔内所产生的作用力会使模具产生沿分型面胀开的趋势,因此在选择注射机时必须使模具型腔内熔体对模具的作用力要小于该注射机所供的最大锁模力,以避免熔体充填型腔时产生溢料或胀模的现象。

(1)单个制品在分型面上的投影面积 A_S

$$A_S = \pi D^2/4 = (\pi \times 100^2/4) \text{mm}^2 = 7850 \text{mm}^2$$

(2)注射时塑料熔体在分型面上的投影面积 A 制品形状较为复杂,尺寸适中。由于该零件有 27 个槽型,且壁很薄,填充较为困难,从模具结构出发,不易设置一模多腔。估算浇注系统在分型面上的投影面积为 1000mm²,则总投影面积为

$$A = A_S + 1000 \text{mm}^2 = (7850 + 1000) \text{mm}^2 = 8850 \text{mm}^2$$

(3)计算充型时所造成的胀型力 F 取 PA 塑料充填型腔时的平均压力 $p = 80$MPa,计算则有

$$F = KpA = 1.2 \times 80 \times 8850 \text{N} = 849600 \text{N} = 849.6 \text{kN}$$

2. 结论

根据锁模力的要求，查表2-9知，$F<F_{锁模力}=900\text{kN}$，所以选择 XS-ZY-125 型注射机。

知识拓展

注射模与注射机安装部分的衔接

1. 模具与注射机安装部分的衔接

为了使注射模能够顺利地安装到注射机上并生产出合格的塑料制品，设计模具时，必须校核注射机与模具安装部分相关的尺寸，因为不同型号及尺寸的注射机，其安装模具部位的形状和尺寸各不相同。一般情况下，设计模具时应校核的部分包括喷嘴尺寸、定位圈尺寸、最大和最小模具厚度、模板上的安装螺孔尺寸等，如图2-13所示。

（1）**喷嘴尺寸** 模具浇口套始端的球面半径 SR 应比注射机喷嘴前端球面半径 SR_1 大 1~2mm，浇口套始端小孔径 d 应比注射机喷嘴直径 d_1 大 0.5~1mm（图2-13），以防止模具浇口套始端积存凝料后产生飞边，使主流道凝料无法脱出，影响脱模。

直角式注射机的喷嘴头部多为平面，模具主流道始端与其接触处也应做成平面。

（2）**定位圈尺寸** 为保证模具主流道中心线与注射机喷嘴中心线相重合，注射机固定模板上设有定位孔，模具的定模座板上应设有凸起的定位圈（或浇口套），两者采用 H9/f9 间隙配合。对于定位圈高度，小型模具取 5~10mm，大型模具取 10~15mm。

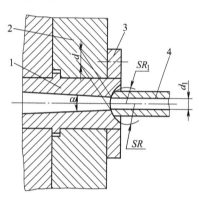

图2-13 模具浇口套、定位圈形状及其与注射机喷嘴的关系
1—浇口套 2—定模座板
3—定位圈 4—注射机喷嘴

（3）**模具外形尺寸** 模具的外形尺寸应小于注射机的拉杆间距，否则模具无法安装。同时，模具的座板尺寸不应超出注射机的模板尺寸。

（4）**模具厚度** 在模具设计时，应使模具的总厚度位于注射机可安装模具的最大厚度和最小厚度之间。

（5）**安装螺孔位置及尺寸** 模具的动、定模安装到注射机的模板上的方法有两种，即压板固定法和螺钉直接固定法。当采用压板固定法时，只要模脚附近有螺孔即可，螺孔的位置可以有很大的灵活性，此方法使用较普通。若直接用螺钉固定，此时，模具座板上的孔位置和尺寸与注射机模板上的安装螺孔必须完全吻合。对于重量较大的大型模具，采用螺钉直接固定较为安全。

2. 角式注射机

该类机型的注射柱塞（或螺杆）的设置方向与合模机构运动方向相互垂直，故又称为直角式注射机。目前国内使用最多的角式注射机采用沿水平方向合模，沿垂直方向注射，合模采用开合模丝杠传动，注射部分除采用齿轮齿条传动外，也有采用液压传动的。它的主要优点是结构简单，便于自制。主要缺点是机械传动无准确可靠的注射和保压压力及锁模力，模具受冲击和振动较大。常见的角式注射机有 SYS-45 等。

部分国产注射机技术规格列于表 B-3 中。

思考题

1. 设计注射模时，应对注射机的哪些工艺参数进行校核？
2. 简述国产注射机的主要技术规格。
3. 在模具与注射机的衔接处，有哪些注意要点？
4. 模具如何在注射机上可靠安装？
5. 制件在分型面上的投影面积与锁模力有什么关系？
6. 注射量校核有什么意义？

项目 3

塑料注射成型模具设计

任务 3.1 注射成型模具基本结构与分类

【学习目标】
1. 掌握典型注射模的基本结构、组成和特点。
2. 理解模具结构零部件的功能。
3. 掌握典型注射模结构的工作原理。
4. 在模具结构认知中培养创新设计的思维。

任务引入

注射成型模具是安装在注射机上完成注射成型工艺所使用的工艺装备,简称为注射模,图 3-1 所示为实际生产中的风叶注射模。注射模主要用于热塑性塑料的成型,但近年来热固性塑料成型技术的发展非常迅速,因此注射模在热固性塑料的成型方面的应用也日趋广泛。

a) 定模

b) 动模

图 3-1 风叶注射模

任务内容:针对图 1-1 所示的药瓶内盖塑料制品,选择合适的注射模类型。

相关知识

由于注射成型工艺优点显著,因此注射模在塑料成型模具中所占的比重越来越大,其结构类型也越来越丰富。注射模的结构选择对塑料制品的成型起着极其关键的作用,因此在针对塑料制品设计注射模时,要求结构合理、成型可靠、制造可靠、操作简便、经济实用。

3.1.1 注射模的分类

注射模的分类方法很多,按成型塑料的材料可分为热塑性塑料注射模和热固性塑料注射模;按使用注射机的类型可分为卧式注射机用注射模、立式注射机用注射模及角式注射机用注射模;按采用的流道形式可分为普通流道注射模和热流道注射模;按其结构特征可分为单分型面注射模、双分型面注射模、斜导柱(弯销、斜导槽、斜滑块、齿轮齿条)侧向分型与抽芯注射模、带有活动镶件的注射模、定模带有推出装置的注射模和自动卸螺纹注射模等。

3.1.2 注射模的结构组成

注射模的种类很多,其结构与塑料品种、制件的复杂程度和注射机的种类等很多因素有关,但不论是简单的还是复杂的注射模,其基本结构都是由动模和定模两大部分组成的。定模部分安装在注射机的固定模板上;动模部分安装在注射机的移动模板上,在注射成型过程中模具随注射机上的合模系统运动。注射成型时,动模部分与定模部分由导柱导向而闭合,塑料熔体从注射机喷嘴经模具浇注系统进入型腔。注射成型冷却后开模,一般情况下制件留在动模上而与定模分离,然后模具推出机构将制件推出模外。

典型注射模的结构如图3-2所示。根据模具上各零部件所起的作用,一般注射模可分为以下几个部分。

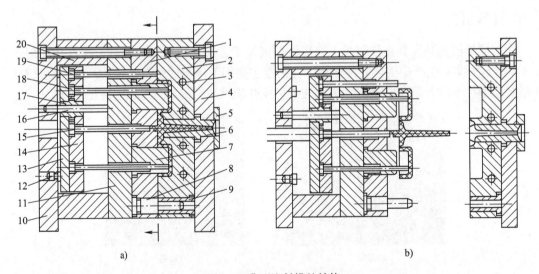

图3-2 典型注射模的结构

1—动模板 2—定模板 3—冷却水道 4—定模固定板 5—定位圈 6—浇口套 7—型芯 8—导柱
9—导套 10—底板 11—支承板 12—支撑柱 13—推板 14—推杆固定板 15—拉料杆
16—推板导柱 17—推板导套 18—推杆 19—复位杆 20—垫板

1. 成型零部件

成型零部件是指动、定模部分有关组成型腔的零件。如成型制件内表面的型芯和成型制件外表面的凹模,以及各种成型杆、镶件等。图 3-2 所示的模具中,成型零部件由定模板 2 和型芯 7 组成。

2. 合模导向机构

合模导向机构用于保证动模和定模在合模时准确对合,以保证制件形状和尺寸的精度,并避免模具中其他零部件发生碰撞和干涉。常用的合模导向机构是导柱和导套(图 3-2 中的件 8、9),对于深腔薄壁制件,除了采用导柱和导套导向外,还常采用在动、定模部分设置互相吻合的内外锥面导向、定位机构。

3. 浇注系统

浇注系统是熔融塑料从注射机喷嘴进入模具型腔所流经的通道,它包括主流道、分流道、浇口及冷料穴。

4. 侧向分型与抽芯机构

当制件的侧向有凹凸形状的孔或凸台时,在开模推出制件之前,必须先把成型制件侧向凹凸形状的瓣合模块或侧向型芯从制件上脱开或抽出,制件才能顺利脱模。侧向分型或抽芯机构就是为实现这一功能而设置的。

5. 推出机构

推出机构是指分型后将制件从模具中推出的装置,又称为脱模机构。一般情况下,推出机构由推杆、推杆固定板、推板、主流道拉料杆、复位杆及推杆导向机构组成。图 3-2 中的推出机构由推板 13、推杆固定板 14、拉料杆 15、推板导柱 16、推板导套 17、推杆 18 和复位杆 19 组成。

常见的推出机构有推杆推出机构、推管推出机构、推件板推出机构,此外还有凹模推出机构、顺序推出机构和二级推出机构等。

6. 加热和冷却系统

加热和冷却系统又称为温度调节系统,它是为了满足注射成型工艺对模具温度的要求而设置的,其作用是保证塑料熔体顺利充型和制件固化定型。注射模中是否设置冷却回路和加热装置,要根据塑料的品种和制件成型工艺来确定。冷却系统一般是在模具上开设冷却水道(图 3-2 中件 3),加热系统则为在模具内部或四周安装加热元件。

7. 排气系统

在注射成型过程中,为了将型腔中的空气及注射成型过程中塑料本身挥发出来的气体排出模外,避免它们在塑料熔体充型过程中造成气孔或充不满等缺陷,常常需要开设排气系统。排气系统通常采用在分型面上有目的地开设几条排气沟槽,许多模具的推杆或活动型芯与模板之间的配合间隙可起排气作用。对于小型塑料制品,排气量不大,可直接利用分型面排气。

8. 支承零部件

用来安装固定或支承成型零部件及其他各部分机构的零部件均称为支承零部件。支承零部件组装在一起,可以构成注射模的基本骨架。

根据注射模中各零部件与塑料的接触情况,上述八大部分功能结构也可以分为成型零部件和结构零部件两大类。其中,成型零部件是与塑料接触,并构成型腔的模具的各种功能构件;结构零部件则包括支承、导向、排气、推出、侧向分型与抽芯、温度调节等功能构件。在结构零部件中,合模导向机构与支承零部件合称为基本结构零部件,因为二者组装起来可以构成注射模架(已标准化)。任何注射模均可以这种模架为基础,再添加成型零部件和其他必要的功能结构件而构成。

3.1.3 注射模的典型结构

1. 单分型面注射模

简易两板模装配　　简易两板模拆卸　　简易两板模原理

单分型面注射模又称为两板式注射模,这种模具只在动模板与定模板(两板)之间具有一个分型面,其典型结构如图3-2所示。单分型面注射模是注射模中最简单最基本的一种形式,它根据需要可以设计为单型腔注射模,也可以设计为多型腔注射模。它对成型制件的适应性很强,因而应用十分广泛。

(1) 工作原理　合模时,注射机开合模系统带动动模向定模方向移动,在分型面处与定模对合,对合的精度由合模导向机构(图3-2中件8、9)保证。如图3-2所示,动模和定模对合后,定模板2与固定在动模板1上的型芯7组合成与制件形状和尺寸一致的封闭型腔,型腔在注射成型过程中被注射机合模系统所提供的锁模力锁紧,以防止在塑料熔体充填型腔时被所产生的压力胀开。注射机从喷嘴中注射出的塑料熔体经由开设在定模上的主流道进入模具,再由分流道及浇口进入型腔,待熔体充满型腔并经过保压、补缩和冷却定型之后开模。开模时,注射机开合模系统便带动动模后退,这时动模和定模两部分从分型面处分开,制件包在型芯7上随动模一起后退,拉料杆15将主流道凝料从浇口套6中拉出。当动模退到一定位置时,安装在动模内的推出机构在注射机顶出装置的作用下,推杆18和拉料杆15分别将制件及浇注系统凝料从型芯7上和冷料穴中推出,制件与浇注系统凝料一起从模具中落下,至此完成一次注射过程。合模时,推出机构靠复位杆19复位,从而准备下一次的注射。

(2) 设计注意事项

1) 在分型面上开设分流道,既可开设在动模一侧或定模一侧,也可开设在动、定模分型面的两侧,视制件的具体形状而定。但是,如果开设在动、定模两侧的分型面上,必须注意合模时流道的对中拼合。

2) 由于推出机构一般设置在动模一侧,所以应尽量使制件在分型后留在动模一侧,以便于推出,这时要考虑制件对型芯的包紧力。制件注射成型后对型芯包紧力的大小往往用型芯被塑料熔体所包络住的侧面积的大小来衡量,一般将包紧力大的型芯设置在动模一侧,包紧力小的型芯设置在定模一侧。

3) 为了让主流道凝料在分型时留在动模一侧,动模一侧必须设有拉料杆。拉料杆有"Z"字形、球形等。采用"Z"字形拉料杆时,拉料杆固定在推杆固定板上。采用球形拉料杆时,拉料杆固定在动模板上,而且球形拉料杆仅适用于推件板推出机构的模具。

4) 推杆的复位方式有多种,如弹簧复位或复位杆复位等,常用的是复位杆复位。

单分型面的注射模是一种最基本的注射模结构。根据具体制件的实际要求,单分型面的注射模也可增加其他的零部件,如嵌件、螺纹型芯或活动型芯等,因此,在这种基本形式的基础上,就可演变出其他各种复杂的结构。

2. 双分型面注射模

双分型面注射模有两个分型面,如图3-3所示。A—A为第一分型面,分型后浇注系统凝料由此脱出;B—B

简易三板模装配　　简易三板模拆卸　　简易三板模原理

为第二分型面，分型后制件由此脱出。与单分型面注射模相比，双分型面注射模在定模部分增加了一块可以局部移动的中间板，所以也称为三板式（动模板、中间板、定模板）注射模。它常用于点浇口进料的单型腔或多型腔的注射模。开模时，中间板在定模的导柱上与定模板做定距离分离，以便在两模板之间取出浇注系统凝料。

（1）工作原理 开模时，开合模系统带动动模部分后移，由于弹簧7对中间板12施压，迫使中间板与定模板11首先在A处分型，并随动模一起向左移动，主流道凝料随之被拉出。当中间板向左移动到一定距离时，安装在定模板上的定距拉板8挡住装在中间板上的限位销6，中间板停止移动。动模继续左移，在B分型面分型。因制件包紧在型芯9上，这时浇注系统凝料就在浇口处被自行拉断，然后在A分型面处自行脱落或由人工取出。动模继续左移至注射机的顶出杆接触推板16时，推出机构开始工作，推件板4在推杆14的推动下将制件从型芯上卸下。

（2）设计注意事项 分析图3-3可知，因为增加了一个中间板，双分型面注射模的整体结构比单分型面注射模的总体结构要复杂一些。设计模具时应注意以下几点：

1) 对于采用点浇口形式的双分型面注射模，应注意使分型面A的分型距离能保证浇注系统凝料可顺利取出。一般A分型面的分型距离为

$$S = S' + (3 \sim 5)\,\text{mm} \tag{3-1}$$

式中　S——A分型面的分型距离；

　　　S'——浇注系统凝料在合模方向上的长度。

2) 由于双分型面注射模使用的浇口多为点浇口，浇口截面积较小，通道直径只有0.5~1.5mm，故大型制件或流动性差的塑料不宜采用这种结构形式。

3) 在双分型面模具中要注意导柱的设置及导柱的长度。一般的注射模中，动、定模之间的导柱既可设置在动模一侧，也可设置在定模一侧，视具体情况而定，通常设置在型芯凸出分型面最长的那一侧。而对于双分型面的注射模，为了中间板在工作过程中的支承和导向，在定模一侧一

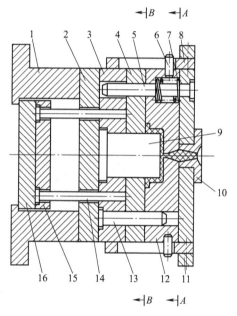

图3-3　双分型面注射模
1—模脚　2—支承板　3—动模板　4—推件板
5、13—导柱　6—限位销　7—弹簧　8—定距拉板
9—型芯　10—浇口套　11—定模板　12—中间板
14—推杆　15—推杆固定板　16—推板

定要设置导柱，如该导柱同时对动模部分导向，则导柱导向部分的长度应按下式计算

$$L \geq S + H + h + (8 \sim 10)\,\text{mm} \tag{3-2}$$

式中　L——导柱导向部分的长度；

　　　S——A分型面的分型距离；

　　　H——中间板的厚度；

　　　h——型芯凸出分型面的长度。

如果定模部分的导柱仅对中间板支承和导向，则动模部分还应设置导柱，用于对中间板的导向，这样，动、定模部分才能合模导向。如果动模部分采用推件板脱模，则动模部分一定要设置导柱，用以对推件板进行支承和导向。

4)弹簧应布置4个,并尽可能对称布置于A分型面上模板的四周,以保证分型时弹力均匀,中间板不被卡死。定距拉板一般采用2块,对称布置于模具两侧。

双分型面注射模在定模部分必须设置顺序定距分型装置。图3-3所示的结构为弹簧分型拉板定距式,此外,还有许多其他定距分型的形式。

图3-4所示为弹簧分型拉杆定距式双分型面注射模。其工作原理与弹簧分型拉板定距式双分型面注射模基本相同,所不同的是定距方式不一样。拉杆式定距采用拉杆端部的螺母来限定中间板的移动距离。

图3-5所示为导柱定距式双分型面注射模,在导柱上开设限距槽,并通过定距螺钉7来限制中间板的移动距离。分型时,在顶销14的作用下首先沿A分型面分型,制件和浇注系统凝料随动模一起左移,当定距螺钉7与定距导柱8上槽的左端相接触时,沿A分型面分型结束,开始沿B分型面分型,最后推杆4推动推件板使制件从型芯12上脱下。

弹簧分型拉杆定距双分
型面注射模原理仿真

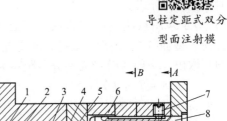
导柱定距式双分
型面注射模

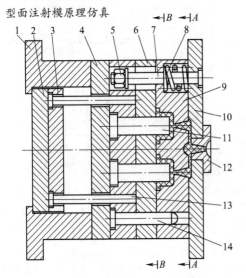

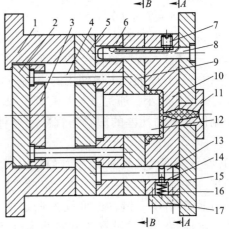

图3-4 弹簧分型拉杆定距式双分型面注射模　　　　图3-5 导柱定距式双分型面注射模
1—动模座板　2—推板　3—推杆固定板　　　　1—动模座板　2—推板　3—推杆固定板
4—支承板　5—动模板　6—推件板　　　　　　4—推杆　5—支承板　6—动模板　7—定距螺钉
7—定距拉杆　8—弹簧　9—中间板　　　　　　8—定距导柱　9—推件板　10—中间板
10—定模板　11—型芯　12—浇口套　　　　　11—浇口套　12—型芯　13—导柱　14—顶销
13—复位杆　14—导柱　　　　　　　　　　　15—定模板　16—弹簧　17—压板

另外,拉杆定距式和导柱定距式双分型面注射模较之拉板定距式双分型面注射模的结构要紧凑一些,体积也相应小一些,对于成型小型制件的模具来说,选用这两种结构形式就显得较经济与合理一些。

图3-6所示为摆钩分型螺钉定距双分型面注射模。开模时,由于固定在中间板7上的摆钩2拉住动模板6上的挡块1,模具从A分型面分型,制件包裹在型芯10上随动模一起左

移，主流道凝料被拉出浇口套。开模到一定距离后，摆钩 2 在压块 4 的作用下产生摆动而脱离挡块 1，同时定距螺钉 12 限制中间板 7 不能再移动，开始沿 B 分型面分型。最后推出机构工作，由推杆将制件从型芯 10 上推出。设计这种机构时，应注意摆钩和压块等零件应对称布置在模具的两侧。

3. 斜导柱侧向分型与抽芯注射模

当制件有侧凸、侧凹（或侧孔）时，模具中成型侧凸、侧凹（或侧孔）的零部件必须制成可移动的。开模时，必须使这一部分构件先行移开，制件脱模才能顺利进行。图 3-7 所示为斜导柱驱动型芯滑块侧向移动抽芯的注射模。在这类模具中，侧向抽芯机构由斜导柱 10、侧型芯滑块 11、楔紧块 9 和侧型芯滑块抽芯结束时的定位装置（挡块 5、滑块拉杆 8、弹簧 7 等）组成。

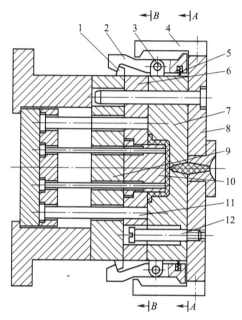

图 3-6 摆钩分型螺钉定距双分型面注射模
1—挡块 2—摆钩 3—转轴 4—压块
5—弹簧 6—动模板 7—中间板
8—定模板 9—支承板 10—型芯
11—复位杆 12—定距螺钉

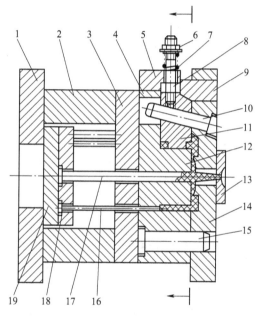

图 3-7 斜导柱驱动型芯滑块侧向移动抽芯注射模
1—动模座板 2—垫块 3—支承板 4—型芯固定板
5—挡块 6—螺母 7—弹簧 8—滑块拉杆 9—楔紧块
10—斜导柱 11—侧型芯滑块 12—型芯 13—定位圈
14—定模板 15—导柱 16—推杆 17—拉料钩
18—推杆固定板 19—推板

摆钩分型螺钉定距式双分型面注射模

典型两板模原理

典型两板模（含抽芯滑块）拆卸

典型两板模（含抽芯滑块）装配

（1）工作原理 注射成型后开模时，在动模部分后退的过程中，开模力通过斜导柱 10 作用于侧型芯滑块 11，侧型芯滑块随着动模的后退在导滑槽内向外滑移，直至滑块与制件完全脱开，侧抽芯动作完成。这时制件包裹在型芯 12 上随动模继续后移，直到注射机顶出杆与模具推板接触，推出机构开始工作，推杆16将制件从型芯12上推出。合模时，复位杆（图中未画出）使推出机构复位，斜导柱使侧型芯滑块向内移动，最后楔紧块将滑块锁紧。

（2）设计注意事项

①斜导柱侧向分型与抽芯结束后，在脱离侧型芯滑块时应有准确的定位措施，以便在合模时斜导柱能顺利地插入滑块的斜导孔中使滑块复位。图3-7中的定位装置是挡块拉杆弹簧式定位装置。

②楔紧块用于防止注射时熔体压力使侧型芯滑块产生位移，为了有效工作，其上面的斜面应与侧型芯滑块上的斜面斜度一致，并且设计时斜面应留有一定的修正余量，以便装配时修正。

（3）斜导柱侧向分型抽芯机构的四种基本形式

1）斜导柱安装在定模，侧型芯（型腔）滑块设置在动模。设计时应尽量避免在侧型芯的投影面下设置推杆，以免发生"干涉"现象，如无法避免，则必须采取推杆先复位措施。

2）斜导柱安装在动模，侧型芯（型腔）滑块设置在定模。采用此种结构时，必须注意脱模与侧抽芯不能同时进行，否则制件会留在定模而无法脱出，或者侧型芯或制件会受到损坏。

3）斜导柱与侧型芯（型腔）滑块均安装在定模。采用此种结构时，在定模部分必须增加一个分型面，采用定距分型机构实现斜导柱与侧型芯滑块的相对运动。

4）斜导柱与侧型芯（型腔）滑块均安装在动模。采用此种结构时，一般采用推件板推出机构来实现斜导柱与侧型芯滑块的相对运动。

4. 斜滑块侧向分型与抽芯注射模

斜滑块侧向分型与抽芯注射模和斜导柱侧向分型与抽芯注射模一样，也是用来成型带有侧向凹凸制件的一类模具，所不同的是，其侧向分型与抽芯动作是由可斜向移动的斜滑块来完成的，常常用于侧向分型与抽芯距离较短的场合。图3-8所示是斜滑块侧向分型与抽芯注射模。注射成型后开模时，动模向后移动，带动包紧在型芯上的制件和斜滑块15一起运动，拉料杆3同时将主流道凝料从浇口套中拉出，动模继续后移，注射机顶出杆接触推板1，推出机构开始工作，推杆18将制件及斜滑块15从动模板中推出，斜滑块在推出的同时沿斜导柱14向两侧移动，将固定于滑块上的侧型芯7抽出，制件随之掉落。斜导柱始终在斜滑块中，合模时，定模板底面迫使斜滑块复位。图3-9所示为斜滑块侧向抽芯的结构，注射成型开模后，动模部分向左移动，至一定位置时，注射机顶出杆与推板接触，推杆7将斜滑块3及制件从动模板6中推出的同时在动模板6的斜导槽

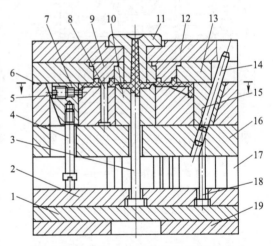

图3-8 斜滑块侧向分型与抽芯注射模

1—推板 2—推杆固定板 3—拉料杆
4—限位螺钉 5—螺塞 6—动模板 7—侧型芯
8—型芯 9—定模镶件 10—动模镶件 11—浇口套
12—定模座板 13—定模板 14—斜导柱 15—斜滑块
16—支承板 17—垫块 18—推杆 19—动模座板

内向两侧移动分型，制件从滑块中脱出。

斜滑块侧向分型与抽芯的特点是，斜滑块的分型与抽芯动作与制件从动模型芯上被推出的动作是同步进行的，但抽芯距比斜导柱侧抽芯机构的抽芯距短。在设计、制造这类注射模时，应注意保证斜滑块的移动可靠、灵活，不能出现停顿及卡死的现象，否则抽芯将不能顺利进行，甚至会造成制件或模具损坏。另外，斜滑块的安装高度应略高于动模板，而底部与动模支承板或型芯固定板略有间隙，以利于合模时压紧。此外，斜滑块的推出高度、推杆的位置选择、开模时斜滑块的止动等均要在设计时加以注意。

5. 带有活动镶件的注射模

有些制件上虽然有侧向的通孔及凹凸形状，但是由于制件的特殊要求，例如需要在模具上设置螺纹型芯或螺纹型环等，设计模具时有时很难用侧向抽芯机构来实现侧向抽芯。为了简化模具结构，可不采用斜导柱、斜滑块等结构，而在型腔的局部设置活动镶件。开模时，这些活动镶件

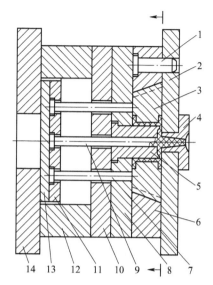

图3-9 斜滑块侧向抽芯注射模
1—导柱 2—定模板 3—斜滑块 4—定位圈
5—型芯 6—动模板 7—推杆 8—型芯固定板
9—拉料杆 10—支承板 11—推杆固定板
12—垫块 13—推板 14—动模座板

不能简单地沿开模方向与制件分离，而必须在制件脱模时连同制件一起移出模外，然后通过手工或用专门的工具将镶件与制件分离，在下一次合模注射之前，再重新将镶件放入模内。

采用活动镶件的模具，其优点是不仅省去了斜导柱、滑块等复杂结构的设计与制造，使模具外形缩小，大大降低了模具的制造成本，更主要的是在某些无法安排斜滑块等结构的场合，便可采用活动镶件。其缺点是操作时安全性较差，生产率较低。

图3-10所示是带有活动镶件的注射模，开模时，制件包在型芯4和活动镶件3上随动

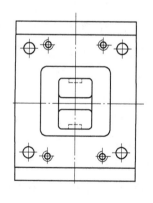 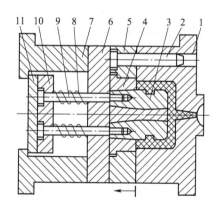

图3-10 带有活动镶件的注射模（一）
1—定模板 2—导柱 3—活动镶件 4—型芯 5—动模板 6—支承板
7—模脚 8—弹簧 9—推杆 10—推杆固定板 11—推板

模部分向左移动而脱离定模板1，分型到一定距离时，推出机构开始工作，设置在活动镶件3上的推杆9将活动镶件连同制件一起推出型芯，由人工将活动镶件从制件上取下。合模时，推杆9在弹簧8的作用下复位，推杆复位后动模板停止移动，然后人工将活动镶件重新插入镶件定位孔中，合模后进行下一次的注射动作。

图3-11所示是带有活动镶件的另一种形式的模具，制件的内侧有一圆环，无法设置斜导柱或斜滑块，故采用活动镶件11，合模前人工将镶件定位于动模板15中。由于活动镶件下面设置了推杆9，故为了便于安装镶件，在四根复位杆上安装了四个复位弹簧，以便让推出机构先复位。该模具是采用点浇口的双分型面注射模。

对于成型带螺纹制件的注射模，可以采用螺纹型芯或螺纹型环，螺纹型芯或型环实质也是活动镶件。开模时，活动螺纹型芯或型环随制件一起被推出机构推出模外，然后用手工或专用工具将螺纹型芯或型环从制件中旋出，再将其放入模腔中进行下一次注射成型。

设计带有活动镶件的注射模时应注意：活动镶件在模具中应有可靠的定位，它与安装孔之间一般采用H8/f8的配合，配合长度为3~5mm，然后在下部制出3°~5°的斜度；由于脱模工艺的需要，有些模具在活动镶件的下面需要设置推杆，开模

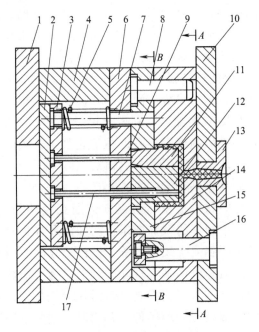

图3-11 带有活动镶件的注射模（二）
1—动模座板 2—推板 3—推杆固定板
4—垫块 5—复位弹簧 6—支承板
7—复位杆 8—导柱 9—推杆
10—定模座板 11—活动镶件 12—型芯
13—浇口套 14—中间板 15—动模板
16—拉杆导柱 17—推杆

时将活动镶件推出模外，为了下一次安放活动镶件，推杆就必须预先复位，否则活动镶件就无法放入安装孔内。图3-10中的弹簧8和图3-11中的复位弹簧5便能起到使推出机构先复位的作用。也可以将活动镶件设计成合模时一部分与定模分型面接触，推杆将其推出时，并不全部推出安装孔，还留一部分（但可方便地取件），合模时，由定模分型面将活动镶件全部推入所安放的孔内，如图3-12所示。活动镶件放入模具中处在容易滑落的位置时，如立式注射机的上模或合模时受冲击振动较大的卧式注射机的动模一侧，当有活动镶件插入时，应有弹性连接装置加以稳定，以免合模时镶件落下或移位而造成制件报废或模具损坏。图3-13所示是用豁口柄的弹性形式将活动螺纹型芯安装在立式注射机上模的安装孔内，用来直接成型内螺纹制件，成型后镶件随制件一起拉出，然后再用专用工具将镶件从制件上取下。由于豁口柄的弹性连接力较弱，所以此种弹性安装形式适合于直径小于8mm的镶件。为了使活动镶件在没有完全到位而发生事故时减少对型腔的损坏，活动镶件的硬度应略低于型腔的硬度。

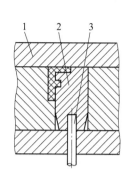

图 3-12 活动镶件的形式
1—定模 2—活动镶件 3—推杆

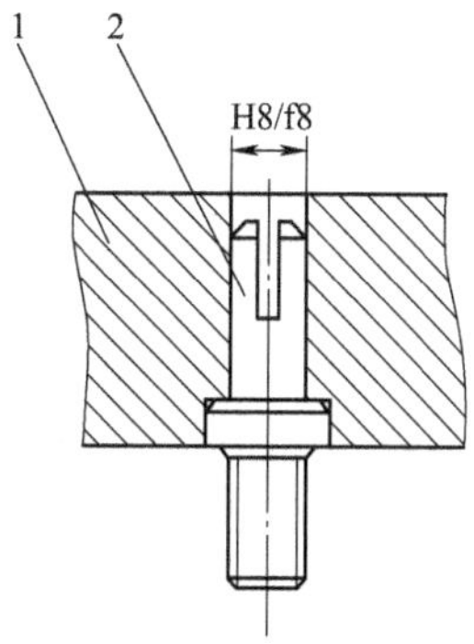

图 3-13 带弹性连接的活动镶件安装形式
1—上模 2—带有豁口柄的活动螺纹型芯

6. 定模带有推出装置的注射模

前面所述各种类型的注射模结构中，推出装置均安装在动模一侧，这样有利于注射机开合模系统中顶出装置的工作。在实际生产中，由于某些制件具有特殊要求或受形状的限制，将制件留在定模一侧对成型要有利一些。这时，为使制件从模具中脱出，就必须在定模一侧设置推出机构。定模一侧的推出机构一般采用拉板、拉杆或链条与动模相连，因此，实际上留在定模一侧的制件不是被推出而是被拉出的。图 3-14 所示为成型塑料衣刷的注射模。由于受衣刷的形状限制，将制件留在定模上采用直接浇口方便成型。

开模时，动模向左移动，制件因包紧在定模型芯 11 上留在定模一侧，而从动模板 5 及成型镶件 3 中脱出。当动模左移至一定距离时，拉板 8 通过定距螺钉 6 带动推件板 7 将制件从型芯上脱出。

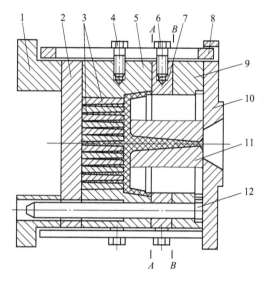

图 3-14 定模带有推出装置的注射模
1—模脚 2—支承板 3—成型镶件 4—拉杆紧固螺钉
5—动模板 6—定距螺钉 7—推件板 8—拉板
9—定模板 10—定模座板 11—定模型芯 12—导柱

设计这类模具时，应使拉板作用于推件板的拉力要平衡，即拉板应在模具两侧对称布置，以防止推件板因受力不平衡而卡死；拉板的长度设计应保证动模与定模之间的分离距离能使制件顺利地从模具中取出；推件板及动模导向的导柱应有足够的长度，以满足导向的要求。

任务实施

通过注射模基本结构及其分类知识的学习，对塑料注射成型模具典型结构有了一定的了解。塑料注射成型模具的结构选择对塑料制品的成型具有决定性的作用，因此所确定的模具结构必须合理，且成型可靠、制造容易、操作简便、经济实用。

由于本药瓶内盖制品形状简单，没有特殊的结构变化，成型模具可采用一模两腔的单分型面注射模。

巩固提高

定子铁心绝缘套注射成型模具结构的确定

该塑料制品形状较为复杂,尤其是壁太薄,充填时压力损失较大,成型较为困难,因此宜选择一模一腔的单分型面模具,但进料方式选择轮辐式浇口较为合适。

知识拓展

角式注射机用注射模

角式注射机用注射模又称为直角式注射模。该类模具在成型时进料的方向与开合模方向垂直。图 3-15 所示是一般的直角式注射模。开模时,带着流道凝料的制件包紧在型芯 10 上与动模部分一起向左移动,经过一定距离后,推出机构工作,推杆 3 推动推件板 11 将制件从型芯 10 上脱下。

直角式注射模的主流道开设在动、定模分型面的两侧,且其截面积通常是不变的,常呈圆形或扁圆形,这与其他注射机用的模具是有区别的。为了防止注射机喷嘴与主流道入口端的磨损和变形,主流道的端部可设置可以更换的浇道镶件,如图 3-15 中的件 7。

图 3-16 所示是自动卸螺纹的直角式注射模。开模时,A 分型面先分开,同时螺纹型芯 1 随着注射机开合模丝杠 8 的后退而自动旋转,此时,螺纹制件由于定模板 7 的止转而不移动,仍然留在型腔内。当 A 分型面分开一段距离,螺纹型芯 1 在制件内还有最后一牙时,定距螺钉 4 拉动动模板 5 使 B 分型面分开,此时,制件随着型芯一道离开定模型腔,然后从 B 分型面两侧的空间取出。

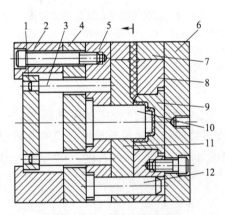

图 3-15 直角式注射模
1—推板 2—垫块 3—推杆 4—支承板
5—动模板 6—定模座板 7—浇道镶件
8—定模板 9—定模型腔 10—型芯
11—推件板 12—导柱

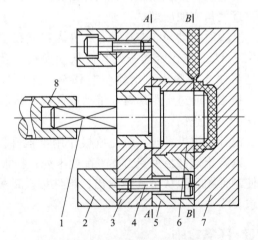

图 3-16 自动卸螺纹的直角式注射模
1—螺纹型芯 2—垫块 3—支承板
4—定距螺钉 5—动模板 6—衬套
7—定模板 8—注射机开合模丝杠

在设计这类注射模时应注意：螺纹型芯的后端需铣成方轴，以便插入角式注射机开合模丝杠的方孔内，开模时，由于方轴的连接，螺纹型芯就随着开合模丝杠的旋转而退出制件。螺纹型芯在衬套中不应太紧或太松，同时要考虑热膨胀的因素，防止型芯和衬套胶合粘连。如模温过高，可用冷却水冷却。为了使型芯转动时脱出制件，制件的外侧或端部必须有防止转动的相应措施。为了提高生产率，可设计成一模多腔的自动脱螺纹角式注射模，把分布在同一圆周上的各螺纹型芯的一端设计成从动轮，然后与插入注射机开合模丝杠方孔内的主动轮啮合，工作时，由开合模丝杠带动主动齿轮轴旋转，使从动齿轮（即螺纹型芯）自动地从制件中脱出。

思考题

1. 注射模按其各零部件所起作用的不同，一般由哪几部分结构组成？
2. 点浇口进料的双分型面注射模，定模部分为什么要增设一个分型面？其分型距是如何确定的？定模定距顺序分型有哪几种形式？
3. 斜导柱侧向分型与抽芯机构由哪些零部件组成？简述斜导柱固定在定模、侧型芯安装在动模的侧向分型与抽芯注射模的工作原理。
4. 单分型面注射模设计时应注意哪些问题？
5. 双分型面注射模设计时应注意哪些问题？
6. 斜导柱侧向分型与抽芯注射模设计时应注意哪些问题？

任务3.2　分型面与浇注系统设计

【学习目标】
1. 掌握分型面的设计方法。
2. 掌握典型浇注系统的组成、作用与设计方法。
3. 理解排溢系统的作用。
4. 通过设计浇注系统培养精益求精的工作态度。

任务引入

塑料注射模的特点之一是具有浇注系统。注射时，塑料熔体从注射机喷嘴经过浇注系统进入并充满型腔，经冷却定型后即形成塑料制品。但是，塑料制品成型后，为了顺利取出已成型的制品及浇注系统凝料或在成型前安装嵌件，必须将注射模分成两个或两个以上可以分离的主要部分：动模和定模。动模和定模相互接触的表面称为分型面。

浇注系统的设计与分型面的选择是密切相关的，在设计注射模时须同时加以考虑。通常在模具结构设计之前首先要确定型腔数目及排布方式、模具分型面，然后才能设计浇注系统和排气系统。浇注系统是指熔融塑料从注射机喷嘴开始到注射模型腔所流经的通道。浇注系统分为普通浇注系统和热流道浇注系统。普通浇注系统包括主流道、分流道、冷料穴和浇口等。通常浇注系统的分流道开在分型面上，因此分型面的位置选择与浇注系统的设计是密切相关的。分型面与浇注系统确定后，塑料制品在模具中的位置就确定了。

任务内容：对图 1-1 所示药瓶内盖的注射模进行浇注系统分析，包括型腔数目的确定、分型面的位置选择、浇注系统的设计、排气系统和引气系统的设计。

相关知识

3.2.1 分型面的设计

将模具适当地分成两个或几个可以分离的主要部分，这些可以分离部分的接触表面分开时能够取出制件及浇注系统凝料，当成型时又必须接触封闭，这样的接触表面称为模具的分型面。分型面是决定模具结构的重要因素，它与模具的整体结构和模具的制造工艺有密切关系，并且直接影响塑料熔体的流动充填特性及制件的脱模，因此，分型面的选择是注射模设计中的一个关键。

1. 分型面的形式

注射模有的只有一个分型面，有的有多个分型面。分模后取出制件的分型面称为主分型面，其余分型面称为辅助分型面。分型面的位置及形状如图 3-17 所示。图 3-17a 所示为平直分型面；图 3-17b 所示为倾斜分型面；图 3-17c 所示为阶梯分型面；图 3-17d 所示为曲面分型面；图 3-17e 所示为瓣合分型面。

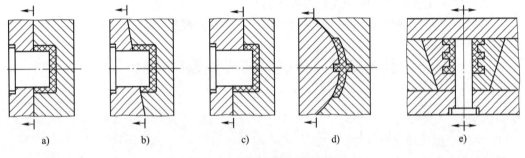

图 3-17 分型面的位置及形状

在模具总装图上，分型面的标示一般采用如下方法：当模具分开时，若分型面两边的模板都移动，用 ←|→ 表示；若其中一方不动，另一方移动，用 |→ 表示；箭头指向移动的方向。对于多个分型面，应按先后次序，标示出"A""B""C"或"Ⅰ"、"Ⅱ"、"Ⅲ"等。

2. 分型面的选择

如何确定分型面，需要考虑的因素比较复杂。由于分型面受到制件在模具中的成型位置，浇注系统设计，制件的结构工艺性及精度，嵌件的位置、形状及推出方法，模具的制造、排气、操作工艺等多种因素的影响，因此在选择分型面时应综合分析比较，从几种方案中优选出较为合理的方案。选择分型面时一般应遵循以下几项基本原则。

（1）**分型面应选在制件外形最大轮廓处** 当已经初步确定制件的分型方向后，分型面应选在制件外形最大轮廓处，即通过该方向上制件的截面积最大，否则制件无法从型腔中脱出。

（2）**确定有利的留模方式，便于制件顺利脱模** 通常分型面的选择应尽可能使制件在开模后留在动模一侧，这样有利于动模内设置的推出机构动作，在定模内设置推出机构往往会增加模具整体的复杂性。如图 3-18 所示制件，按图 3-18a 所示分型，制件收缩后包在定模型芯上，分型后会留在定模一侧，就必须在定模部分设置推出机构，增加了模具结构的复杂性；若按图3-18b所示分型，分型后，制件会留在动模上，依靠注射机的顶出装置和模具的推出机构可推出制件。

有时即使分型面的选择可以保证制件留在动模一侧，但不同的位置仍然会对模具结构的复杂程度及推出制件的难易程度产生影响。如图3-19所示，按图3-19a所示分型时，虽然制件分型后留于动模，但当孔间距较小时，便难以设置有效的推出机构，即使可以设置，所需脱模力大，会增加模具结构的复杂性，也很容易产生不良后果，如制件翘曲变形等；若按图3-19b所示分型，只需在动模上设置一个简单的推件板作为脱模机构即可，故较为合理。

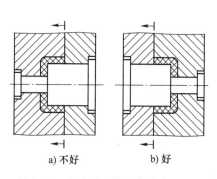

图3-18 分型面对脱模的影响（一）

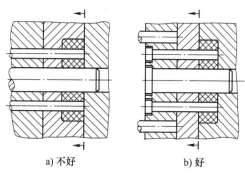

图3-19 分型面对脱模的影响（二）

（3）保证制件的精度要求 对于制件上与分型面垂直方向的高度尺寸，若精度要求较高，或有同轴度要求较高的外形或内孔，为保证精度，应尽可能设置在同一半模具型腔内。如果制件上精度要求较高的成型表面被分型面分割，就有可能由于合模精度的影响引起形状和尺寸上不允许的偏差，制件因达不到所需的精度要求而造成废品。图3-20所示为双联塑料齿轮，按图3-20a所示分型，两部分齿轮分别在动、定模内成型，则因合模精度影响导致制件的同轴度不能满

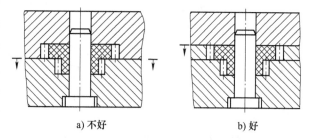

图3-20 分型面对制件精度的影响

足要求；若按图3-20b所示分型，则能保证两部分齿轮的同轴度要求。

（4）满足制件的外观质量要求 选择分型面时，应避免对制件的外观质量产生不利的影响，同时需考虑分型面处所产生的飞边是否容易修整清除，当然，在可能的情况下，应避免分型面处产生飞边。如图3-21所示的制件，按图3-21a所示分型，圆弧处产生的飞边不易清除且会影响制件的外观；若按图3-21b所示分型，则所产

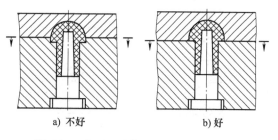

图3-21 分型面对外观质量的影响（一）

生的飞边易清除且不影响制件的外观。图3-22所示的制件，按图3-22a所示分型，则容易产生飞边；若按图3-22b所示分型，虽然配合处要制出2°~3°的斜度，但没有飞边产生。

(5) 便于模具加工制造 为了便于模具加工制造,应尽量选择平直分型面或易于加工的分型面。如图 3-23 所示的制件,图 3-23a 采用平直分型面,在推管上制出制件下端的形状,这种推管加工困难,装配时还要采取止转措施,同时还会因受侧向力作用而损坏;若按图 3-23b 采用阶梯分型面,则加工方便。再如图 3-24 所示的

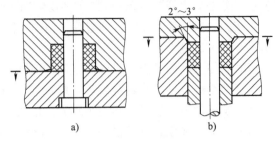

图 3-22 分型面对外观质量的影响(二)

制件,按图 3-24a 所示分型,型芯和型腔加工均很困难;若按图 3-24b 所示采用倾斜分型面,则加工较容易。

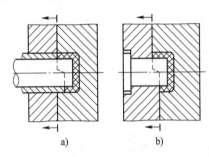

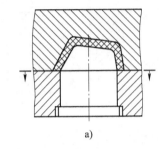

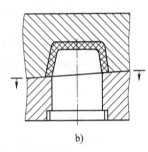

图 3-23 分型面对模具加工的影响(一)   图 3-24 分型面对模具加工的影响(二)

(6) 对成型面积的影响 注射机一般都规定其相应模具所允许使用的最大成型面积及额定锁模力。注射成型过程中,当制件(包括浇注系统)在合模分型面上的投影面积超过允许的最大成型面积时,将会出现胀模溢料现象,这时注射成型所需的合模力也会超过额定锁模力。因此,为了可靠地锁模以避免胀模溢料现象的发生,选择分型面时应尽量减少制件(型腔)在分型面上的投影面积。如图 3-25 所示角尺形制件,按图 3-25a 分型,制件在分型面上的投影面积较大,锁模的可靠性较差;而若采用图 3-25b 所示分型面分型,制件在分型面上的投影面积比图 3-25a 中的小,保证了锁模的可靠性。

(7) 有利于提高排气效果 分型面应尽量与型腔充填时塑料熔体的料流末端所在的型腔内壁表面重合。如图 3-26 所示,图 3-26a 所示的结构,排气效果较差;图 3-26b 所示的结构对注射过程中的排气有利,设计较合理。

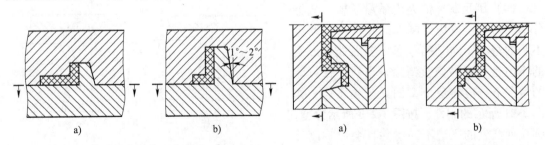

图 3-25 分型面对成型面积的影响   图 3-26 分型面对排气效果的影响

(8) 对侧向抽芯的影响 当制件需侧向抽芯时,为保证侧向型芯放置容易及抽芯机构动作顺利,选定分型面时,应以浅的侧向凹孔或短的侧向凸台作为抽芯方向,将较深的凹孔

或较高的凸台设置在开合模方向,并尽量把侧向抽芯机构设置在动模一侧。如图 3-27 所示,图 3-27b 所示形式比图 3-27a 所示形式合理。

以上阐述了选择分型面的一般原则及部分示例,在实际设计中,不可能全部满足上述原则,一般应抓住主要矛盾,在此前提下确定合理的分型面。

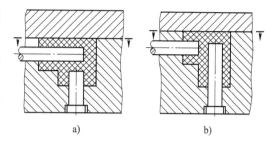

图 3-27 分型面对侧向抽芯的影响

3.2.2 浇注系统与排溢系统的设计

浇注系统是指塑料熔体从注射机喷嘴射出后到达型腔之前在模具内流经的通道。浇注系统分为普通流道浇注系统和热流道浇注系统两大类。浇注系统的设计是注射模设计的一个很重要的环节,它对获得优良性能和理想外观的塑料制品及最佳的成型效率有直接影响,是模具设计工作者必须十分重视的技术问题。

1. 普通流道浇注系统的组成及作用

(1) 浇注系统的组成 普通流道浇注系统一般由主流道、分流道、浇口和冷料穴四部分组成。图 3-28 所示为安装在立式或卧式注射机上的注射模所用的浇注系统,主流道垂直于模具分型面。图 3-29 所示的形式只适用于直角式注射机上的模具,主流道平行于模具分型面,对称开设在分型面的两边。

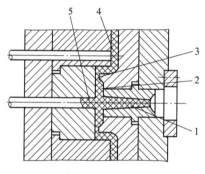

图 3-28 普通浇注系统形式(一)
1—主流道 2—分流道 3—浇口
4—型腔(制件) 5—冷料穴

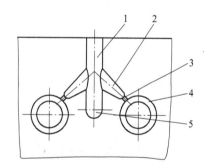

图 3-29 普通浇注系统形式(二)
1—主流道 2—分流道 3—浇口
4—型腔 5—冷料穴

(2) 浇注系统的作用 从总体来看,普通流道浇注系统的作用可概述如下:

1)将来自注射机喷嘴的塑料熔体均匀而平稳地输送到型腔,同时使型腔内的气体能及时顺利地排出。

2)在塑料熔体填充及凝固的过程中,将注射压力有效地传递到型腔的各个部位,以获得形状完整、内外在质量优良的塑料制品。

2. 普通流道浇注系统的设计

浇注系统设计是否合理,不仅对制件性能、结构、尺寸、内外在质量等影响很大,而且还与制件所用塑料的利用率、成型生产率等有关,因此浇注系统设计是模具设计的重要环节。对浇注系统进行总体设计时，一般应遵循如下基本原则。

(1) **了解塑料的成型性能和塑料熔体的流动特性**　固体颗粒状或粉状的塑料经过加热，在注射成型时已呈熔融状态（黏流态），因此对塑料熔体的流动特性（如温度、黏度、剪切速率及型腔内的压力周期等）进行分析，就显得十分重要。设计的浇注系统应适应于所用塑料的成型特性要求，以保证制件的质量。

(2) **采用尽量短的流程，以减少热量与压力损失**　浇注系统作为塑料熔体充填型腔的流动通道，要求流经其内的塑料熔体热量损失及压力损失减小到最低限度，以保持较理想的流动状态及有效地传递最终压力。为此，在保证制件的成型质量，满足型腔良好的排气效果的前提下，应尽量缩短流程，同时还应控制好流道的表面粗糙度，并减少流道的弯折等，这样就能够缩短填充时间，克服塑料熔体因热量损失和压力损失过大所引起的成型缺陷，从而缩短成型周期，提高成型质量，并可减少浇注系统的凝料量。

(3) **浇注系统设计应有利于良好的排气**　浇注系统应能顺利地引导塑料熔体充满型腔的各个角落，使型腔及浇注系统中的气体有序地排出，以保证填充过程中不产生紊流或涡流，也不会导致因气体积存而引起的凹陷、气泡、烧焦等成型缺陷。因此，设计浇注系统时，应注意与模具的排气方式相适应，使制件获得良好的成型质量。

(4) **防止型芯变形和嵌件位移**　浇注系统的设计应尽量避免塑料熔体直冲细小型芯和嵌件，以防止熔体冲击力使细小型芯变形或使嵌件位移。

(5) **便于修整浇口，以保证制件外观质量**　脱模后，浇注系统凝料要与成型后的制件分离，为保证制件的美观和使用性能等，应使浇注系统凝料与制件易于分离，且浇口痕迹易于清除修整。如收录机和电视机等的外壳、带花纹的旋钮和包装装饰品制件，它们的外观具有一定造型设计质量要求，浇口不允许开设在对外观有严重影响的部位，而应开设在次要隐蔽的地方。

(6) **浇注系统应结合型腔布局同时考虑**　浇注系统的分布形式与型腔的排布密切相关，应在设计时尽可能保证在同一时间内塑料熔体充满各型腔，并且使型腔及浇注系统在分型面上的投影面积中心与注射机锁模机构的锁模力作用中心相重合，这对于锁模的可靠性及锁模机构受力的均匀性都是有利的。

(7) **流动距离比或流动面积比的校核**　大型或薄壁塑料制品在注射成型时，塑料熔体有可能因其流动距离过长或流动性较差而无法充满整个型腔，为此，在模具设计过程中，应先对注射成型时的流动距离比或流动面积比进行校核，以避免充填不足现象的发生。

流动距离比也称为流动比，它是指塑料熔体在模具中进行最长距离流动时，其各段料流通道及各段型腔的长度与其对应截面厚度之比的总和，即

$$\phi = \sum_{i=1}^{n} \frac{L_i}{t_i} \tag{3-3}$$

式中　ϕ——流动距离比；

　　　L_i——模具中各段料流通道及各段型腔的长度；

　　　t_i——模具中各段料流通道及各段型腔的截面厚度。

图 3-30a 所示直浇口进料的制件，其流动距离比 $\phi = \frac{L_1}{t_1} + \frac{L_2}{t_2} + \frac{L_3}{t_3}$。

图 3-30b 所示侧浇口进料的制件,其流动距离比 $\phi = \dfrac{L_1}{t_1} + \dfrac{L_2}{t_2} + \dfrac{L_3}{t_3} + \dfrac{2L_4}{t_4} + \dfrac{L_5}{t_5}$。

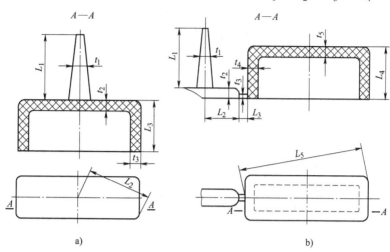

图 3-30 流动比计算图例

生产中影响流动距离比的因素很多,需经大量试验才能确定。表 3-1 所列出的数值可供模具设计时参考。如果设计出的流动距离比大于参考数值,注射成型时有可能发生充填不足的现象。

流动面积比指浇注系统中料流通道截面厚度与制件表面积的比值,即

$$\Psi = \dfrac{t}{A} \tag{3-4}$$

式中 Ψ——流动面积比(mm^{-1});

t——浇注系统中料流通道截面厚度(mm);

A——制件的表面积(mm^2)。

表 3-1 部分塑料的注射压力与流动距离比

塑料品种	注射压力/MPa	流动距离比	塑料品种	注射压力/MPa	流动距离比
聚乙烯(PE)	49	140~100	聚苯乙烯(PS)	88.2	300~260
	68.6	240~200	聚甲醛(POM)	98	210~110
	147	280~250			
聚丙烯(PP)	49	140~100	尼龙6	88.2	320~200
	68.6	240~200	尼龙66	88.2	130~90
	117.6	280~240		127.4	160~130
聚碳酸酯(PC)	88.2	130~90	未增塑聚氯乙烯(PVC-U)	68.6	110~70
	117.6	150~120		88.2	140~100
	127.4	160~120		117.6	160~120
软质聚氯乙烯(PVC-P)	88.2	280~200		127.4	170~130
	68.6	240~160			

流动面积比可作为判断表面积较大的制件能否成型的依据，但实验资料很少。比如聚苯乙烯允许使用的最小流动面积比约为 $(1\sim3\times10^{-4})\sim(1\sim3\times10^{-5})\,\mathrm{mm}^{-1}$。

3. 主流道设计

主流道是浇注系统中从注射机喷嘴与模具相接触的部位开始，到分流道为止的塑料熔体的流动通道，属于从热的塑料熔体到相对较冷的模具的一段过渡的流动长度，因此，它的形状和尺寸最先影响塑料熔体的流动速度及填充时间。主流道必须使熔体的温度降和压力降最小，且不损害把塑料熔体输送到最"远"位置的能力。

在卧式或立式注射机上使用的模具中，主流道垂直于分型面，为使凝料能从其中顺利拔出，需设计成圆锥形，锥角为 $2°\sim6°$，表面粗糙度值 $Ra<0.8\,\mathrm{\mu m}$；在直角式注射机上使用的模具中，主流道开设在分型面上，因其不需沿轴线拔出凝料，一般设计成圆柱形，其中心线就在动、定模的分型面上。本节及后述的主流道和浇口设计部分，只重点介绍卧式或立式注射机上模具的流道和浇口的有关内容。

在成型过程中，主流道小端入口处与注射机喷嘴相接，需要与一定温度、压力的塑料熔体冷热交替地反复接触，属易损件，对材料的要求较高，因而模具的主流道部分常设计成可拆卸更换的主流道衬套式（俗称浇口套），以便有效地选用优质钢材单独进行加工和热处理。浇口套一般采用碳素工具钢（如T8A、T10A等），热处理要求淬火至 $53\sim57\mathrm{HRC}$。浇口套应设置在模具的对称中心位置上，并尽可能保证与相连接的注射机喷嘴同轴。

（1）**主流道的尺寸** 主流道部分尺寸见表3-2。

表3-2 主流道部分尺寸　　　　　　　　　　　　（单位：mm）

示意图	符号	名称	尺寸
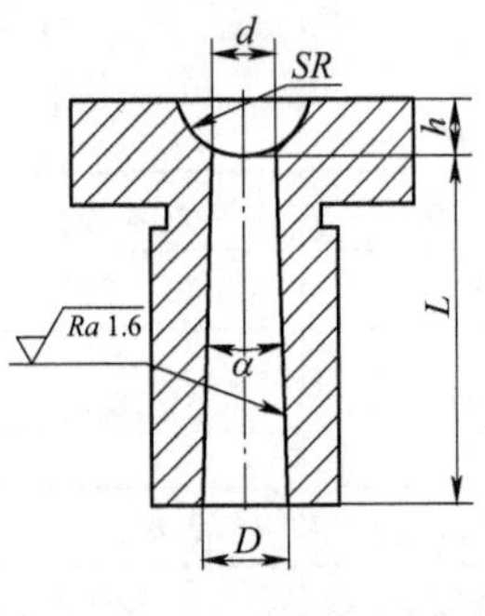 （图示）	d	主流道小端直径	注射机喷嘴直径+(0.5~1)
	SR	主流道球面半径	喷嘴球面半径+(1~2)
	h	球面配合高度	3~5
	α	主流道锥角	$2°\sim6°$
	L	主流道长度	尽量≤60
	D	主流道大端直径	$d+2L\tan\dfrac{\alpha}{2}$

（2）**浇口套的形式** 浇口套的形式如图3-31所示，图3-31a所示浇口套与定位圈设计成整体式，一般用于小型模具；图3-31b、c所示浇口套和定位圈设计成两个零件，然后配合固定在模板上。

（3）**浇口套的固定** 浇口套的固定形式如图3-32所示。

4. 分流道设计

对于多型腔或单型腔多浇口（制件尺寸大），应设置分流道。分流道是指主流道末

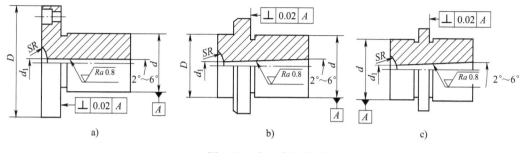

图 3-31 浇口套的形式

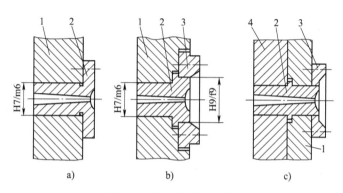

图 3-32 浇口套的固定形式
1—定模座板 2—浇口套 3—定位圈 4—定模板

端与浇口之间塑料熔体的流动通道。它是浇注系统中熔融状态的塑料由主流道流入型腔前,通过截面积的变化及流向变换以获得平稳流态的过渡段,因此,要求所设计的分流道应能满足良好的压力传递和保持理想的填充状态,使塑料熔体尽快地流经分流道充满型腔,并且流动过程中压力损失及热量损失尽可能小,能将塑料熔体均衡地分配到各个型腔。

(1) 分流道的截面形状及尺寸 为便于机械加工及凝料脱模,分流道大多设置在分型面上。常用的分流道截面形状一般可分为圆形、梯形、U形、半圆形及矩形等,如图 3-33 所示。

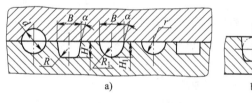

图 3-33 常用的分流道截面形状

分流道的截面形状及尺寸应根据塑料制品的结构(大小和壁厚)、所用塑料的工艺特性、成型工艺条件及分流道的长度等因素来确定。由理论分析可知,圆形截面的流道总是比任何其他形状截面的流道更可取,因为在相同截面积的情况下,其比表面积最小(流道表面积与体积之比值称为比表面积),即它在热的塑料熔体和温度相对较低的模具之间提供的接触面积最小,因此从流动性、传热性等方面考虑,圆形截面是分流道比较理想的形状。表 3-3 列出了不同塑料的设计推荐用分流道直径。

表 3-3 常用的不同塑料的圆形截面分流道直径推荐值　　　　（单位：mm）

塑料名称	分流道直径	塑料名称	分流道直径
ABS	4.7~9.5	聚酯	4.7~9.5
聚甲醛（POM）	3.1~9.5	聚乙烯（PE）	1.5~9.5
丙烯酸	7.5~9.5	聚丙烯（PP）	4.7~9.5
乙酸纤维素（CA）	4.7~9.5	聚苯醚（PPE）	6.3~9.5
离子交联聚合物	2.3~9.5	聚砜（PSU）	6.3~9.5
尼龙（PA）	1.5~9.5	聚苯乙烯（PS）	3.1~9.5
聚碳酸酯（PC）	4.7~9.5	聚氯乙烯（PVC）	3.1~9.5

圆形截面分流道因其要以分型面为界分成两半进行加工才利于凝料脱出，加工工艺性不佳，且模具闭合后难以精确保证两半圆对准，故实际生产中不常使用。

许多模具设计采用梯形截面的分流道。梯形截面分流道容易加工，且塑料熔体的热量散失及流动阻力均不大，一般采用下面的经验公式可确定其截面尺寸

$$B = 0.2654\sqrt{m}\sqrt[4]{L} \tag{3-5}$$

$$H = \frac{2}{3}B \tag{3-6}$$

式中　B——梯形的大底边宽度（mm）；

m——制件的重量（g）；

L——分流道的长度（mm）；

H——梯形的高度（mm）。

梯形的侧面斜角 α 常取 5°~10°。在应用式（3-5）时，应注意它的适用范围，即制件壁厚在 3.2mm 以下，制件重量小于 200g，且计算结果 B 应在 3.2~9.5mm 范围内才合理。实践中常这样考虑，如果能加工成的梯形截面恰巧能容纳一个所需直径的整圆，且其侧边与垂直于分型面的方向成 5°~15°的夹角，那么其效果就与圆形截面流道一样好。

对于 U 形截面的分流道，$H_1 = 1.25R_1$、$R_1 = 0.5B$。

不论采用何种截面形状的分流道，一般对流动性好的聚丙烯、尼龙等取较小截面，对流动性差的聚碳酸酯、聚砜等可取较大截面。另外，确定分流道截面尺寸的大小时也应考虑：若截面过大，不仅积存空气增多，制件容易产生气泡，而且增大塑料消耗量，延长冷却时间；若截面过小，会降低单位时间内输送的塑料熔体流量，使填充时间延长，导致制件常出现缺料、波纹等缺陷。

（2）分流道的长度　分流道要尽可能短，且少弯折，便于注射成型过程中最经济地使用原料和注射机的能耗，减少压力损失和热量损失。

（3）分流道的表面粗糙度　由于分流道中与模具接触的外层塑料迅速冷却，只有中心部位的塑料熔体的流动状态较为理想，因而分流道的内表面粗糙度值并不会要求很低，一般取 $Ra = 1.6\mu m$ 即可。表面稍不光滑，有助于塑料熔体的外层冷却皮层固定，从而与中心部位的熔体之间产生一定的速度差，以保证熔体流动时具有适宜的剪切速率和剪切热。

（4）分流道在分型面上的布置形式　分流道在分型面上的布置形式与型腔排布密切相关，虽有多种不同的布置形式，但应遵循两方面的原则：一方面排列紧凑，缩小模具板面尺

寸；另一方面流程尽量短，锁模力力求平衡。实践中常用的分流道布置形式，有平衡式和非平衡式两大类，本节后面部分将加以详述。

5. 浇口的设计

浇口也称为进料口，是连接分流道与型腔的通道。除直浇口外，它是浇注系统中截面积最小的部分，但却是浇注系统的关键部分。浇口的位置、形状及尺寸对制件的性能和质量的影响很大。

浇口可分为限制性浇口和非限制性浇口两种。非限制性浇口起引料、进料的作用；限制性浇口一方面通过截面积的突然变化，使分流道输送来的塑料熔体的流速产生加速度，提高剪切速率，使其呈理想的流动状态，迅速而均衡地充满型腔，另一方面改善塑料熔体进入型腔时的流动特性，通过调节浇口尺寸，可使多型腔同时充满，可控制填充时间、冷却时间及制件表面质量，同时还起封闭型腔防止塑料熔体倒流、便于浇口凝料与制件分离的作用。

（1）常用的浇口形式 表3-4列出了常用的浇口形式及其尺寸，每一种浇口都有其各自的适用范围和优缺点。

表3-4 常用的浇口形式及其尺寸

序号	名称	图例	尺寸及说明
1	直浇口	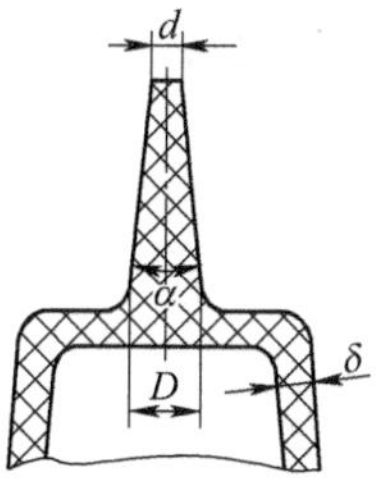	d = 注射机喷嘴孔径 + (0.5~1)mm $\alpha = 2° \sim 6°$ D 由锥度 α 和主流道部分模板厚度决定，应尽量小
2	侧浇口（一）	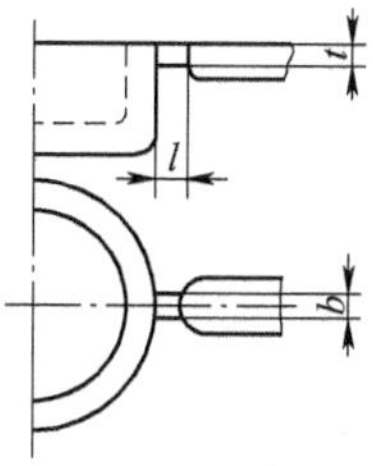	$l = 0.7 \sim 2.0$mm $b = 1.5 \sim 5.0$mm 或 $b = \dfrac{(0.6 \sim 0.9)\sqrt{A}}{30}$ $t = 0.5 \sim 2.0$mm A—制件外侧表面积（mm²） 浇口在制件的外侧
	侧浇口（二）	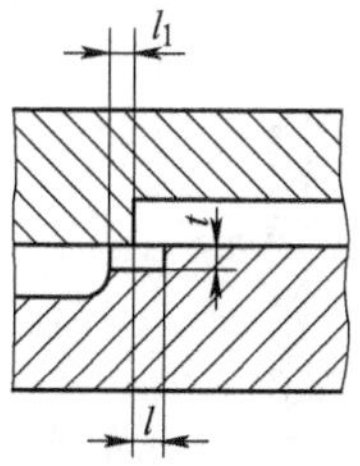	$l_1 = 2.0 \sim 3.0$mm $l = (0.6 \sim 0.9)$mm $+ t/2$ $t = 0.5 \sim 2.0$mm 浇口搭接在制件的端面

(续)

序号	名称	图例	尺寸及说明
3	扇形浇口	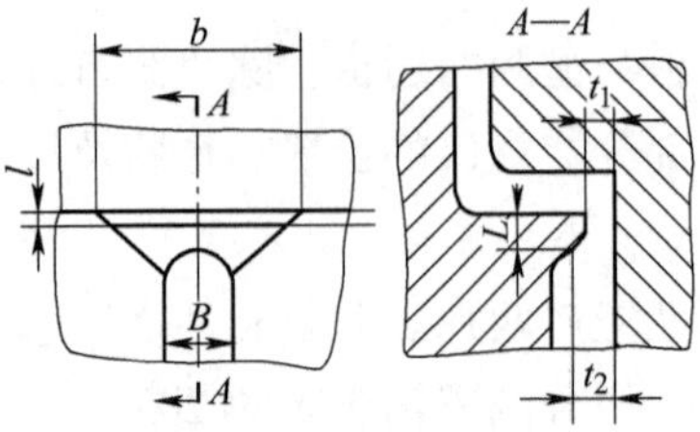	$L = 6.0$mm 左右 $l = 1.0 \sim 1.3$mm $t_1 = 0.25 \sim 1.0$mm $t_2 = \dfrac{bt_1}{B}$ $b = \dfrac{K\sqrt{A}}{30}$ $K = 0.6 \sim 0.9$ A——制件外侧表面积（mm²）
4	平缝浇口	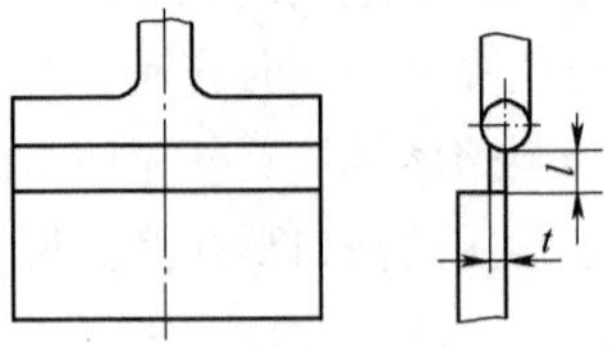	$l = 0.65$mm 左右 $t = 0.25 \sim 0.65$mm 浇口宽度约为型腔宽度的 25%~100%
5	环形浇口	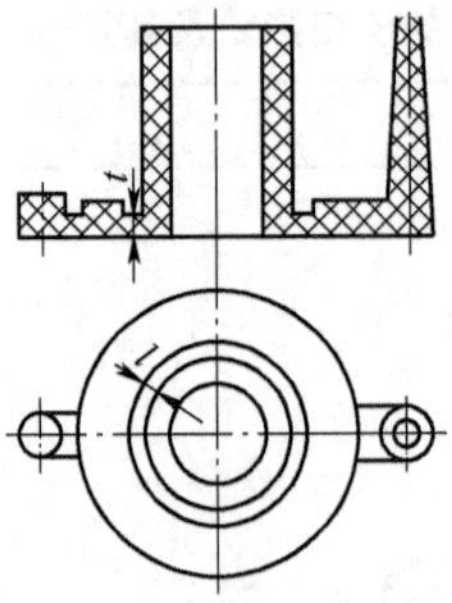	$l = 0.7 \sim 1.2$mm $t = 0.35 \sim 1.5$mm
6	盘形浇口	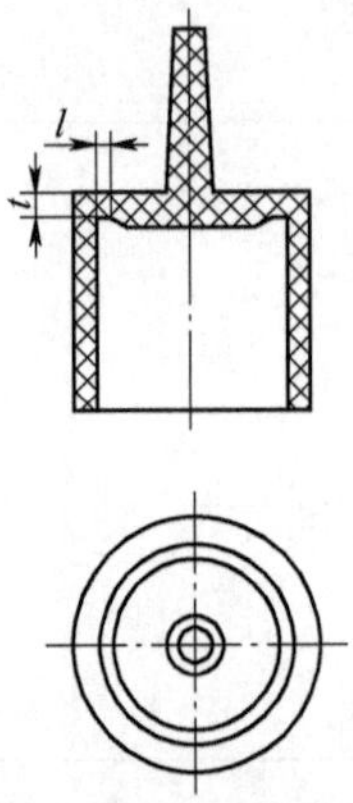	$l = 0.7 \sim 1.2$mm $t = 0.35 \sim 1.5$mm 盘形浇口也是环形浇口的一种形式
7	轮辐浇口	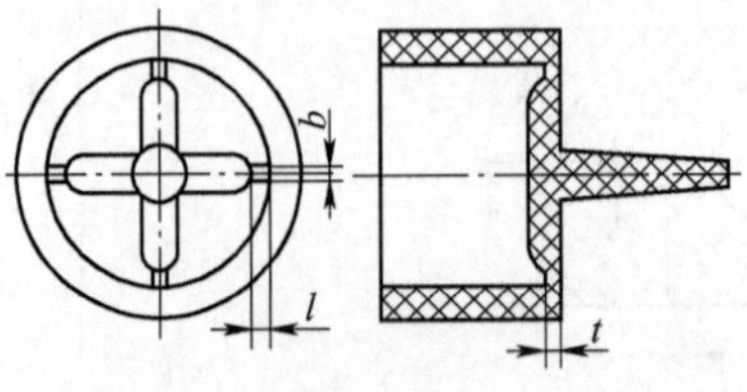	$l = 0.8 \sim 1.8$mm $b = 0.6 \sim 6.4$mm $t = 0.5 \sim 2.0$mm

（续）

序号	名称	图例	尺寸及说明
8	爪形浇口	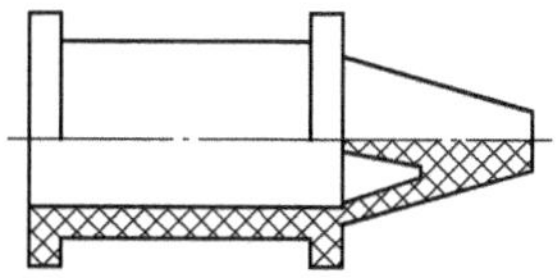	
9	点浇口	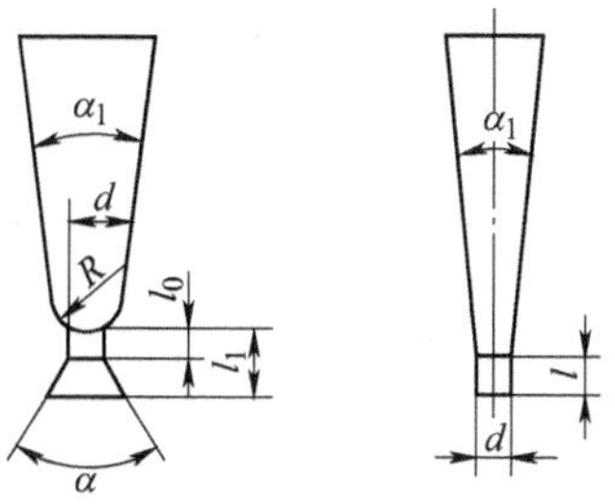	$d = 0.8 \sim 2.0$mm $\alpha = 60° \sim 90°$ $\alpha_1 = 12° \sim 30°$ $l = 0.8 \sim 1.2$mm $l_0 = 0.5 \sim 1.5$mm $l_1 = 1.0 \sim 2.5$mm
10	潜伏浇口	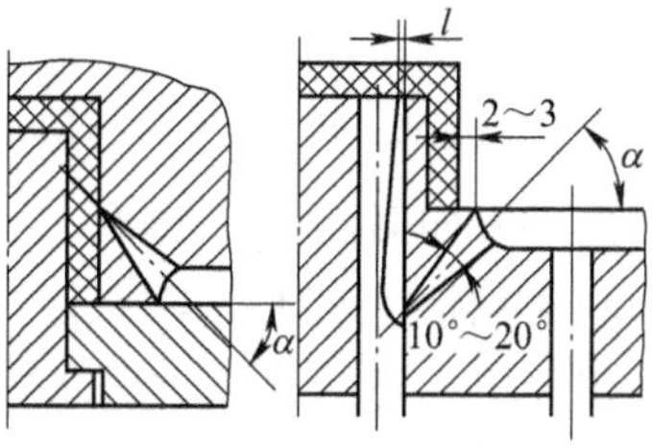	左图浇口在制件外侧；右图浇口在制件内底部，有二次辅助浇口（即在推杆上开设过渡浇口） $\alpha = 45° \sim 60°$ $l = 0.8 \sim 1.5$mm
11	护耳浇口	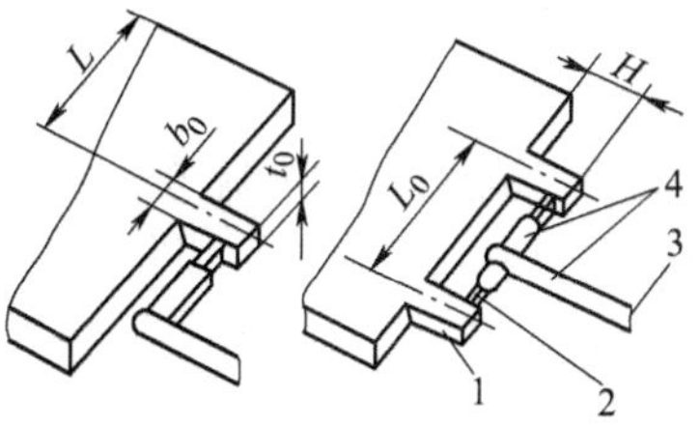 1—耳槽 2—浇口 3—主流道 4—分流道	$H = 1.5$ 倍的分流道直径 $b_0 =$ 分流道直径 $t_0 = (0.8 \sim 0.9)$ 壁厚 $L_0 = 300$mm（最大值） $L = 150$mm（最大值）

1）直浇口。直浇口又称为中心浇口、主流道型浇口或非限制性浇口。塑料熔体直接由主流道进入型腔，因而具有流动阻力小、料流速度快及补缩时间长的特点，但注射压力直接作用在制件上，容易在进料处产生较大的残余应力而导致制件翘曲变形，浇口痕迹也较明显。这类浇口大多数用于注射成型大型厚壁长流程深型腔的制件以及一些高黏度塑料，如聚碳酸酯、聚砜等，对聚乙烯、聚丙烯等纵向与横向收缩率有较大差异塑料的制件不适宜。多用于单型腔模具。

2）侧浇口。侧浇口又称为边缘浇口，国外称之为标准浇口。侧浇口一般开设在分型面上，塑料熔体从型腔的侧面充模，其截面形状多为矩形狭缝（也有用半圆形的注入口），调整其截面的厚度和宽度可以调节熔体充模时的剪切速率及浇口封闭时间。这类浇口加工容易，修整方便，可以根据制件的形状特征灵活地选择进料位置，因此它是广泛使用的一种浇口形式，普遍用于中小型制件的多型腔模具，且对各种塑料的成型适应性均较强。但这种浇口有浇口痕迹存在，会使制件形成熔接痕、缩孔、气孔等缺陷，且注射压力损失大；对于深型腔制件，排气不便。

确定侧浇口的尺寸时，应考虑它们对成型工艺的影响。如浇口上的压力降大致与浇口长度成正比；浇口的厚度影响浇口封闭时间，越厚则时间越长；浇口宽度影响流动性能，越宽则填充速度越低，流动阻力也下降。

计算侧浇口的尺寸的经验公式如下

$$b = \frac{(0.6 \sim 0.9)\sqrt{A}}{30} \tag{3-7}$$

$$t = b/3 \tag{3-8}$$

式中　　b——侧浇口的宽度（mm）；

　　　　A——制件的外侧表面积（mm^2）；

　　　　t——侧浇口的厚度（mm）。

侧浇口的另一种形式是搭接式，采用这种形式的浇口主要是为了防止在制件外侧留有浇口的痕迹。浇口与分流道部分开设在型腔对面的模板上。这类浇口开设在制件端部，因而比一般的侧浇口更需要注意浇口的处理。

3）扇形浇口。当按式（3-7）计算出的侧浇口宽度值大于与之相连的分流道直径时，宜采用扇形浇口。这类浇口面向型腔沿进料方向截面宽度逐渐变大，截面厚度逐渐变小，通常在与型腔的接合处形成长约1~1.3mm的台阶，塑料熔体经过台阶进入型腔。采用扇形浇口，可使塑料熔体在宽度方向上的流动得到更均匀的分配，制件的内应力较小，还可避免流纹及定向效应所带来的不良影响，并减少了带入空气的可能性。这对最大限度地消除浇口附近的缺陷有较好的效果，因此适用于成型横向尺寸较大的薄片状制件及平面面积较大的扁平制件。但浇口痕迹较明显且去除较困难。

设计扇形浇口时，需注意浇口的截面积不能取得比分流道的截面积大，否则熔体的流量对接难以连续。另外，由于浇口的中心部分与浇口边缘部分的通道长度不同，因而熔体在其中的压力降与填充速度也不一致，为此可进行一定的结构改进，即可适当加深浇口两边缘部分的深度。如图3-34所示，图3-34a为改进前的截面形状；图3-34b为改进后的浇口截面形状，但加工比较困难。

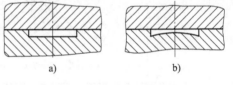

图3-34　扇形浇口的改进

4）平缝浇口。平缝浇口又称为薄片式浇口。和扇形浇口一样，都属于侧浇口的变异形式。这类浇口的截面宽度很大，厚度都很小，几何上成为一个条状狭缝口，与特别开设的平行流道相连。塑料熔体经平行流道扩散而得到均匀分配，从而以较低的线速度经浇口平稳地流入型腔。

采用平缝浇口能降低制件的内应力，避免或减少制件内部气泡及因定向而引起的翘曲，聚乙烯等制件的变形能有效地得到控制。它主要用来成型大面积的扁平制件，但成型后的浇口去除加工量较大，提高了产品成本，且浇口痕迹明显。

5）环形浇口。环形浇口主要用来成型圆筒形制件，它开设在制件的外侧。采用这类浇口，塑料熔体在充模时进料均匀，各处料流速度大致相同，型腔内气体易排出，避免了使用侧浇口时容易在制件上产生的熔接痕；但浇口去除较难，浇口痕迹明显。

6) 盘形浇口。盘形浇口类似于环形浇口,它与环形浇口的区别在于开设在制件的内侧,其特点与环形浇口基本相同。

7) 轮辐浇口。轮辐浇口是在内侧开设的环形浇口的基础上加以改进,由圆周进料改为几段小圆弧进料,浇口尺寸与侧浇口类似。浇口凝料易于去除且用料也有所减少,这类浇口在生产中比环形浇口应用广泛,但制件易产生多条熔接痕,从而影响制件的强度。

8) 爪形浇口。爪形浇口与轮辐浇口的主要区别在于其所用的分流道方向均与制件的轴线方向一致。这类浇口尤其适用于成型内孔小且同轴度要求较高的细长管状制件,因为浇口设在型芯头部,具有自动定心的作用,从而避免了制件的弯曲或不同轴等成型缺陷。

9) 点浇口。点浇口又称为针点式浇口、橄榄形浇口或菱形浇口,其尺寸很小。这类浇口由于前后两端存在较大的压力差,能有效地增大塑料熔体的剪切速率并产生较大的剪切热,从而导致熔体的表观黏度下降,流动性增加,利于填充,因而对于薄壁制件以及诸如聚乙烯、聚丙烯、聚苯乙烯等表观黏度随剪切速率变化而敏感改变的塑料成型有利,但不利于成型流动性差及热敏性塑料,也不利于成型平薄易变形及形状复杂的制件。

采用点浇口成型制件,去除浇口后残留痕迹小,易取得浇注系统的平衡,也利于自动化操作,但压力损失大,收缩大,制件易变形,同时在定模部分需另加一个分型面,以便浇口凝料脱模。

点浇口的截面为圆形,直径 d 一般在 $0.8 \sim 2.0$mm 范围内选取,常用直径为 $0.8 \sim 1.5$mm。点浇口直径也可用下面经验公式计算

$$d = (0.14 \sim 0.20) \sqrt[4]{\delta^2 A} \tag{3-9}$$

式中　d——点浇口直径(mm);
　　　δ——制件在浇口处的壁厚(mm);
　　　A——型腔表面积(mm^2)。

10) 潜伏浇口。潜伏浇口又称为剪切浇口,由点浇口演变而来。这类浇口的分流道位于分型面上,而浇口本身设在模具内的隐蔽处,塑料熔体通过型腔侧面斜向注入型腔,因而制件外表不受损伤,不致因浇口痕迹而影响制件的表面质量。

浇口采用圆形或椭圆形截面,可参考点浇口尺寸设计,锥角取 $10° \sim 20°$。在推出制件时,由于浇口及分流道成一定斜向角度与型腔相连,形成了能切断浇口的刃口,刃口所形成的剪切力可以将浇口自动切断,且须有较强的冲击力,因此对过于强韧的塑料(如聚苯乙烯)不宜采用。

11) 护耳浇口。护耳浇口又称为分接式浇口。小尺寸浇口虽有一系列优点,但塑料熔体充模时易产生喷射流动而引起制件缺陷,同时,小尺寸浇口附近有较大的内应力而易导致制件强度降低及翘曲变形,采用护耳浇口可以有效地克服这些成型缺陷。从分流道流入的塑料熔体,通过护耳浇口的挤压、摩擦,再次被加热,从而改善了塑料熔体的流动性。离开浇口的高速喷射料流冲击耳槽内壁,熔体的线速度因耳槽的阻挡而减小,并且流向也发生改变,有助于熔体均匀地进入型腔,同时,依靠护耳弥补了浇口周边收缩所产生的变形。

护耳浇口一般为矩形截面,其尺寸同侧浇口。它主要适用于聚碳酸酯、ABS、聚氯乙烯、有机玻璃等热稳定性差及熔融黏度高的塑料,注射压力应为其他浇口形式的两倍左右。一般在不影响制件使用要求时可将护耳保留在制件上,从而减少了去除浇口的工作量。制件宽度很大时,可采用多个护耳。

（2）浇口形式与塑料品种的相互适应性　由前所述，不同的浇口形式对塑料熔体的充型特性、成型质量及制件的性能有不同的影响。在生产实践中，有些与浇口有直接关系的缺陷并不是在制件脱模后立即发生，而是经过一定的时间（时效作用）后出现的，这就需要试模时考虑这方面的因素，尽量减少或消除浇口所引起的时效变形。各种塑料因其性能的差异对不同的浇口形式会有不同的适应性，设计模具时可参考表3-5。

表3-5　常用塑料所适应的浇口形式

塑料种类	浇口形式							
	直浇口	侧浇口	平缝浇口	点浇口	潜伏浇口	护耳浇口	环形浇口	盘形浇口
未增塑聚氯乙烯（PVC-U）	☆	☆						
聚乙烯（PE）	☆	☆						
聚丙烯（PP）	☆	☆		☆				
聚碳酸酯（PC）	☆	☆		☆				
聚苯乙烯（PS）	☆	☆		☆	☆			☆
橡胶改性苯乙烯					☆			
聚酰胺（PA）	☆	☆		☆				☆
聚甲醛（POM）	☆	☆	☆	☆		☆	☆	
丙烯腈-苯乙烯	☆	☆		☆		☆		☆
ABS	☆	☆	☆	☆	☆	☆	☆	☆
丙烯酸酯	☆	☆			☆			

注："☆"表示塑料适应的浇口形式。

需要指出的是，表3-5只是生产经验的总结，如果能针对具体生产实际，处理好塑料性能、成型工艺条件及制件的使用要求，即使采用表中所列的不适应的浇口形式，仍有可能注射成型成功。

（3）浇口位置的选择　模具设计时，浇口的位置及尺寸要求比较严格，初步试模之后有时还需修改浇口尺寸。无论采用什么形式的浇口，其开设的位置对制件的成型性能及成型质量影响均很大，因此，合理选择浇口的位置是提高制件质量的重要环节，同时浇口位置的不同还会影响模具结构。总之，如果要使制件具有良好的性能与外表，使制件的成型在技术上可行、经济上合理，一定要认真考虑浇口位置的选择。一般在选择浇口位置时，需要根据制件的结构工艺及特征、成型质量和技术要求，并综合分析塑料熔体在模内的流动特性、成型条件等因素。通常可参考下述几项原则。

1）尽量缩短流动距离。浇口位置的安排应保证塑料熔体迅速且均匀地充填模具型腔，尽量缩短熔体的流动距离，这对大型制件尤其重要。

2）浇口应开设在制件壁最厚处。当制件的壁厚相差较大时，若将浇口开设在制件的薄壁处，塑料熔体进入型腔后，不但流动阻力大，而且还易冷却，以致影响熔体的流动距离，难以保证熔体充满整个型腔。另外，从补缩的角度考虑，制件截面最厚的部位经常是塑料熔体最晚固化的地方，若浇口开在薄壁处，则厚壁处极易因液态体积收缩得不到补缩而形成表面凹陷或真空泡。因此，为保证塑料熔体的充模流动性，也为了有利于压力有效地传递和液态体积收缩时进行补料，一般浇口的位置应开设在制件壁最厚处。

3) 必须尽量减少或避免熔接痕。由于成型零件或浇口位置的原因,有时塑料充填型腔时会造成两股或多股熔体的汇合,汇合之处在制件上就形成熔接痕。熔接痕会降低制件的强度,并有损外观质量,这在成型玻璃纤维增强塑料的制件时尤其严重。一般采用直浇口、点浇口、环形浇口等可避免熔接痕的产生。有时为了增加熔体汇合处的熔接强度,可以在熔接处外侧设一冷料穴,将前锋冷料引入其内,以提高熔接强度。在选择浇口位置时,还应考虑熔接痕的方位对制件质量及强度的影响。

4) 应有利于型腔中气体的排除。要避免沿容易造成气体滞留的方向开设浇口。如果这一要求不能充分满足,在制件上不是出现缺料、气泡,就是出现焦斑,同时熔体充填时也不顺畅,虽然有时可通过排气系统来解决,但在选择浇口位置时应先行加以考虑。

5) 考虑分子定向的影响。充填模具型腔期间,热塑性塑料会在熔体流动方向上呈现一定的分子取向,这将影响制件的性能。对某一制件而言,垂直于流向和平行于流向的强度、应力开裂倾向等都是有差别的,一般在垂直于流向的方位上强度降低,容易产生应力开裂。

6) 避免产生喷射和蠕动(蛇形流)。塑料熔体的流动主要受制件的形状和尺寸以及浇口的位置和尺寸的支配,良好的流动有利于模具型腔的均匀充填并可防止形成分层。塑料溅射进入型腔可能增加表面缺陷、流线、熔体破裂及夹气,如果通过一个狭窄的浇口充填一个相对较大的型腔,这种影响便可能

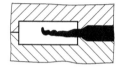 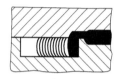

a)产生喷射　　　　b)熔体前端平稳流入

图 3-35　浇口位置与喷射

出现,如图 3-35 所示。特别是在使用低黏度塑料熔体时,更应注意。通过扩大浇口尺寸或采用冲击型浇口(使料流直接流向型腔壁或粗大型芯),可以防止喷射和蠕动。

7) 不在承受弯曲或冲击载荷的部位设置浇口。一般制件的浇口附近强度最弱。产生残余应力或残余变形的附近只能承受一般的拉伸力,而无法承受弯曲和冲击力。

8) 浇口位置的选择应注意制件外观质量。浇口的位置选择除保证成型性能和制件的使用性能外,还应注意外观质量,即选择在不影响制件商品价值的部位或容易处理浇口痕迹的部位开设浇口。

上述这些原则在应用时常常会产生某些不同程度的相互矛盾,应分清主次因素,以保证成型性能及成型质量,得到优质产品为主,综合分析权衡,根据具体情况确定出比较合理的浇口位置。表 3-6 列出了浇口位置的对比示例,供模具设计时借鉴。

表 3-6　浇口位置的对比示例

序号	合理	不合理	说明
1			盒罩形制件顶部壁薄,采用点浇口可减少熔接痕,有利于排气,可避免顶部缺料或塑料碳化
2			对于底面积较大又浅的壳体制件或平板状大面积制件,应兼顾内应力和翘曲变形问题,采用多点进料较为合理

(续)

序号	合理	不合理	说明
3	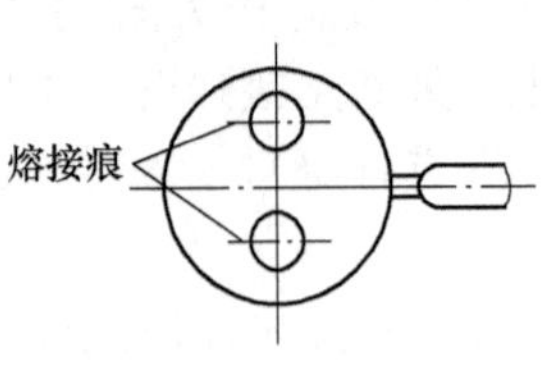 熔接痕	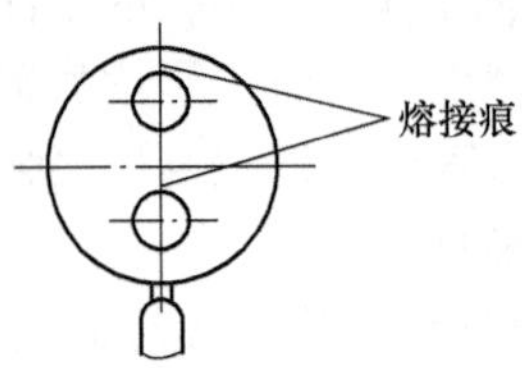 熔接痕	浇口位置应考虑熔接痕的方位,右图熔接痕与小孔连成一线,强度大为削弱
4	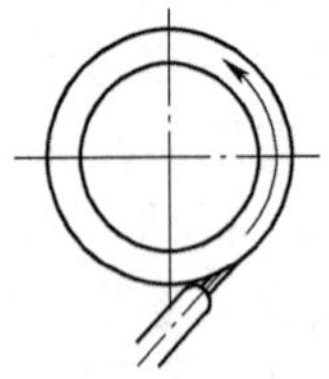	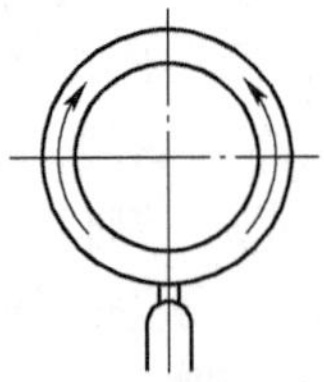	圆环形制件采用切向进料,可减少熔接痕,提高熔接部位强度,有利于排气
5	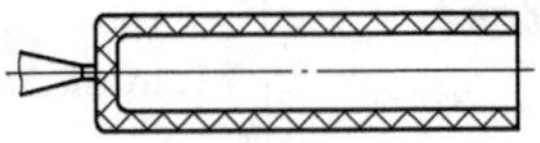	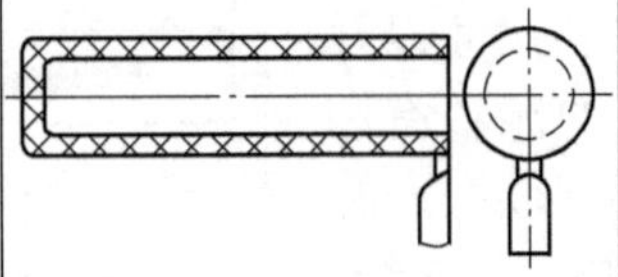	对于罩形、细长圆筒形、薄壁等制件,设置浇口时,应防止缺料、熔接不良、排气不良、型芯受力不均、流程过长等缺陷
6	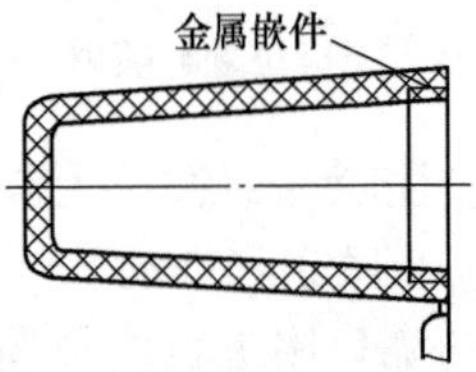 金属嵌件	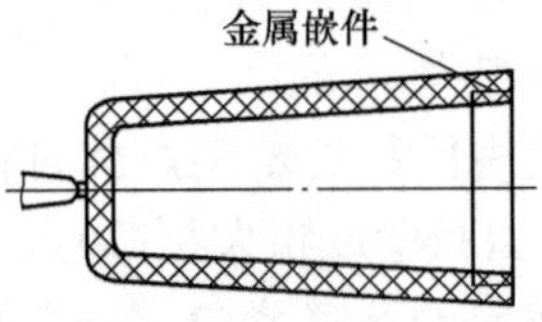 金属嵌件	左图中的制件取向方位与收缩产生的残余拉应力方向一致,制件使用后开裂的可能性大大减小
7	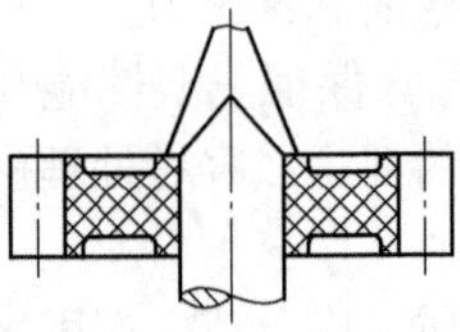	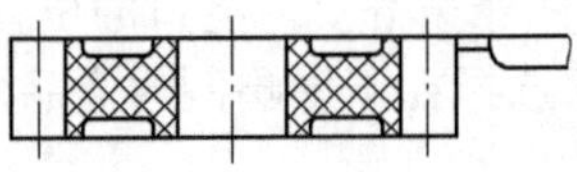	选择浇口位置时,应注意去浇口后的残留痕迹不应影响制件使用要求及外观质量
8	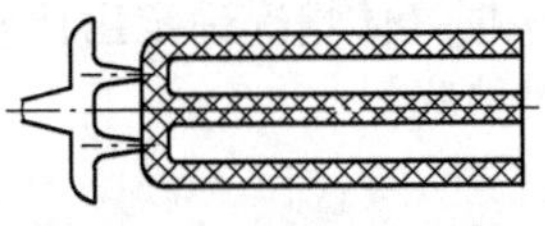	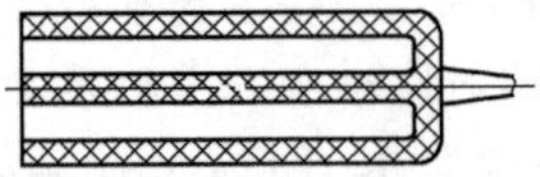	对于有细长型芯的圆筒形制件,设置浇口时应避免料流挤压型芯而引起型芯变形或偏心

(4) 浇注系统的平衡 中小型制件的注射模已广泛使用一模多腔的形式,设计时应尽量保证所有的型腔同时得到均匀的充填和成型。一般在制件形状及模具结构允许的情况下,应将从主流道到各个型腔的分流道设计成长度相等、形状及截面尺寸相同(这类型腔布局为对称平衡式)的形式,否则,就需要通过调节浇口尺寸使各浇口的流量及成型工艺条件达到一致,这就是浇注系统的平衡。

1) 型腔布局与分流道的平衡。分流道的布置形式分为平衡式和非平衡式两大类。平衡式是指从主流道到各个型腔的分流道,其长度、截面形状和尺寸均对应相等,这种设计可直接达到各个型腔均衡进料的目的,在加工时,应保证各对应部位的尺寸误差控制在1%以内。非平衡式是指由主流道到各个型腔的分流道的长度可能不是全部对应相等,为了达到各个型腔均衡进料、同时充满的目的,就需要将浇口开设成不同的尺寸,采用这类分流道,在多型腔时可缩短流道的总长度,但对于精度和性能要求较高的制件,不宜采用,因成型工艺不能很恰当地得到控制。

2)浇口平衡。当采用非平衡式布置的浇注系统或者同模生产不同制件时,需对浇口的尺寸加以调整,以达到浇注系统的平衡。浇口尺寸的平衡调整可以通过粗略估算和试模来完成。

①浇口平衡的计算思路。通过计算各个浇口的 BGV 值(Balanced Gate Value)来判断或设计。浇口平衡时,BGV 值应符合下述要求:相同制件多型腔时,各浇口计算的 BGV 值必须相等;不同制件多型腔时,各浇口计算的 BGV 值必须与其制件的充填量成正比。

a)相同制件多型腔成型时,BGV 值可用下式表示

$$\mathrm{BGV} = \frac{A_\mathrm{G}}{L_\mathrm{G}\sqrt{L_\mathrm{R}}} \tag{3-10}$$

式中 A_G——浇口的截面积(mm²);
L_R——从主流道中心至浇口的流动通道的长度(mm);
L_G——浇口的长度(mm)。

b)不同制件多型腔成型时,BGV 值可用下式表示

$$\frac{W_\mathrm{a}}{W_\mathrm{b}} = \frac{\mathrm{BGV}_\mathrm{a}}{\mathrm{BGV}_\mathrm{b}} = \frac{A_\mathrm{Ga}\sqrt{L_\mathrm{Rb}}L_\mathrm{Gb}}{A_\mathrm{Gb}\sqrt{L_\mathrm{Ra}}L_\mathrm{Ga}} \tag{3-11}$$

式中 W_a、W_b——分别为 a、b 型腔的充填量(熔体质量或体积);
A_Ga、A_Gb——分别为 a、b 型腔的浇口截面积(mm²);
L_Ra、L_Rb——分别为主流道中心至 a、b 型腔浇口的流动通道的长度(mm);
L_Ga、L_Gb——分别为 a、b 型腔的浇口长度(mm)。

无论是相同制件还是不同制件的多型腔,一般在设计时取矩形浇口或圆形点浇口,浇口截面积 A_G 与分流道的截面积 A_R 的比值应取

$$A_\mathrm{G} : A_\mathrm{R} = 0.07 \sim 0.09 \tag{3-12}$$

矩形浇口截面的宽度 b 与厚度 t 的比值常取 $b:t=3:1$。

②浇口平衡的计算实例。利用 BGV 值来确定浇口尺寸时,一般设浇口的长度为定值,通过改变浇口的宽度和厚度(改变宽度的方法更为适宜)来达到浇口的平衡。

③浇口平衡的试模步骤。目前,模具生产常采用试模的方法来达到浇口平衡,其步骤如下:

a)首先将各浇口的长度和厚度加工成对应相等的尺寸。

b)试模后检查每个型腔的制件质量,后充满的型腔,其制件端部会产生补缩不足的微凹。

c)将后充满的型腔浇口的宽度略为修大,尽可能不改变浇口厚度,因为浇口厚度不一,则浇口冷凝封固的时间也就不一。

d)用同样的工艺条件重复上述步骤,直至满意为止。

需要指出的是,试模过程中的压力、温度等工艺条件应与批量生产时一致。

6. 冷料穴的设计

在完成一次注射循环的间隔,检查注射机喷嘴和主流道入口小端间的温度状况时,发现

喷嘴端部的温度低于所要求的塑料熔体温度，从喷嘴端部到注射机料筒以内约 10~25mm 的深度有个温度逐渐升高的区域，才能达到正常的塑料熔体温度。位于这一区域内的塑料的流动性能及成型性能不佳，如果这里温度相对较低的冷料进入型腔，便会产生次品。为克服这一现象的影响，用一个井穴将主流道延长以接收冷料，防止冷料进入浇注系统的流道和型腔。用来容纳注射间隔所产生的冷料的井穴，称为冷料穴。

冷料穴一般开设在主流道对面的动模板上（即塑料流动的转向处），其标称直径与主流道大端直径相同或略大一些，深度约为直径的 1~1.5 倍，最终要保证冷料的体积小于冷料穴的体积。图 3-36 所示为常用冷料穴和拉料杆的形式。图 3-36a 是端部为 Z 字形拉料杆形式的冷料穴，是最常用的一种形式，开模时主流道凝料被拉料杆拉出，推出后常常需用人工取出而不能自动脱落；图 3-36b、c 是底部带推杆的冷料穴形式，是靠带倒锥形（或环形槽）的冷料穴拉出主流道凝料的形式；图 3-36d 是带球形头拉料杆的冷料穴，图 3-36e 是带菌形头拉料杆的冷料穴，这两种形式适用于弹性较好的塑料，能实现自动化脱模；适于采用推件板脱模，拉料杆固定于动模板上；图 3-36f 是使用带有分流锥形式拉料杆的冷料穴，适合各种塑料，适用于中间有孔的制件且采用中心浇口（中间有孔的直浇口）或爪形浇口形式的场合。

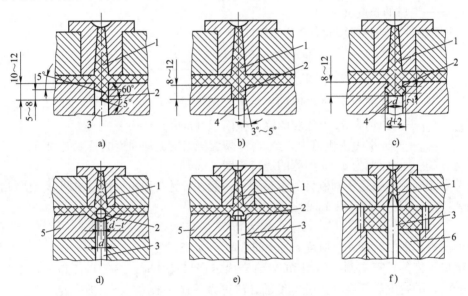

图 3-36 常用冷料穴和拉料杆的形式
1—主流道 2—冷料穴 3—拉料杆 4—推杆 5—推件板 6—推块

有时因分流道较长，塑料熔体充模的温降较大时，也要求在其延伸端开设较小的冷料穴，以防止分流道末端的冷料进入型腔，如图 3-37 所示。

冷料穴除了具有容纳冷料的作用以外，还具有在开模时将主流道和分流道的冷凝料钩住，使其保留在动模一侧，便于脱模的功能。在脱模过程中，拉料杆固定在推杆固定板上，同时也形成冷料穴底部的推杆，随推出动作推出浇注系统凝料（球形头和菌形头拉料杆例外）。并不是所有注射模都需开设

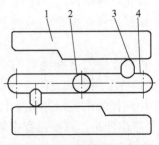

图 3-37 分流道端部的冷料穴
1—制件 2—主流道 3—浇口 4—冷料穴

冷料穴，有时由于塑料性能或工艺控制较好而很少产生冷料或制件要求不高时，可不必设置冷料穴。如果初始设计阶段对是否需要开设冷料穴尚无把握，可留适当空间，以便增设。

3.2.3 排溢系统的设计

当塑料熔体填充型腔时，必须顺序排出型腔及浇注系统内的空气及塑料受热或凝固产生的低分子挥发气体。如果型腔内产生的气体不能被排除干净，一方面将会在制件上形成气泡、接缝、表面轮廓不清及充填缺料等成型缺陷，另一方面，气体受压，体积缩小而产生高温，会导致制件局部碳化或烧焦（褐色斑纹），同时积存的气体还会产生反向压力而降低充模速度，因此设计型腔时必须考虑排气问题。有时在注射成型过程中，为保证型腔充填量的均匀合适及增加塑料熔体汇合处的熔接强度，还需在塑料最后充填到的型腔部位开设溢流槽，以容纳余料，也可容纳一定量的气体。

注射模成型时的排气通常采用以下四种方式。

1. 利用配合间隙排气

通常中小型模具的简单型腔，可利用推杆、活动型芯及双支点的固定型芯端部与模板的配合间隙进行排气，间隙为 0.03~0.05mm。

2. 在分型面上开设排气槽排气

分型面上开设排气槽的形式与尺寸如图 3-38 所示。图 3-38a 是排气槽在离开型腔 5~8mm 后设计成开放的燕尾式，以使排气顺利、通畅；图 3-38b 的形式是为了防止在排气槽对着操作工人的情况注射时，熔料从排气槽喷出而发生人身事故，因此将排气槽设计成转弯的形式，这样还能降低熔料溢出时的动能。分型面上排气槽的深度见表 3-7。

表 3-7 分型面上排气槽的深度　　　　　　　　　　　　　　　　（单位：mm）

塑料	深度 h	塑料	深度 h
聚乙烯（PE）	0.02	聚酰胺（PA）	0.01
聚丙烯（PP）	0.01~0.02	聚碳酸酯（PC）	0.01~0.03
聚苯乙烯（PS）	0.02	聚甲醛（POM）	0.01~0.03
ABS	0.03	聚烯酸共聚物	0.03

3. 利用排气塞排气

如果型腔最后充填的部位不在分型面上，其附近又无可供排气的推杆或活动型芯时，可在型腔深处镶排气塞。排气塞可用烧结金属块制成，如图 3-38c 所示。

4. 强制性排气

在气体滞留区设置排气杆或利用真空泵抽气，排气也很有效，只是会在制件上留有杆件等痕迹，因此排气杆应设置在制件内侧。

任务实施

1. 型腔数的确定

按照注射机最大注射量确定型腔数 n

$$n \leqslant \frac{Km_N - m_2}{m_1} = \frac{0.8 \times 125 - 10}{5} = 18$$

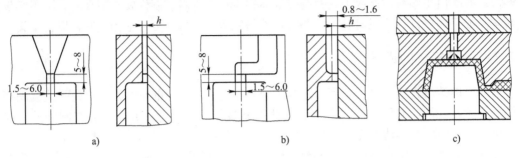

图 3-38 分型面上的排气槽

根据计算可知,取一模两腔是安全的。

2. 分型面的确定

按照分型面的选择原则,制件的最大轮廓在 $\phi 45$mm 处,所以分型面确定为 $A—A$ 面,如图 3-39 所示。

3. 浇注系统的设计

由于药瓶内盖制品简单,在确定型腔布置方式和分型面后,初步设计浇注系统采用侧浇口形式。

(1) 主流道设计 主流道采用圆形截面,以减小热能损失。根据项目 2 中的任务 2.2 可知,所选用的注射机型号为 XS-ZY-125 型,相关参数见表 2-9。

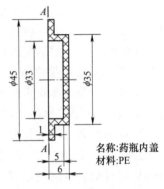

图 3-39 药瓶内盖分型面

由于喷嘴球面半径 $SR_0 = 12$mm,喷嘴孔直径 $d_0 = 4$mm。根据模具主流道与喷嘴的尺寸关系,主流道 $SR = SR_0 + (1 \sim 2)$mm,$d = d_0 + (0.5 \sim 1)$mm,取主流道入口处球面半径 $SR = 13$mm,主流道入口处直径 $d = 5$mm。

为方便凝料的脱模,主流道采用圆锥形,取斜度 $\alpha = 3°$,表面粗糙度 Ra 值取 $0.4\mu m$、长度 L 待定。

(2) 分流道设计 分流道的形状、尺寸与塑料制品的体积、壁厚、制品形状复杂程度、注射参数等因素有关。考虑到热能损失和压力损失最小,加工方便,分流道采用半圆形截面形状,并且布置在定模一侧,表面粗糙度 Ra 值取 $0.8\mu m$。

(3) 冷料穴设计 由于药瓶内盖制品采用一模两腔的形式,主流道末端采用 Z 字形拉料杆结构,如图 3-40 所示,长度和直径取为 5mm。

(4) 浇口设计 浇口采用侧浇口形式,如图 3-40 所示,表面粗糙度 Ra 值取 $0.4\mu m$,在试模过程中再加以调整。

4. 排气系统和引气系统的设计

由于药瓶内盖尺寸较小,排气量不大,并且计划设计成型零件采用组合式结构,脱模时制品的圆角在离开凸模、凹模时会形成间隙,在成型和脱模时可以利用零件之间的间隙排气和引气,因此在模具结构中可以省略排气系统和引气系统。

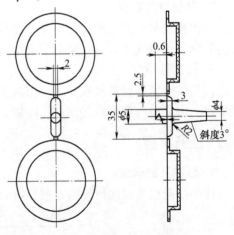

图 3-40 药瓶内盖注件图

巩固提高

定子铁心绝缘套浇注系统设计

1. 确定型腔数

由于该定子铁心绝缘套制件形状较复杂，且壁较薄，易导致充填困难，故采用一模一腔较为适宜。

2. 确定分型面

按照分型面的选择原则，制件的最大轮廓在 $\phi100mm$ 处，所以分型面确定为图 3-41 所示的 A—A 面，按照这样的设计，模具的型腔将被迫设置在动模。

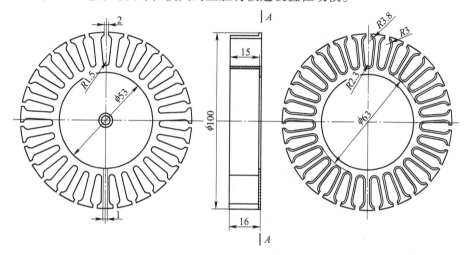

图 3-41 定子铁心绝缘套分型面

3. 浇注系统的设计

由图 3-41 可知，该定子铁心绝缘套零件沿外缘均布有 27 个槽，且壁厚仅为 0.8mm，充型阻力很大，采用单个浇口的侧浇口充型困难，因此选择变异的轮辐式浇口是最适合的。

主流道、分流道和浇口设计详见图 3-42。

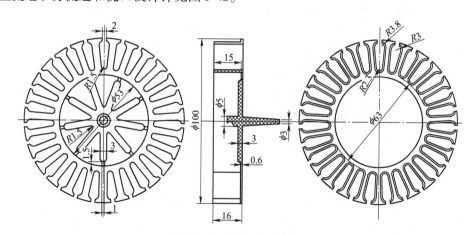

图 3-42 定子铁心绝缘套浇注系统

知识拓展

热流道浇注系统

"热流道"是指在注射成型的整个过程中,模具浇注系统内的塑料一直保持为熔融状态,即在注射、成型、开模、脱模等各个阶段,浇注系统内的塑料熔体并不冷却和固化。这种形式的模具从1940年就开始应用了,20世纪60年代初得到发展,但由于热流道形式的模具存在许多技术上的难题(如滴料、冻结、泄漏、高标准的维护保养等),使它的应用范围受到限制。随着现代科学技术的发展,利用烧结金属块排气(图3-38c)新的设计原理和模具制造方法,以及有效的工艺控制,已经在一定程度上克服了这些缺陷,现今的热流道模具效率高,故障少,是注射模的发展方向之一。

1. 塑料品种对热流道浇注系统的适应性

当利用热流道浇注系统成型制件时,要求塑料的性能具有较强的适应性。

1)热稳定性好。塑料的熔融温度范围宽,黏度变化小,对温度变化不敏感,在较低的温度下具有良好的流动性,并在高温下也不易受热分解和裂化。

2)对压力敏感。塑料的黏度或流动性对压力变化敏感,且在低压下也具有良好的流动性。

3)固化温度和热变形温度高。制件在温度较高的状态下即可取出,既可缩短成型周期,防止浇口固化,也可减轻制件因接触模具高温部位而发生的起皱变形现象。

4)比热容小。既能快速冷凝,又能快速熔融。

从原理上讲,只要设计合理,几乎所有热塑性塑料都可以采用热流道浇注系统成型,目前应用较多的是聚乙烯、聚丙烯、聚苯乙烯等。

2. 绝热流道

绝热流道是利用塑料比金属导热差的特性,将流道的截面尺寸设计得较大,让靠近流道表壁的塑料熔体因温度较低而迅速冷凝成一个固化层,这一固化层对流道中部的熔融塑料产生绝热作用。

(1)井式喷嘴 井式喷嘴又称为绝热主流道,是结构最简单的绝热式流道,如图3-43所示,适用于单型腔注射模。这种形式的绝热流道是在注射机和模具入口之间装设一个主流

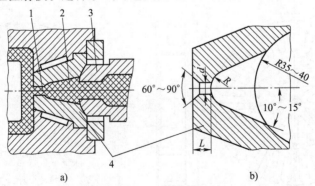

图 3-43 井式喷嘴
1—点浇口 2—储料井 3—井式喷嘴 4—主流道杯

道杯，杯外侧采用空气隔热，杯内开有一个截面较大的锥形储料井（容积约取制件体积的 1/4~1/3），与井壁接触的熔体对中心流动的熔体形成一个绝热层，使得中心部位的熔体保持良好的流动状态而进入型腔。主要适用于成型周期较短的制件（每分钟的注射次数不少于3次）。井式喷嘴的一般形式及推荐使用的尺寸如图3-43b所示；改进型井式喷嘴如图3-44所示。图3-44a是一种浮动式井式喷嘴，图3-44b是一种主流道杯上带有空气间隙的井式喷嘴结构，空气间隙在主流道杯和模具之间起绝热层作用，可以减小储料井内塑料向外散发的热量，同时喷嘴伸入主流道杯的长度有所增大，也可增加喷嘴向主流道杯传导的热量；图3-44c是一种增大喷嘴对储料井传热面积的井式喷嘴结构，可以防止储料井内和浇口附近的塑料固化，停机后，可使主流道杯内凝料随喷嘴一起拉出，便于清理流道。

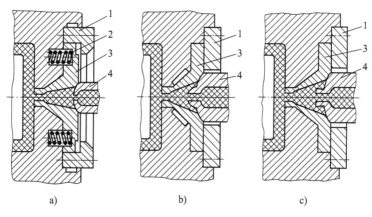

图3-44 改进型井式喷嘴
1—定位圈 2—弹簧 3—主流道杯 4—井式喷嘴

（2）**多型腔绝热流道** 多型腔绝热流道又称为绝热分流道，有直浇口式和点浇口式两种类型，如图3-45所示。这类流道的周围有一固化绝热层，为使流道能对其内部的塑料熔体起到绝热作用，其截面尺寸都取得相当大并多采用圆形截面，分流道直径取16~32mm，最大可达75mm。为了加工分流道，模具中一般增设一块分流道板（图3-45中的件4），同时在其上面开凹槽，以减小分流道对模板的传热。

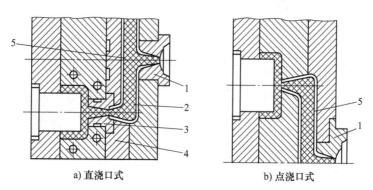

a) 直浇口式   b) 点浇口式

图3-45 多型腔绝热流道示意图
1—浇口套 2—分流道 3—二级喷嘴 4—分流道板 5—固化绝热层

3. 加热流道

加热流道是指在流道内或流道附近设置加热器，利用加热的方法使注射机喷嘴到浇口之间的浇注系统处于高温状态，从而使浇注系统内的塑料在生产过程中一直保持熔融状态。

(1) 延伸喷嘴 延伸喷嘴是一种最简单的加热流道，它是将普通喷嘴加长以后与模具上的浇口部位直接接触的一种特别喷嘴，其自身也可安装加热器，以便补偿喷嘴延长之后的热量散失，或在特殊要求下使其温度高于料筒温度。延伸喷嘴只适于单腔模具结构，每次注射完毕后，可使喷嘴稍稍离开模具，以尽量减少喷嘴向模具传导热量。图 3-46 所示为头部是球状的通用式延伸喷嘴。喷嘴的球面与模具留有不大的间隙，在第一次注射时，此间隙即为塑料所充满而起绝热作用。间隙最薄处在浇口附近，厚度约 0.5mm，若太厚，则浇口容易凝固。浇口以外的绝热间隙以不超过 1.5mm 为宜。浇口的直径一般为 0.75~1.2mm。与井式喷嘴相比，浇口不易堵塞，应用范围较广。

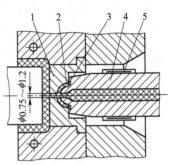

图 3-46 通用式延伸喷嘴
1—浇口套 2—塑料绝热层
3—聚四氟乙烯垫片
4—延伸喷嘴 5—加热圈

(2) 半绝热流道 半绝热流道是介于绝热流道和加热流道之间的一种流道形式。如果设计合理，可将注射间歇时间延长到 2~3min。常用的有带加热探针和加热器的半绝热流道两种。图 3-47 所示为带加热探针的半绝热流道示意图，在浇口始端和分流道之间加设加热探针，该探针一直延伸到浇口中心，这样可以有效地将浇口附近的塑料加热，保证浇口在较长的注射间歇时间内不发生冻结固化。加热探针可用导热性良好的铍青铜制造，其内部的加热元件可用变压器控制。

(3) 多型腔热流道 这类模具的结构形式很多，大概可归纳为外加热式和内加热式两大类。

外加热式多型腔热流道注射模有一个共同的特点，即模内必须设有一块可用加热器加热的热流道板，如图 3-48 所示。主流道和分流道的截面最好均采用圆形，直径取 5~15mm；分流道内壁应光滑，转折处采用圆滑过渡，分流道端孔需采用比孔径粗的细牙螺纹管塞和铜

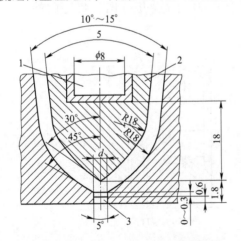

图 3-47 半绝热流道（加热探针）
1—加热元件 2—加热探针 3—浇口部分

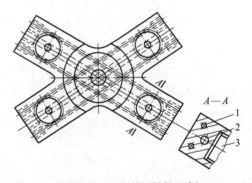

图 3-48 热流道板结构示例
1—加热器孔 2—分流道 3—二级喷嘴安装孔

制密封垫圈（或聚四氟乙烯密封垫圈）堵住，以免塑料熔体泄漏。热流道板利用绝热材料（石棉水泥板等）或利用空气间隙与模具其余部分隔热。其浇口形式也有主流道型浇口和点浇口两种，最常用的是点浇口，如图3-49所示。

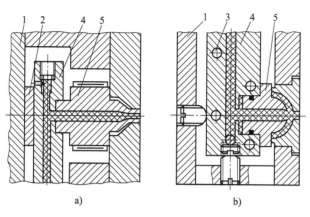

图3-49　多型腔热流道示例

1—定模座板　2—垫块　3—加热器　4—热流道板　5—二级喷嘴

内加热式多型腔热流道注射模的共同特点是，除了在热流道喷嘴和浇口部分设置内加热器之外，整个浇注系统虽然也采用热流道板，但所有的流道均采用内加热方式。由于加热器安装在流道中央部位，流道中的塑料熔体可以阻止加热器直接向热流道板或模具本身散热，所以能大幅度降低加热能量损失，并相应提高加热效率。

（4）二级喷嘴　采用导热性优良的铍青铜或具有类似导热性能的其他合金制造二级喷嘴，是为了缩小热流道板与浇口之间的温差，以尽量使整个浇注系统保持温度一致，同时可以防止浇口在注射间隔冻结固化，如图3-50及图3-51所示。

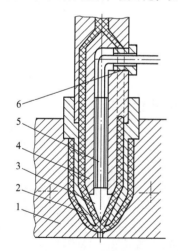

图3-50　带有加热器的热流道二级喷嘴

1—定模板　2—二级喷嘴　3—锥形头　4—锥形体
5—加热器　6—电源引线接头

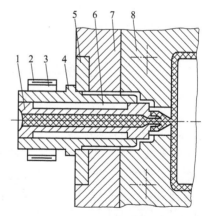

图3-51　热管加热的热流道二级喷嘴（主流道衬套）

1—热管内管　2—外加热圈　3—传热铝套　4—热管外壳
5—定位环　6—传热介质　7—定模座板　8—定模板

（5）阀式浇口热流道　使用热流道注射模成型黏度很低的塑料时，为了避免产生流涎和拉丝现象，可采用阀式浇口，如图 3-52 所示。阀式浇口的工作原理为：在注射和保压阶段，浇口处的针阀 9 开启，塑料熔体通过二级喷嘴和针阀进入型腔；保压结束后，针阀关闭，型腔内的塑料不能倒流，二级喷嘴内的塑料也不能流涎。

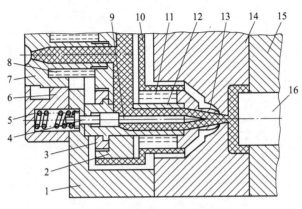

图 3-52　弹簧阀式浇口热流道

1—定模座板　2—热流道板　3—热流道喷嘴压环　4—活塞杆　5—压簧
6—定位圈　7—浇口套　8、11—加热器　9—针阀　10—隔热层
12—热流道喷嘴体　13—热流道喷嘴头　14—定模板　15—推件板　16—型芯

热流道注射模原理仿真

热流道注射模拆卸

热流道注射模装配

思考题

1. 分型面有哪些基本形式？选择分型面的基本原则有哪些？
2. 在设计浇口套时，应注意哪些尺寸的选用？浇口套与定模座板、定模板和定位圈的配合精度分别如何选取？
3. 分别绘出轮辐式浇口内侧进料和端面进料的两种形式，并标注出浇口的典型尺寸。
4. 简述主分型面和辅助分型面的作用。
5. 普通流道浇注系统设计时应遵循哪些基本原则？
6. 简述冷料穴的作用及常用形式。

任务 3.3　注射模成型零件设计

【学习目标】

1. 掌握凹模、型芯的各种形式、结构特点、使用场合、装配要求和选择要求。
2. 掌握成型零件工作尺寸的计算与公差标注。
3. 通过成型零件的设计培养精益求精的学习态度。

任务引入

直接与塑料制品接触，并决定制件形状和尺寸精度的零件，称为成型零件，通常包括凹模、型芯、螺纹型芯、螺纹型环等。由于成型零件直接与高温高压下的塑料接触，它的质量直接影响塑料制品的质量，因此要求具有足够的强度、硬度和刚度，并且耐高温、耐交变应力。为保证塑料制品的精度，成型零件必须有足够的尺寸精度和表面粗糙度。另外，在进行成型零件的结构设计时，除满足塑料制品质量要求外，还必须考虑塑料制品的生产批量的影响、模具零件的加工性及模具的制造成本。

任务内容：对图 1-1 所示的药瓶内盖注射模进行成型零件的结构设计。

相关知识

设计成型零件时，首先应根据塑料的特性和制件的结构及使用要求，确定型腔的总体结构，选择分型面和浇口位置，确定脱模方式、排气部位等，然后根据成型零件的加工、热处理、装配等要求进行成型零件结构设计，计算成型零件的工作尺寸，并对关键的成型零件进行强度和刚度校核。

3.3.1 成型零件的结构设计

1. 凹模

凹模是成型制件外表面的主要零件，按其结构不同，可分为整体式和组合式两类。

(1) 整体式凹模 整体式凹模由整块材料加工而成，如图 3-53a 所示。

整体式凹模的特点是牢固，在使用中不易发生变形，不会使制件产生拼接痕。但由于加工困难，热处理不方便，整体式凹模常用在形状简单的中、小型模具上。

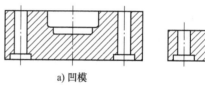

a) 凹模　　　　　　b) 型芯

图 3-53　整体式凹模、型芯结构形式

(2) 组合式凹模 组合式凹模是指凹模由两个或两个以上零件组合而成。按组合方式的不同，可分为整体嵌入式、局部镶嵌式、底部镶拼式、侧壁镶拼式和四壁拼合式等形式。

1) 整体嵌入式凹模。小型制件用多型腔模具成型时，各单个凹模采用机械加工、冷挤压、电加工等方法加工制成，然后压入模板中，这种结构加工效率高，装拆方便，可以保证各个型腔的形状、尺寸一致。凹模与模板的装配及配合如图 3-54 所示。图 3-54a~c 称为通孔凸肩式，凹模带有凸肩，从下面嵌入凹模固定板，再用垫板、螺钉紧固。如果凹模镶件是回转体，而型腔是非回转体，则需要用销或键止转定位。图 3-54b 是销定位，结构简单，装拆方便；图 3-54c 是键定位，接触面大，止转可靠。图 3-54d 是通孔无台肩式，凹模嵌入固定板内，用螺钉与垫板固定。图 3-54e 是非通的固定形式，凹模嵌入固定板后直接用螺钉固定在固定板上，为了不影响装配精度，使固定板内部的气体充分排除及装拆方便，常常在固

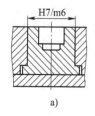 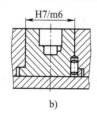 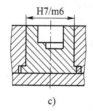 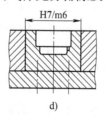 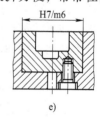

a)　　　　　　b)　　　　　　c)　　　　　　d)　　　　　　e)

图 3-54　整体嵌入式凹模

定板下部设计有工艺通孔,这种结构可省去垫板。

2) 局部镶嵌式凹模。对于凹模的某些部位,为了加工方便,或对特别容易磨损、需要经常更换的,可将该局部做成镶件,再嵌入凹模,如图3-55a~e所示。

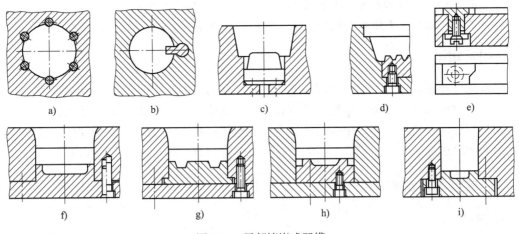

图3-55 局部镶嵌式凹模

3) 底部镶拼式凹模。为了便于机械加工、研磨、抛光和热处理,形状复杂的型腔底部可以设计成镶拼式,参见图3-55。

4) 侧壁镶拼式凹模。侧壁镶拼结构如图3-56所示。这种结构一般很少采用,因为在成型时,熔融塑料的成型压力会使螺钉和销产生变形,从而达不到产品的要求。图3-56a中,螺钉在成型时将受到拉伸;图3-56b中,螺钉和销在成型时将受到剪切。

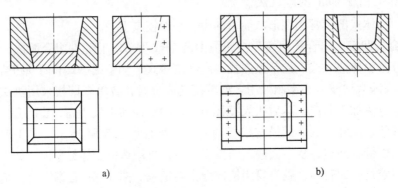

图3-56 侧壁镶拼式凹模

5) 多件镶拼式凹模。凹模也可以采用多镶块组合式结构。根据型腔的具体情况,在难以加工的部位分开,把复杂的型腔内表面加工转化为镶拼块的外表面加工,而且容易保证精度,如图3-57所示。

6) 四壁拼合式凹模。对于大型和形状复杂的凹模,可将四壁和底板单独加工后镶入模板中,再用垫板、螺钉紧固,如图3-58

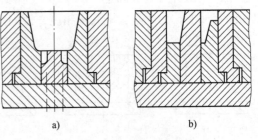

图3-57 多件镶拼式凹模

所示。在图 3-58b 所示结构中，为了保证装配的准确性，侧壁之间采用扣锁连接，连接处外壁应留有 0.3~0.4mm 间隙，以使内侧接缝紧密，减少塑料挤入。

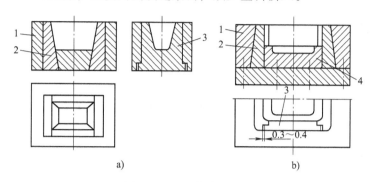

图 3-58　四壁拼合式凹模
1—模套　2、3—侧拼块　4—底拼块

综上所述，采用组合式凹模，简化了复杂凹模的加工工艺，减少了热处理变形，拼合处有间隙利于排气，便于模具维修，节省了贵重的模具钢。为了保证组合式型腔的尺寸精度和装配牢固，减少制件上的镶拼痕迹，对镶件的尺寸、几何公差要求较高，组合结构必须牢靠，镶件的机械加工工艺性要好。因此，选择合理的组合镶拼结构是非常重要的。

2. 凸模和型芯

凸模和型芯均是成型制件内表面的零件。凸模一般是指成型制件中较大的、主要内形的零件，又称为主型芯；型芯一般是指成型制件上较小孔槽的零件。

（1）主型芯的结构　主型芯按结构可分为整体式和组合式两种，如图 3-59 所示。图 3-59a 为整体式，结构牢固，但不便加工，消耗的模具钢多，主要用于工艺试验模或小型模具上的形状简单的型芯。在一般的模具中，型芯常采用图 3-59b~d 所示的结构。这种结构是将型芯单独加工，再镶入模板中。图 3-59b 为通孔凸肩式，凸模用台肩和模板连接，再用垫板、螺钉紧固，连接牢固，是最常用的方法。对于固定部分是圆柱面而型芯有方向性的场合，可采用销或键止转定位；图 3-59c 为通孔无台肩式；图 3-59d 为不通孔的结构。

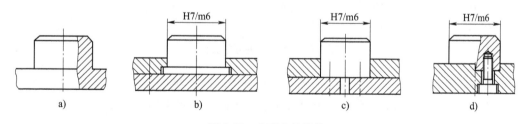

图 3-59　主型芯的结构

为了便于加工，形状复杂的型芯往往采用镶拼组合式结构，如图 3-60 所示。

组合式型芯的优缺点和组合式凹模的基本相同。设计和制造这类型芯时，必须注意结构合理，应保证型芯和镶件的强度，防止热处理时变形，同时应避免尖角与薄壁。图 3-61a 中的两个小型芯靠得太近，热处理时薄壁部位易开裂，可采用图 3-61b 中的结构，将大的型芯制成整体式，再镶入小的型芯。

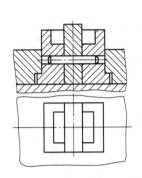
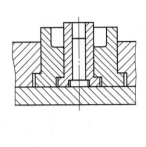

图 3-60 镶拼组合式型芯

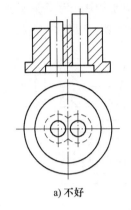
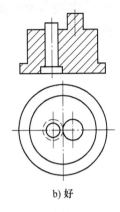

图 3-61 相近型芯的组合结构

在设计型芯结构时，应注意塑料的溢料飞边不应影响脱模取件。图 3-62a 中，溢料飞边的方向与制件脱模方向相垂直，影响制件的取出；而图 3-62b 中，溢料飞边的方向与脱模方向一致，便于脱模。

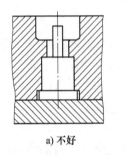
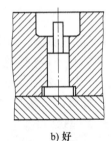

图 3-62 溢料飞边对脱模的影响

(2) 小型芯的结构 小型芯用于成型制件上的小孔或槽。小型芯单独制造，再嵌入模板中。图 3-63 为小型芯常用的几种固定方法。图 3-63a 是用台肩固定的形式，下面用垫板压紧；如固定板太厚，可在固定板上减少配合长度，如图 3-63b 所示；图 3-63c 是型芯细小而固定板太厚的形式，型芯镶入后，在下端用圆柱垫垫平；图 3-63d 是用于固定板厚而无垫板的场合，在型芯的下端用螺塞紧固；图 3-63e 是型芯镶入后在另一端采用铆接固定的形式。

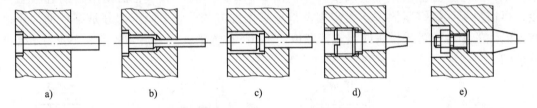

图 3-63 小型芯的固定方法

对于异形型芯，为了制造方便，常将型芯设计成两段，型芯的连接固定段制成圆形，用凸肩和模板连接，如图 3-64a 所示；也可以用螺钉紧固，如图 3-64b 所示。

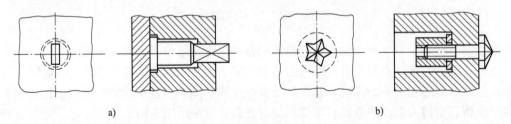

图 3-64 异形型芯的固定

多个互相靠近的小型芯，用凸肩固定时，如果凸肩发生重叠干涉，可将凸肩相碰的一面磨去，将型芯固定板的台阶孔加工成大圆台阶孔或长腰圆形台阶孔，然后再将型芯镶入，如图 3-65 所示。

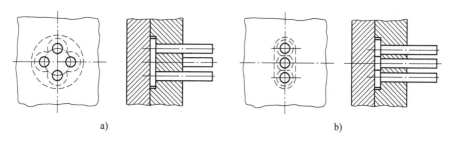

图 3-65　多个互相靠近型芯的固定

3. 螺纹型芯和螺纹型环的结构设计

螺纹型芯和螺纹型环是分别用来成型制件上内螺纹和外螺纹的活动镶件。另外，螺纹型芯和螺纹型环还可以用来固定带螺孔和螺杆的嵌件。成型后，螺纹型芯和螺纹型环的脱卸方法有两种，一种是模内自动脱卸，另一种是模外手动脱卸。这里仅介绍模外手动脱卸的螺纹型芯和螺纹型环的结构及固定方法。

（1）螺纹型芯的结构　螺纹型芯按用途分为直接成型制件螺孔和固定螺母嵌件两种。两种螺纹型芯在结构上没有原则上的区别。用来成型制件螺孔的螺纹型芯，在设计时必须考虑塑料收缩率，表面粗糙度值要小（$Ra<0.4\mu m$），螺纹始端和末端按塑料螺纹结构要求设计，以防止从制件上拧下时拉毛塑料螺纹；固定螺母嵌件的螺纹型芯则不必考虑收缩率，按普通螺纹制造即可。

螺纹型芯安装在模具中，成型时要可靠定位，不能因合模振动或料流冲击而移动；开模时，能与制件一道取出并便于装卸。螺纹型芯在模具中的安装形式如图 3-66 所示。图 3-66a~c 是成型内螺纹的螺纹型芯；图 3-66d~f 是安装螺纹嵌件的螺纹型芯。图 3-66a 是利用锥面定位和支承的形式；图 3-66b 是用大圆柱面定位和台阶支承的形式；图 3-66c 是用圆柱面定位和垫板支承的形式；图 3-66d 是利用嵌件与模具的接触面起支承作用，以

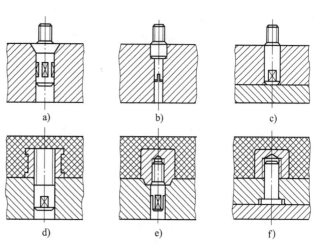

图 3-66　螺纹型芯的安装形式

防止型芯受压下沉；图 3-66e 是将嵌件下端镶入模板中，以增加嵌件的稳定性，并防止塑料挤入嵌件螺孔中；图 3-66f 是将小直径的螺纹嵌件直接插入固定在模具上的光杆型芯上，因螺纹牙沟槽很细小，塑料仅能挤入一小段，并不妨碍使用，这样可省去模外脱卸螺纹的操作。

螺纹型芯的非成型端应制成方形或将相对两边磨成两个平面，以便在模外用工具将其旋下。

图 3-67 所示是固定在立式注射机上模或卧式注射机动模部分的螺纹型芯结构及固定方法。由于合模时冲击振动较大，螺纹型芯插入时应有弹性连接装置，以免造成型芯脱落或移动，导致制件报废或模具损伤。图 3-67a 是带豁口柄的结构，豁口柄的弹力将型芯支撑在模具内，适用于直径小于 8mm 的型芯；图 3-67b 是用台阶起定位作用，并能防止成型螺纹时挤入塑料；图 3-67c、d 是用弹簧钢丝定位，常用于直径为 5~10mm 的型芯；当螺纹型芯直径大于 10mm 时，可采用图 3-67e 的结构，用钢球弹簧固定，当螺纹型芯直径大于 15mm 时，则可反过来将钢球和弹簧装置在型芯杆内；图 3-67f 是利用弹簧卡圈固定型芯；图 3-67g 是用弹簧夹头固定型芯。

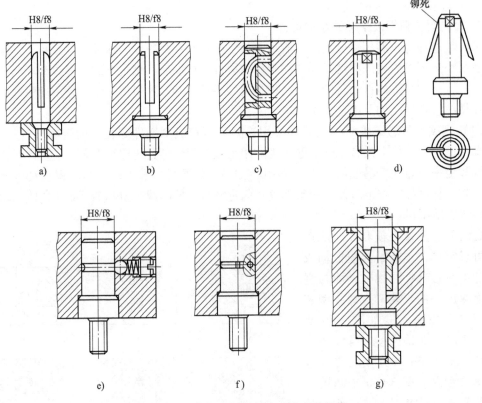

图 3-67 带弹性连接的螺纹型芯安装形式

螺纹型芯与模板内安装孔的配合采用 H8/f8。

（2）螺纹型环的结构 螺纹型环常见的结构如图 3-68 所示。图 3-68a 是整体式的螺纹型环，型环与模板的配合采用 H8/f8，配合段长 3~5mm，为了安装方便，配合段以外制出 3°~5°的斜度，型环下端可铣成方形，以便用扳手从制件上拧下；图 3-68b 是组合式型环，型环由两半瓣拼合而成，两半瓣中间用导向销定位。成型后用尖劈状卸模器楔入型环两边的楔形槽内，使螺纹型环分开。组合式型环卸螺纹快而省力，但在成型的塑料外螺纹上会留下难以修整的拼合痕迹，因此，这种结构只适用于精度要求不高的粗牙螺纹的成型。

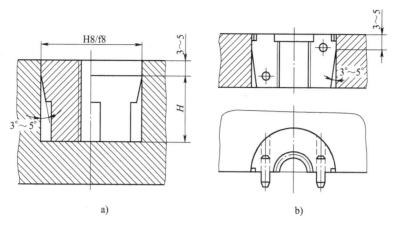

图 3-68 螺纹型环的结构

3.3.2 成型零件工作尺寸的计算

成型零件的工作尺寸是指成型零件上直接用来构成制件的尺寸,主要有凹模和型芯的径向尺寸(包括矩形和异形零件的长和宽),凹模的深度尺寸和型芯的高度尺寸,型芯和型芯之间的位置尺寸等。任何塑料制品都有一定的几何形状和尺寸的要求,如在使用中有配合要求的尺寸,则精度要求较高。在模具设计时,应根据制件的尺寸及精度等级确定模具成型零件的工作尺寸及精度。影响制件尺寸精度的因素相当复杂,这些影响因素应作为确定成型零件工作尺寸的依据。

1. 影响制件尺寸精度的主要因素

(1) 制件收缩率的影响 制件成型后的收缩率与塑料的品种,制件的形状、尺寸、壁厚,模具的结构,成型的工艺条件等因素有关。在模具设计时,确定准确的收缩率是很困难的,因为所选取的计算收缩率和实际收缩率有差异。在生产制件时由于工艺条件、塑料批号发生变化也会造成制件收缩率的波动。收缩率的偏差和波动,都会引起制件尺寸误差,其尺寸变化值为

$$\delta_s = (S_{max} - S_{min})L_s \tag{3-13}$$

式中 δ_s——塑料收缩率波动所引起的制件尺寸误差;

S_{max}——塑料的最大收缩率;

S_{min}——塑料的最小收缩率;

L_s——制件的基本尺寸。

按照一般的要求,塑料收缩率波动所引起的误差应小于制件公差的1/3。

(2) 模具成型零件的制造误差 模具成型零件的制造精度是影响制件尺寸精度的重要因素之一。成型零件加工精度越低,成型制件的尺寸精度也越低。实践表明,成型零件的制造公差约占制件总公差的1/3~1/4,因此在确定成型零件工作尺寸公差值时可取制件公差的1/3~1/4,或取IT7~IT8作为模具制造公差。

组合式凹模或型芯的制造公差应根据尺寸链来确定。

(3) 模具成型零件的磨损 模具在使用过程中,由于塑料熔体流动的冲刷、脱模时与

制件的摩擦、成型过程中可能产生的腐蚀性气体的锈蚀，以及由于上述原因造成的成型零件表面粗糙度值增大而重新打磨抛光等，均可造成成型零件尺寸的变化，这种变化称为成型零件的磨损，磨损的结果是凹模尺寸变大，型芯尺寸变小。磨损大小还与塑料的品种和模具材料及热处理有关。上述诸因素中，脱模时制件对成型零件的摩擦磨损是主要的，为简化计算，凡与脱模方向垂直的成型零件表面，可以不考虑磨损；与脱模方向平行的成型零件表面，应考虑磨损。

计算成型零件工作尺寸时，磨损量应根据制件的产量、塑料品种、模具材料等因素来确定。对于生产批量小的制件，磨损量取小值，甚至可以不考虑磨损量；玻璃纤维等增强塑料对成型零件磨损严重，磨损量可取大值；摩擦系数较小的热塑性塑料对成型零件磨损小，磨损量可取小值；模具材料耐磨性好，表面进行镀铬、渗氮处理的，磨损量可取小值。对于中小型制件，最大磨损量可取制件公差的1/6；对于大型制件，应取1/6以下。

（4）模具安装配合的误差 模具成型零件的装配误差及在成型过程中成型零件配合间隙的变化，都会引起制件尺寸的变化。例如，由于成型压力使模具分型面有胀开的趋势，同时由于分型面上的残渣或模板加工平面度的影响，动、定模分型面上有一定的间隙，对制件高度方向的尺寸有影响；活动型芯与模板配合间隙过大时，将影响制件上孔的位置精度。

综上所述，制件在成型过程中产生的累积尺寸误差应该是上述各种误差的总和，即

$$\delta = \delta_z + \delta_c + \delta_s + \delta_j + \delta_a \tag{3-14}$$

式中　δ——制件的累积尺寸误差；

　　　δ_z——模具成型零件制造误差；

　　　δ_c——模具成型零件在使用中的最大磨损量；

　　　δ_s——塑料收缩率波动所引起的制件尺寸误差；

　　　δ_j——模具成型零件因配合间隙变化而引起的制件尺寸误差；

　　　δ_a——因安装固定成型零件而引起的制件尺寸误差。

由于影响因素多，累积误差较大，因此制件的尺寸精度往往较低。设计制件时，尺寸精度的选择不仅要考虑制件的使用和装配要求，而且要考虑制件在成型过程中可能产生的误差，使制件规定的公差值大于或等于以上各项因素所引起的累积误差，即在设计时，应考虑使以上各项因素所引起的累积误差不超过制件规定的公差值Δ，即

$$\delta \leq \Delta \tag{3-15}$$

在一般情况下，收缩率的波动、模具制造公差和成型零件的磨损是影响制件尺寸精度的主要原因。而且并不是制件的任何尺寸都与以上几个因素有关，例如用整体式凹模成型制件时，其径向尺寸只受δ_z、δ_c、δ_s的影响，而高度尺寸则受δ_s、δ_z、δ_j的影响。另外，所有的误差同时偏向最大值或同时偏向最小值的可能性是非常小的。

从式（3-13）可以看出，收缩率的波动引起的制件尺寸误差随制件尺寸的增大而增大，因此，生产大型制件时，因收缩率波动对制件尺寸误差的影响较大，若单靠提高模具制造精度来提高制件精度是困难和不经济的，应稳定成型工艺条件和选择收缩率波动较小的塑料。生产小型制件时，模具制造误差和成型零件的磨损，是影响制件尺寸精度的主要因素，因此，应提高模具精度和减少磨损。

计算模具成型零件工作尺寸最基本的公式为

$$a = b + bS \tag{3-16}$$

式中　a——模具成型零件在常温下的实际尺寸；
　　　b——制件在常温下的实际尺寸；
　　　S——塑料的计算收缩率。

以上是仅考虑塑料收缩率时计算模具成型零件工作尺寸的公式。若考虑其他因素时，则模具成型零件工作尺寸的计算公式就有不同形式。现介绍一种常用的按平均收缩率、平均磨损量和模具平均制造公差为基准的计算方法。已知塑料的最大收缩率 S_{max} 和最小收缩率 S_{min}，该塑料的平均收缩率 S 为

$$S = \frac{S_{max} + S_{min}}{2} \times 100\% \tag{3-17}$$

式中　S——塑料的平均收缩率；
　　　S_{max}——塑料的最大收缩率；
　　　S_{min}——塑料的最小收缩率。

在以下的计算中，塑料的收缩率均为平均收缩率。并统一规定：制件外形最大尺寸为基本尺寸，偏差为负值，与之相对应的模具型腔最小尺寸为基本尺寸，偏差为正值；制件内形最小尺寸为基本尺寸，偏差为正值，与之相对应的模具型芯最大尺寸为基本尺寸，偏差为负值；中心距偏差为双向对称分布。模具成型零件工作尺寸与制件尺寸的关系如图3-69所示。

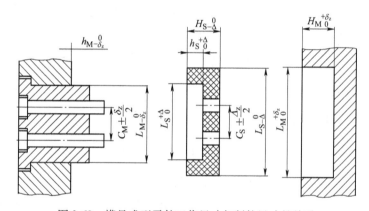

图3-69　模具成型零件工作尺寸与制件尺寸的关系

2. 型腔和型芯工作尺寸的计算

（1）型腔和型芯的径向尺寸

1) 型腔径向尺寸。制件的基本尺寸 L_S 是最大尺寸，其公差 Δ 为负偏差。

如果制件上原有的公差标注与此不符，应按此规定转换为单向负偏差。因此，制件的平均径向尺寸为 $L_S - \Delta/2$。模具型腔的基本尺寸 L_M 是最小尺寸，公差值为正偏差，型腔的平均尺寸则为 $L_M + \delta_z/2$，则得型腔径向尺寸为

$$L_{M\ 0}^{+\delta_z} = \left[(1+S)L_S - x\Delta \right]_{0}^{+\delta_z} \tag{3-18}$$

2) 型芯径向尺寸。制件孔的径向基本尺寸 L_S 是最小尺寸，其公差 Δ 为正偏差，型芯的基本尺寸 L_M 是最大尺寸，制造公差为负偏差，经过与上面型腔径向尺寸相类似的推导，可得

$$L_{M\ -\delta_z}^{\ 0} = \left[(1+S)L_S + x\Delta \right]_{-\delta_z}^{0} \tag{3-19}$$

式中，修正系数 $x=1/2\sim3/4$，对于大尺寸制件且精度较低时，x 取小值；对于中、小型制件且精度较高时，x 取大值。模具制造公差 δ_z 取 $\Delta/3$。

带有嵌件的制件，其收缩率较实体制件收缩率小，在计算收缩值时，应将上式中含有收缩值的制件尺寸改为制件外形尺寸减去嵌件部分的尺寸。

为了制件脱模方便，型腔或型芯的侧壁都应设计有脱模斜度，当脱模斜度值不包括在制件公差范围内时，制件外形的尺寸只保证大端，制件内腔的尺寸只保证小端。这时计算型腔尺寸时以大端尺寸为基准，另一端按脱模斜度相应减小；计算型芯尺寸时以小端尺寸为基准，另一端按脱模斜度相应增大，这样便于修模时有余量。如果制件使用要求正好相反，应在图样上注明。

(2) 型腔深度尺寸和型芯高度尺寸 在型腔深度和型芯高度尺寸计算中，由于型腔的底面或型芯的端面磨损很小，可不考虑磨损量，由此可以推出

$$H_M{}^{+\delta_z}_{\ 0} = [(1+S)H_S - x\Delta]^{+\delta_z}_{\ 0} \tag{3-20}$$

$$h_M{}^{\ 0}_{-\delta_z} = [(1+S)h_S + x\Delta]^{\ 0}_{-\delta_z} \tag{3-21}$$

式中，修正系数 $x=1/2\sim2/3$，由于型腔的底面或型芯的端面磨损很小，当制件尺寸大、精度要求低时取小值；对于中、小型制件，取大值。

(3) 中心距尺寸 制件上凸台之间、凹槽之间或凸台与凹槽的中心线之间的距离称为中心距，该类尺寸属于定位尺寸。由于模具上的中心距公差和制件中心距公差都是双向等值公差，同时磨损的结果不会使中心距尺寸发生变化，在计算中心距尺寸时不必考虑磨损量。因此，制件中心距的基本尺寸 C_S 和模具上成型零件中心距的基本尺寸 C_M 均为平均尺寸，即

$$C_M = (1+S)C_S \tag{3-22}$$

标注制造公差后得

$$C_M \pm \frac{\delta_z}{2} = (1+S)C_S \pm \frac{\delta_z}{2} \tag{3-23}$$

模具上的中心距是由成型孔或安装型芯的孔的中心距所决定的。用坐标镗床加工孔时，孔轴线的位置尺寸偏差取决于机床的精度，一般不会超过 $\pm(0.015\sim0.02)\,\text{mm}$；用普通方法加工孔时，孔间距大，则加工误差也大。如活动型芯与模板孔为间隙配合，配合间隙会使型芯中心距尺寸产生波动而影响制件中心距尺寸。制件中心距的误差值最大为 δ_j，则型芯中心距偏差最大为 $0.58\delta_j$。这时，应使 δ_z 和 δ_j 的积累误差小于制件中心距所要求的公差范围。

按平均收缩率、平均制造公差和平均磨损量计算型腔和型芯的尺寸有一定的误差，这是因为在上述公式中 δ_z、δ_j 和 Δ 前的系数的取值多凭经验确定。为保证制件实际尺寸在规定的公差范围内，尤其对于尺寸较大且收缩率波动范围较大的制件，需要对成型尺寸进行校核，校核合格的条件是，制件成型公差应小于制件尺寸公差。

型腔或型芯的径向尺寸 $(S_{max}-S_{min})L_S(\text{或}\,L_S) + \delta_z + \delta_c < \Delta$ (3-24)

型腔深度或型芯高度尺寸 $(S_{max}-S_{min})H_S(\text{或}\,h_S) + \delta_z < \Delta$ (3-25)

制件的中心距尺寸 $(S_{max}-S_{min})C_S < \Delta$ (3-26)

式中的符号意义同前。

校核后，左边的值与右边的值相比越小，所设计的成型零件尺寸越可靠。否则应提高模具制造精度，降低许用磨损量，特别是选用收缩率波动小的塑料来满足制件尺寸精度的

要求。

任务实施

1. 药瓶内盖型芯、型腔的尺寸计算

未注尺寸公差取 0.3mm，查表得 PE 塑料的收缩率为 0.02。

1) 制件 $\phi 33\text{mm}$ 处型芯的相应直径尺寸为

$$d_{M\,-\delta_z}^{\ 0} = [(1 + 0.02) \times 33 + x\Delta]_{-\Delta/3}^{\ 0}\text{mm}$$

$$= (1.02 \times 33 + 0.5 \times 0.3)_{-0.3/3}^{\ 0}\text{mm} = 33.81_{-0.1}^{\ 0}\text{mm}$$

2) 制件 $\phi 33\text{mm}$ 处型芯的相应高度尺寸为

$$h_{M\,-\delta_z}^{\ 0} = [(1 + 0.02) \times 5 + x\Delta]_{-\Delta/3}^{\ 0}\text{mm}$$

$$= (1.02 \times 5 + 0.5 \times 0.3)_{-0.3/3}^{\ 0}\text{mm} = 5.25_{-0.1}^{\ 0}\text{mm}$$

3) 制件 $\phi 35\text{mm}$ 处型腔的相应直径尺寸为

$$D_{M\ 0}^{+\delta_z} = [(1 + 0.02) \times 35 - x\Delta]_{0}^{+\Delta/3}\text{mm}$$

$$= (1.02 \times 35 - 0.5 \times 0.3)_{0}^{+0.3/3}\text{mm} = 35.55_{0}^{+0.1}\text{mm}$$

4) 制件 $\phi 45\text{mm}$ 处型腔的相应直径尺寸为

$$D_{M\ 0}^{+\delta_z} = [(1 + 0.02) \times 45 - x\Delta]_{0}^{+\Delta/3}\text{mm}$$

$$= (1.02 \times 45 - 0.5 \times 0.3)_{0}^{+0.3/3}\text{mm} = 45.75_{0}^{+0.1}\text{mm}$$

5) 制件 $\phi 45\text{mm}$ 处型腔的相应深度尺寸为

$$H_{M\ 0}^{+\delta_z} = [(1 + 0.02) \times 6 - x\Delta]_{0}^{+\Delta/3}\text{mm}$$

$$= (1.02 \times 6 - 0.5 \times 0.3)_{0}^{+0.3/3}\text{mm} = 5.97_{0}^{+0.1}\text{mm}$$

2. 成型零件结构设计

药瓶内盖注射模成型零件的结构见表 3-8。

表 3-8 药瓶内盖注射模成型零件图

名称	模具型芯	模具型腔
零件图	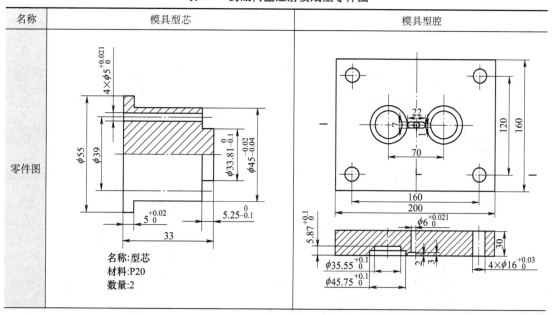	

(续)

名称	浇口套（主流道）
零件图	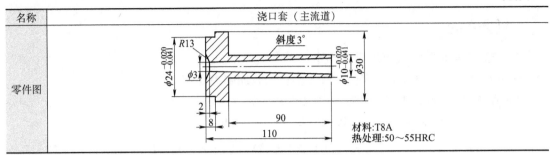

巩固提高

轴流风机机壳为 PA 塑料，结构属于框架型零件，选择轮辐式浇口，机壳注射模成型零件图见表 3-9。

表 3-9　轴流风机机壳注射模成型零件图

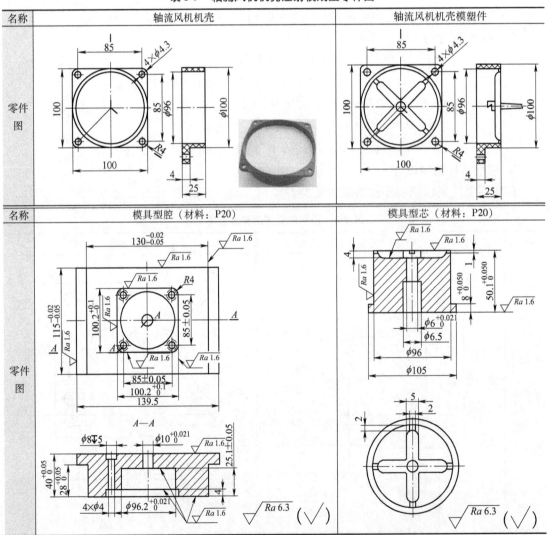

知识拓展

螺纹型环和螺纹型芯工作尺寸的计算

螺纹连接的种类很多，配合性质也各不相同，影响制件螺纹连接的因素比较复杂，目前尚无塑料螺纹的统一标准，也没有成熟的计算方法，因此要求塑料螺纹配合准确是比较难的。螺纹型环的工作尺寸属于型腔类尺寸，而螺纹型芯的工作尺寸属于型芯类尺寸。为了提高成型后制件螺纹的旋入性能，应适当缩小螺纹型环的径向尺寸和增大螺纹型芯的径向尺寸。由于螺纹中径是决定螺纹配合性质的最重要参数，它决定着螺纹的可旋入性和连接的可靠性，所以模具螺纹大、中、小径的计算中，均以制件螺纹中径公差 $\Delta_{中}$ 为依据。下面介绍普通螺纹型环和型芯工作尺寸的计算公式。

1. 螺纹型环的工作尺寸

（1）螺纹型环大径　　$D_{M大}{}^{+\delta_z}_{\ 0} = [(1+S)D_{S大} - \Delta_{中}]^{+\delta_z}_{\ 0}$　　(3-27)

（2）螺纹型环中径　　$D_{M中}{}^{+\delta_z}_{\ 0} = [(1+S)D_{S中} - \Delta_{中}]^{+\delta_z}_{\ 0}$　　(3-28)

（3）螺纹型环小径　　$D_{M小}{}^{+\delta_z}_{\ 0} = [(1+S)D_{S小} - \Delta_{中}]^{+\delta_z}_{\ 0}$　　(3-29)

式中　$D_{M大}$——螺纹型环大径；

　　　$D_{M中}$——螺纹型环中径；

　　　$D_{M小}$——螺纹型环小径；

　　　$D_{S大}$——制件外螺纹大径基本尺寸；

　　　$D_{S中}$——制件外螺纹中径基本尺寸；

　　　$D_{S小}$——制件外螺纹小径基本尺寸；

　　　S——塑料的平均收缩率；

　　　$\Delta_{中}$——塑料制品螺纹中径公差，目前我国尚无专门的塑料制品螺纹公差标准，可参照金属螺纹公差标准中精度最低者选用，其值可查 GB/T 197—2018；

　　　δ_z——螺纹型环中径制造公差，其值可取 $\Delta/5$ 或查表 3-10。

表 3-10　螺纹型环和螺纹型芯的中径制造公差　　　　　　　　（单位：mm）

螺纹类型	螺纹直径	制造公差 δ_z			螺纹直径	制造公差 δ_z		
		外径	中径	内径		外径	中径	内径
粗牙	3~12	0.03	0.02	0.03	36~45	0.05	0.04	0.05
	14~33	0.04	0.03	0.03	48~68	0.06	0.05	0.06
细牙	4~22	0.03	0.02	0.03	6~27	0.03	0.02	0.03
	24~52	0.04	0.03	0.03	30~52	0.04	0.03	0.03
	56~68	0.05	0.04	0.05	56~72	0.05	0.04	0.05

2. 螺纹型芯的工作尺寸

（1）螺纹型芯大径　　$d_{M大}{}^{\ 0}_{-\delta_z} = [(1+S)d_{S大} + \Delta_{中}]^{\ 0}_{-\delta_z}$　　(3-30)

（2）螺纹型芯中径　　$d_{M中}{}^{\ 0}_{-\delta_z} = [(1+S)d_{S中} + \Delta_{中}]^{\ 0}_{-\delta_z}$　　(3-31)

(3) 螺纹型芯小径 $\quad d_{M小}{}^{0}_{-\delta_z} = [(1+S)d_{S小} + \Delta_{中}]^{0}_{-\delta_z}$ （3-32）

式中 $d_{M大}$——螺纹型芯大径；
　　$d_{M中}$——螺纹型芯中径；
　　$d_{M小}$——螺纹型芯小径；
　　$d_{S大}$——制件内螺纹大径基本尺寸；
　　$d_{S中}$——制件内螺纹中径基本尺寸；
　　$d_{S小}$——制件内螺纹小径基本尺寸；
　　$\Delta_{中}$——制件螺纹中径公差；
　　δ_z——螺纹型芯的中径制造公差，其值取 $\Delta/5$ 或查表3-10。

在塑料螺纹成型时，由于收缩的不均匀性和收缩率的波动，使螺纹牙型和尺寸有较大的偏差，从而影响了螺纹的连接。因此，在螺纹型环径向尺寸计算公式中减去 $\Delta_{中}$，即减小了制件外螺纹的径向尺寸；在螺纹型芯径向尺寸计算公式中加上 $\Delta_{中}$，即增加了制件内螺纹的径向尺寸，通过增加螺纹径向配合间隙来补偿因收缩而引起的尺寸偏差，提高了塑料螺纹的可旋入性能。在螺纹大径和小径的计算公式中，螺纹型环或螺纹型芯都采用了中径公差 $\Delta_{中}$，制造公差都采用了中径制造公差 δ_z，其目的是提高模具制造精度，因为螺纹中径的公差值总是小于大径和小径的公差值。

3. 螺纹型环或螺纹型芯螺距尺寸

$$P_M \pm \frac{\delta_z}{2} = (P_S + P_S S) \pm \frac{\delta_z}{2} \quad (3-33)$$

式中 P_M——螺纹型环或螺纹型芯的螺距；
　　P_S——制件外螺纹或内螺纹螺距的基本尺寸；
　　δ_z——螺纹型环或螺纹型芯的螺距制造公差，可查表3-11。

表3-11 螺纹型环和螺纹型芯的螺距制造公差　　（单位：mm）

螺纹直径	配合长度 L	制造公差 δ_z
3~10	≤12	0.01~0.03
12~22	>12~20	0.02~0.04
24~68	>20	0.03~0.05

在螺纹型环或螺纹型芯的螺距计算中，由于考虑到塑料的收缩率，计算结果带有不规则的小数，不便于加工，因此用收缩率相同或相近的制件外螺纹与制件内螺纹相配合时，计算螺距尺寸可以不考虑收缩率。当塑料螺纹与金属螺纹相配合时，如果螺纹配合长度 $L < \dfrac{0.432\Delta_{中}}{S}$（式中的 $\Delta_{中}$ 为制件螺纹的中径公差，S 为塑料的平均收缩率），一般在小于7~8牙的情况下，也可以不考虑收缩率，因为在螺纹型环或螺纹型芯的中径尺寸中已考虑到了增加中径间隙来补偿制件螺距的累计误差。当螺纹配合牙数较多，螺纹螺距收缩累计误差很大，必须计算螺距的收缩率时，可以采用在车床上配置特殊齿数的交换齿轮等方法来加工特殊螺距的螺纹型环或型芯。

4. 牙型角

如果塑料均匀地收缩，则不会改变牙型角的度数，即接近标准值，米制螺纹的牙型角为

60°，寸制螺纹的牙型角为 55°。

思考题

1. 根据图 3-70 所示塑料制品的形状和尺寸，分别计算出型芯和型腔的相关尺寸（塑料平均收缩率取 0.6%，模具制造公差 δ_z 取 $\Delta/3$）。
2. 常用小型芯的固定方法有哪几种形式？分别适用于什么场合？
3. 螺纹型芯在结构设计时应注意哪些问题？
4. 在设计组合式螺纹型环时应注意哪些问题？
5. 模具成型零件采用整体式和镶拼式各有何优缺点？
6. 简述影响塑料制品尺寸精度的主要因素。

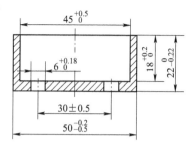

图 3-70　题 1 塑料制品图

任务 3.4　注射模推出机构设计

【学习目标】
1. 掌握简单推出机构的类型及动作原理。
2. 掌握注射模推出机构的结构、分类、设计原则和应用。
3. 能选择合理的推出机构。
4. 通过推出机构的设计，培养与时俱进、勇于探索的工作精神。

任务引入

塑料制品在成型冷却后必须从模具中取出来才能进行下一个周期的生产。在注射成型的每个周期中，将塑料制品及其浇注系统凝料从模具中脱出来的机构称为推出机构，也称为顶出机构或脱模机构。推出机构的推出动作通常是由安装在注射机合模装置中的机械顶出杆或液压缸的活塞杆来提供顶出力的。推出机构的合理与否将直接影响制件的质量，是注射模设计的重要环节之一。

任务内容：设计图 1-1 所示药瓶内盖注射模的推出机构。

相关知识

3.4.1　推出机构的结构组成

制件从模具上取下以前，还有一个从模具的成型零件上脱出的过程，使制件从成型零件上脱出的机构称为推出机构。推出机构的动作是通过装在注射机合模机构中的顶出杆（顶杆）或液压缸来完成的。

1. 推出机构的组成

推出机构主要由推出零件、推出零件固定板和推板、推出机构的导向与复位部件等组成。如图 3-71 所示的模具中，推出机构由推杆 8、拉料杆 3、推杆固定板 7、推板 6、推板导柱 4、推板导套 5 及复位杆 2 等组成。开模时，动模部分向左移动，开模一段距离后，当注射机的固定顶杆（非液压式）接触模具推板 6 后，推杆 8、拉料杆 3 与推杆固定板 7 及推板 6 一起静止不动，当动模部分继续向左移动，制件就由推杆从型芯上推出。

推出机构中，凡直接与制件相接触、并将制件推出型腔或型芯的零件，称为推出零件。常用的推出零件有推杆、推管、推件板、成型推杆等，如图 3-71 中的推杆 8。推杆固定板 7 和推板 6 由螺钉连接，用来固定推出零件。为了保证推出零件合模后能回到原来的位置，需设置复位机构，如图 3-71 中的复位杆 2。推出机构中，为了保证推出平稳、灵活，通常还设有导向装置，如图 3-71 中的推

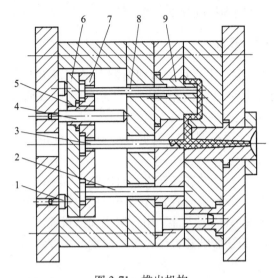

图 3-71　推出机构
1—支承钉　2—复位杆　3—拉料杆　4—推板导柱
5—推板导套　6—推板　7—推杆固定板　8—推杆　9—型芯

板导柱 4 和推板导套 5。除此之外，还有拉料杆 3，以保证将浇注系统的主流道凝料从浇口套中拉出，留在动模一侧。模具中的支承钉 1 使推板与底板间形成间隙，易保证平面度要求，并且有利于废料、杂物的去除；另外，可以通过支承钉厚度的调节来控制推出距离。

2. 推出机构的分类

推出机构可按其推出动作的动力来源分为手动推出机构、机动推出机构、液压和气动推出机构。手动推出机构是指模具开模后，由人工操纵的推出机构推出制件，一般多用于制件滞留在定模一侧的情况；机动推出机构利用注射机的开模动作驱动模具上的推出机构，实现制件的自动脱模；液压和气动推出机构是依靠设置在注射机上的专用液压和气动装置，将制件推出或从模具中吹出。推出机构还可以根据推出零件的类别分类，可分为推杆推出机构、推管推出机构、推件板推出机构、凹模或成型推杆（块）推出机构、综合推出机构等。

推出机构还可根据模具的结构特征来分类，如简单推出机构、动定模双向推出机构、顺序推出机构、二级推出机构、浇注系统凝料的脱模机构、带螺纹制件的脱模机构等。下面将根据不同的推出零件及不同的模具结构特征来介绍推出机构的设计。

3. 推出机构的设计原则

1）推出机构应尽量设置在动模一侧。由于推出机构的动作是通过装在注射机合模机构上的顶杆来驱动的，所以一般情况下，推出机构设在动模一侧。因此，在分型面设计时应尽量注意，开模后使制件能留在动模一侧。

2）保证制件不因推出而变形损坏。为了保证制件在推出过程中不变形、不损坏，应仔细分析制件对模具的包紧力和黏附力的大小，合理地选择推出方式及推出位置，使制件受力均匀、不变形、不损坏。

3）机构简单、动作可靠。推出机构应使推出动作可靠、灵活，制造方便，机构本身要有足够的强度、刚度和硬度，以承受推出过程中的各种力的作用，确保制件顺利地脱模。

4）良好的制件外观。推出制件的位置应尽量设在制件内部，以免推出痕迹影响制件的

外观质量。

5）合模时能正确复位，且不与其他模具零件相干涉。

3.4.2 脱模力的计算

设计推出机构时，还必须考虑合模时机构的正确复位，并保证注射成型后，制件在模具内冷却定型。由于体积的收缩，对型芯产生包紧力，制件要从型腔中脱出，就必须克服因包紧力而产生的摩擦阻力。对于不带通孔的壳体类制件，脱模时还要克服大气压力。一般而论，制件刚开始脱模时，所需克服的阻力最大，即所需的脱模力最大，图3-72所示为制件脱模时型芯的受力分析。根据力的平衡原理，列出平衡方程式

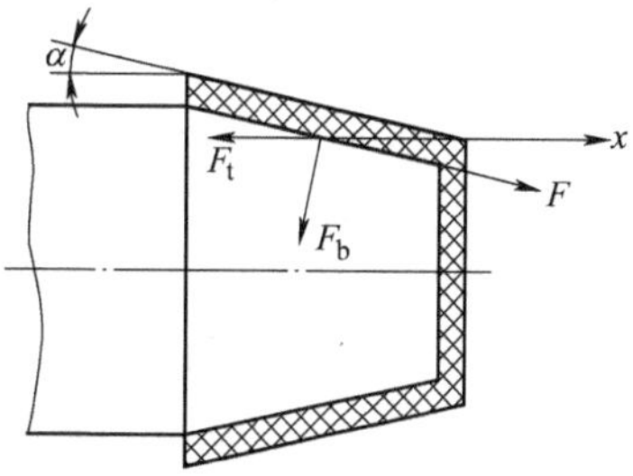

$$\sum F_x = 0$$

则

$$F_t + F_b \sin\alpha = F\cos\alpha$$

图 3-72 型芯受力分析

式中 F_b——制件对型芯的包紧力；

F——脱模时型芯所受的摩擦阻力；

F_t——脱模力；

α——型芯的脱模斜度。

又

$$F = F_b \mu$$

于是

$$F_t = F_b(\mu\cos\alpha - \sin\alpha)$$

而包紧力为包容型芯的面积与单位面积上包紧力之积，即 $F_b = Ap$

由此可得

$$F_t = Ap(\mu\cos\alpha - \sin\alpha) \tag{3-34}$$

式中 μ——塑料对钢的摩擦系数，约为 0.1~0.3；

A——制件包容型芯的面积；

p——制件对型芯的单位面积上的包紧力，一般情况下，对于模外冷却的制件，p 取 $(2.4~3.9)\times10^7$Pa；对于模内冷却的制件，p 取 $(0.8~1.2)\times10^7$Pa。

由式（3-34）可以看出，脱模力的大小随制件包容型芯的面积增加而增大，随脱模斜度的增加而减小。由于影响脱模力大小的因素很多，如推出机构本身运动时的摩擦阻力、塑料与钢材间的黏附力、大气压力及成型工艺条件的波动等，要考虑所有因素的影响较困难，而且也只能是个近似值，所以利用式（3-34）只能进行粗略的分析和估算。

3.4.3 简单推出机构

简单推出机构包括推杆推出机构、推管推出机构、推件板推出机构、活动镶件及凹模推出机构、综合推出机构等，这类推出机构最常见，应用也最广泛。

1. 推杆推出机构

由于设置推杆位置的自由度较大，因而推杆推出机构是最常用的推出机构，常被用来推出各种制件。推杆的截面形状根据制件的推出情况而定，可设计成圆形、矩形等。其中以圆形最为常用，因为圆形推杆，较容易达到推杆和模板或型芯上推杆孔的配合精度，另外圆形

推杆还具有可减少运动阻力、防止卡死现象等优点,损坏后也便于更换。图 3-73 所示即为制件由推杆推出的例子。

(1) 推杆位置的设置 合理地布置推杆的位置是推出机构设计中的重要工作之一,推杆的位置设置合理,制件就不易于产生变形或被顶坏。

1) 推杆应设在脱模阻力大的地方。如图 3-73a 所示,型芯周围制件对型芯包紧力很大,可在型芯外侧制件的端面上设推杆,也可在型芯内靠近侧壁处设推杆(图 3-73b)。如果只在中心部位推出,制件容易出现被顶坏的现象,如图 3-73c 所示。

2) 推杆应均匀布置。当制件各处脱模阻力相同时,应均匀布置推杆,以保证制件被推出时受力均匀,推出平稳、不变形。

3) 推杆应设在制件强度及刚度较大处。推杆不宜设在制件薄壁处,应尽可能设在制件壁厚、凸缘、加强肋等处,如图 3-73b 所示,以免制件变形损坏。如果结构需要推杆必须设在薄壁处时,可通过增大推杆截面积,降低单位面积上的推出力,从而改善制件的受力状况,如图 3-73d 所示,采用盘形推杆推出薄壁圆盖形制件,制件不易变形。

(2) 推杆的直径 推杆在推出制件时,应具有足够的刚性,以承受推出力,只要条件允许,应尽可能使用大直径推杆。当由于结构限制,推杆直径较小时,推杆易发生弯曲变形,如图 3-74 所示,在这种情况下,应适当增大推杆直径,使其工作端一部分顶在制件上,同时,在复位时,端面与分型面齐平。

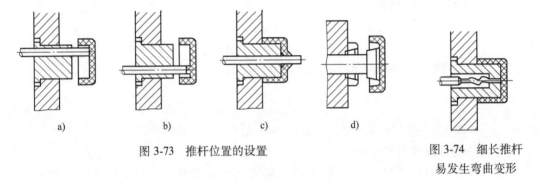

图 3-73 推杆位置的设置　　图 3-74 细长推杆易发生弯曲变形

(3) 推杆的形状及固定形式 图 3-75 所示为各种形状的推杆。推杆直径 d 与模板上的推杆孔采用 H8/f7 或 H8/f8 的间隙配合。由于推杆的工作端面在合模注射时是型腔底面的一部分,如果推杆的端面低于型腔底面,则在制件上就会留下一个凸台,影响制件的使用。因此,通常推杆装入模具后,其端面应与型腔底面平齐,或高出型腔底面 0.05~0.1mm。

图 3-76 所示为推杆的固定形式。图 3-76a 为带台肩的推杆与固定板连接的形式,这种形式最常用;图 3-76b 采用垫块或垫圈来代替图 3-76a 中固定板上的沉孔,加工简便;图 3-76c 是推杆底部用螺塞拧紧的形式,适用于推杆固定板较厚的场合;图 3-76d 所示为较粗的推杆镶入固定板后采用螺钉紧固的形式。

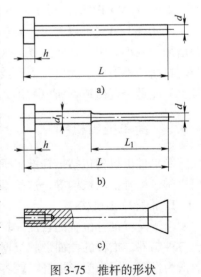

图 3-75 推杆的形状

推杆固定端与推杆固定板通常采用单边 0.5mm 的间隙，这样既可降低加工要求，又能在多推杆的情况下，不因板上各推杆孔的加工误差而发生卡死现象。

推杆的材料常用 T8、T10 碳素工具钢，热处理要求硬度 50~55HRC，工作端配合部分的表面粗糙度值 $Ra \leq 0.8\mu m$。

2. 推管推出机构

对于中心有孔的圆形套类制件，通常使用推管推出机构。图 3-77 所示为推管推出机构。图 3-77a 是型芯固定在模具底板上的形式，这种结构中型芯较长，常用在推出距离不大的场合，当推出距离较大时，可采用图 3-77 中的其他形式；图 3-77b 所

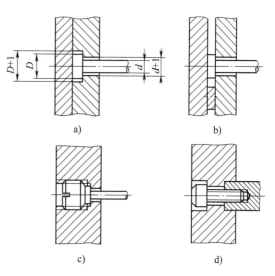

图 3-76 推杆的固定形式

示为用方销将型芯固定在动模板上，推管在方销的位置处开槽，推出时让开方销，推管与方销的配合采用 H8/f7 或 H8/f8；图 3-77c 为推管在模板内滑动的形式，这种结构的型芯和推管都较短，但模板厚度较大，当推出距离较大时，采用这种结构不太经济。

推管的配合如图 3-78 所示。推管的内径与型芯配合，当直径较小时，选用 H8/f7 配合，直径较大时，选用 H7/f7 配合；推管外径与模板孔配合，当直径较小时，选用 H8/f8 配合，当直径较大时，选用 H8/f7 配合。推管与型芯的配合长度一般比推出行程大 3~5mm；推管与模板的配合长度一般取推管外径的 1.5~2 倍。推管的材料、热处理要求及配合部分的表面粗糙度要求与推杆相同。

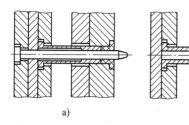
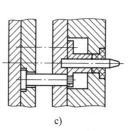
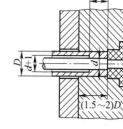

图 3-77 推管推出机构 图 3-78 推管的配合

3. 推件板推出机构

推件板推出机构是由一块与型芯按一定配合精度配合的模板，在制件的整个周边端面上进行推出，因此作用面积大，推出力大而均匀，运动平稳，并且制件上无推出痕迹。如果型芯和推件板的配合不好，则在制件上会出现飞边，而且制件有可能会滞留在推件板上。图 3-79 所示是推件板推出机构的示例。图 3-79a 中，由推杆 3 推动推件板 4，将制件从型芯上推出，这种结构的导柱应足够长，并且要控制好推出行程，以防止推件板脱落；图 3-79b 所示结构可避免推件板脱落，推杆的头部加工出螺纹，拧入推件板内，图 3-79a、b 所示两种结构是常用的结构形式。图 3-79c

推管推出机构原理仿真

是推件板镶入动模板内，推件板和推杆之间采用螺纹连接，这种结构紧凑，推件板在推出过程中也不会脱落。在推出过程中，由于推件板和型芯有摩擦，所以推件板也必须进行淬火处理，以提高耐磨性，但对于外形为非圆形的制件来说，复杂形状的型芯要求淬火后才能与淬硬的推件板很好相配，配合部分的加工就较困难。因此，推件板推出机构主要适用于制件内孔为圆形或其他简单形状的场合。

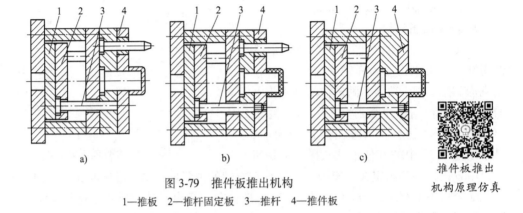

图 3-79　推件板推出机构
1—推板　2—推杆固定板　3—推杆　4—推件板

在推件板推出机构中，为了减小推件板与型芯的摩擦，可采用图 3-80 所示的结构，推件板与型芯间留 0.20~0.25mm 的间隙，并采用锥面配合，以防止推件板因偏心而溢料。

对于大型的深腔制件或用软塑料成型的制件，推件板推出时，制件与型芯间容易形成真空，造成脱模困难，为此应考虑增设进气装置。图 3-81 所示结构是靠大气压力，使中间进气阀进气，制件便能顺利地从型芯上脱出。另外，也可采用中间直接设置推盘的形式，使推出时很快进气。

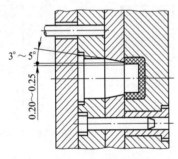

图 3-80　推件板与型芯
锥面的配合形式

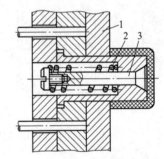

图 3-81　推件板推出机构的进气装置
1—推件板　2—弹簧　3—阀杆

4. 活动镶件及凹模推出机构

当有些制件不宜采用前述简单推出机构时，可利用活动镶件或凹模将制件推出。图 3-82 所示是利用活动镶件或凹模推出制件的结构。图 3-82a 所示螺纹型环为推出零件，推出后用手工或其他辅助工具将制件取下，为了便于螺纹型环的安放，采用弹簧先复位；图 3-82b 是利用活动镶件来推制件，镶件与推杆连接在一起，制件脱模后仍与镶件在一起，故还需要手工将制件从活动镶件上取下；图 3-82c 是利用凹模型腔将制件从型芯中脱出，然后用手工或其他专用工具将制件从型腔中取出,这种形式的推出机构,实质上是推件板上有型腔的推出机构,设计时应注意推件板上的型腔不能太深,否则手工无法取下制件。另外,推杆一定要与凹模板螺纹连接,否则取制件时,凹模板会从导柱上掉下来。

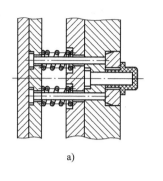
a)
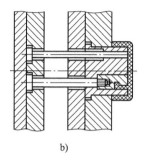
b)
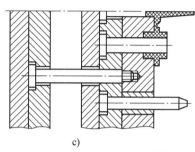
c)

图 3-82 活动镶件及凹模推出机构

5. 综合推出机构

在实际生产中,往往还存在着这样一些制件,如果采用前述单一的推出机构,不一定能保证制件会顺利脱模,甚至会造成制件变形、损坏等不良后果。因此,就要采用两种或两种以上的推出形式,这种推出机构称为综合推出机构。综合推出机构有推杆、推件板综合推出机构,也有推杆、推管综合推出机构等。图 3-83 所示为推杆、推管、推件板三元综合推出机构。

凹模推出机构　活动镶件推出机构

3.4.4 推出机构的导向与复位

为了保证推出机构在工作过程中灵活、平稳,每次合模后,推出元件能回到原来的位置,还需要设计推出机构的导向与复位装置。

1. 导向零件

推出机构的导向零件,通常由推板导柱与推板导套所组成,简单的小模具也可采用推板导柱直接与

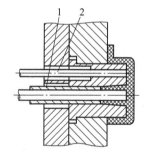 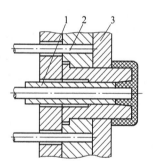

图 3-83 综合推出机构
1—推管　2—推杆　3—推件板

推板上的导向孔配合。导向零件使各推出元件得以保持一定的配合间隙,从而保证推出和复位动作顺利进行。有的导向零件在导向的同时还起支承作用。常用的导向形式如图 3-84 所示。图 3-84a 中推板导柱 3 固定在动模座板上,推板导柱也可以固定在支承板上。图 3-84b 为推板导柱两端固定的形式。图 3-84a、b 均为推板导柱与推板导套相配合的形式,而且推板导柱除了起导向作用外,还支承着支承板,从而改善了支承板的受力状况,大大提高了支承板的刚性。图 3-84c 为推板导柱固定在支承板上的结构,且推板导柱直接与模板上的导向孔相配合,推板导柱也不起支承作用,这种形式用于生产批量较小制件的小型模具。当模具较大时,最好采用图 3-84a、b 所示结构。推板导柱的数量根据模具的大小而定,至少要设置两根,大型模具需设置四根。

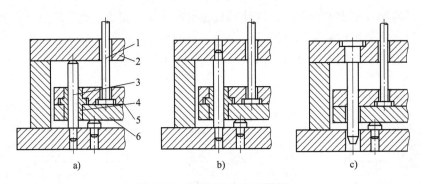

图 3-84 推出机构的导向装置
1—推杆 2—支承板 3—推板导柱 4—推板导套 5—推杆固定板 6—推板

2. 复位零件

(1) 复位杆复位 为了使推出元件合模后能回到原来的位置，推杆固定板上同时装有复位杆，如图 3-71 中的件 2 所示。常用的复位杆均采用圆形截面，一般每副模具设置四根复位杆，其位置尽量设在推杆固定板的四周，以便推出机构合模时复位平稳，复位杆端面与所在动模分型面平齐。推出机构推出后，复位杆便高出分型面（其高度即为推出距离的大小）。复位杆的复位作用是利用合模动作来完成的，合模时，复位杆先于动模分型面与定模分型面接触，在动模向定模逐渐合拢的过程中，推出机构便被复位杆顶住，从而与动模产生相对移动，直至分型面合拢时，推出机构便回到原来的位置，这种结构的合模和复位同时完成。对于推件板推出机构，由于推杆端面与推件板接触，可以起到复位杆的作用，故在推件板推出机构中不必再另行设置复位杆。

(2) 弹簧复位 弹簧复位是利用弹簧的弹力使推出机构复位。弹簧复位与复位杆复位的主要区别是：用弹簧复位时，推出机构的复位先于合模动作完成。通常为了便于活动镶件的安放而采用弹簧先复位机构，如图 3-82a 所示。合模一定距离后，在弹簧力的作用下，推出机构先复位，然后安放活动螺纹型环，最后动、定模再合拢。为了避免工作时弹簧扭斜，可将弹簧装在推杆或推板导柱上。

3.4.5 动定模双向推出机构

在实际生产中，往往会遇到一些形状特殊的制件，开模后，这类制件既可能留在动模一侧，也可能留在定模一侧。如图 3-85 所示的齿轮，为了制件能顺利脱模，需考虑动、定模两侧都设置推出机构。开模后，在弹簧 2 的作用下，沿 A 分型面先分型，制件从定模型芯 3 上脱下，保证制件滞留在动模中，当限位螺钉 1 与定模板 4 相接触后，沿 B 分型面分型，然后动模部分的推出机构动作，推杆 5 将制件从动模型腔中推出，这类机构统称为动定模双向推出机构。

图 3-86 所示为摆钩式动定模双向推出机构。开模后，由于摆钩 8 的作用，沿 A 分型面先分型，从而使制件从定模型芯 4 上脱出，然后由于压板 6 的作用，摆钩 8 脱钩，于是动、定模在 B 分型面处分型，最后动模部分的推出机构动作，推管 2 将制件从动模型芯 1 上推出。

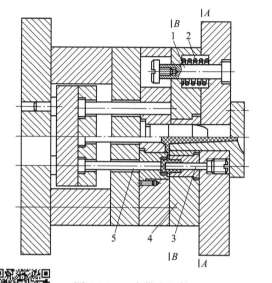
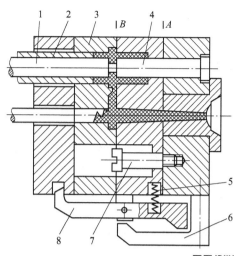

图 3-85 双向推出机构
1—限位螺钉 2—弹簧 3—定模
型芯 4—定模板 5—推杆

摆钩式双向
顺序推出机构

图 3-86 摆钩式动定模
双向推出机构
1—动模型芯 2—推管
3—动模板 4—定模型芯
5—弹簧 6—压板 7—定距螺钉 8—摆钩

弹簧双向顺序
推出机构

3.4.6 顺序推出机构

在双分型面或多分型面模具中，根据制件的要求，模具各分型面的打开必须按一定的顺序进行，满足这种分型要求的机构称为顺序分型机构。这类机构在设计时，首先要有一个保证先分型的机构，其次要考虑分型后分型距离的控制及采用的形式，最后还必须保证合模后各部分复位的正确性。设计推出机构时，通常将导柱设在定模一侧，以保证第一次分型时，定模板运动的导向及开模后的支承。

1. 弹簧分型顺序推出机构

图 3-87 所示是弹簧分型拉板定距的顺序推出机构，它利用弹簧力的作用沿 A 分型面先分型，分型后由定距拉板 8 来控制第一次分型的距离。开模后，在压缩弹簧 6 的弹力作用下，推件板 5 随动模一起运动，即在 A 分型面先分型；分型一段距离后，定距拉板 8 拉住固定在推件板 5 上的圆柱销 7，使推件板不再随动模运动，继续开模，沿 B 分型面分型。这种推出机构的特点是模具结构简单紧凑，适用于制件在定模一侧黏附力较小的场合，同时，弹簧的弹力要足够大。

2. 摆钩分型螺钉定距顺序推出机构

图 3-88 所示是利用拉钩迫使 A 分型面先分型，然后由定距螺钉 9 来控制第一次分型的距离。这类推出机构的特点是模具动作可靠。合模时，摆钩 4 勾住固定在动模垫板上的挡块 3。开模后，动模板 10 随动模运动，A 分型面首先分型，制件从定模型芯 12 上脱出；分型一段距离后，在定距螺钉 9 的作用下，动模板不再随动模运动，与此同时，滚轮 7 压住摆钩 4，使其转动而脱开挡块 3，模具在 B 分型面分型，最后推杆 1 推动推件板 11，将制件从动

模型芯 2 上脱下。

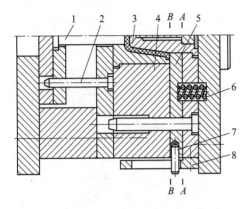
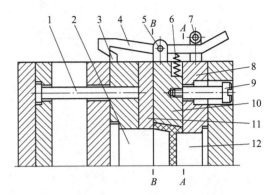

图 3-87 弹簧分型拉板定距顺序推出机构
1—推杆 2—推板导柱 3—定模型芯
4—动模板 5—推件板 6—压缩弹簧
7—圆柱销 8—定距拉板

图 3-88 摆钩分型螺钉定距顺序推出机构
1—推杆 2—动模型芯 3—挡块 4—摆钩
5—转轴 6—弹簧 7—滚轮 8—定模板
9—定距螺钉 10—动模板 11—推件板 12—定模型芯

弹簧分型拉板定距双分型面注射模原理仿真

弹簧分型拉板定距双分型面注射模拆卸

弹簧分型拉板定距双分型面注射模装配

摆钩分型螺钉定距式双分型面注射模

3. 滑块分型导柱定距顺序推出机构

图 3-89 所示的机构在开模时利用拉钩 4 拉住滑块 5，迫使动模板 2 和中间板 3 不分开而沿 A 分型面首先分型；分型后由定距导柱 10 和定距销 11 来控制第一次分型的距离。这种机构的特点是定距导柱 10 拉紧定距销 11 的拉紧力比较小，适用于制件黏附力较小的场合。合模时，拉钩 4 紧紧勾住滑块 5。开模时，动模通过拉钩 4 带动中间板 3 及垫板 1，使 A 分型面先分型；分型一段距离后，滑块 5 受到压块 8 斜面的作用向模内移动，使滑块与拉钩脱离，由于定距导柱 10 与定距销 11 的作用，动模继续运动时，沿 B 分型面分型。合模时，滑块 5 在拉钩 4 斜面的作用下向模内移动，当模具合拢后，滑块在弹簧 9 的作用下向模外移动，使拉钩 4 勾住滑块 5，处于拉紧位置。

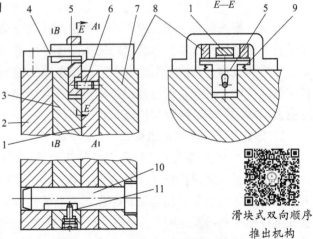

图 3-89 滑块分型导柱定距顺序推出机构
1—垫板 2—动模板 3—中间板 4—拉钩 5—滑块 6—销
7—定模板 8—压块 9—弹簧 10—定距导柱 11—定距销

滑块式双向顺序推出机构

3.4.7 浇注系统凝料的推出机构

除了采用点浇口和潜伏浇口外，其他形式的浇口与制件的连接面积较大，不容易利用开模动作将制件和浇注系统切断，因此，浇注系统和制件是连成一体一起脱模的，脱模后，还需通过后加工把它们分离，所以生产率低，不易实现自动化。而点浇口和潜伏浇口，其浇口与制件的连接面积较小，故较容易在开模的同时将它们分离，并分别从模具中脱出，这种模具结构有利于提高生产率，实现自动化生产。下面介绍几个点浇口和潜伏浇口浇注系统脱模的机构。

1. 点浇口浇注系统凝料的脱模

（1）单型腔点浇口浇注系统凝料的自动脱模　在图 3-90 所示的单型腔点浇口浇注系统凝料的自动推出机构中，浇口套 7 以 H8/f8 的间隙配合安装在定模座板 5 中，外侧有压缩弹簧 6，如图 3-90a 所示。当注射机喷嘴注射完毕离开浇口套 7 后，由于压缩弹簧 6 的作用使浇口套与主流道凝料分离（松动）而紧靠在定位圈上。开模后，挡板 3 先与定模座板 5 分型，主流道凝料从浇口套中脱出，当限位螺钉 4 起限位作用时，此分型过程结束；挡板 3 与定模板 1 开始分型，直至限位螺钉 2 限位，如图 3-90b 所示。接着动、定模沿主分型面分型，这时挡板 3 将浇口凝料从定模板 1 中拉出，并在自重作用下自动脱落。

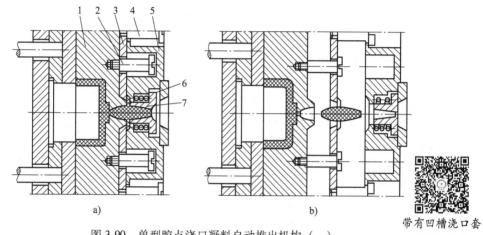

图 3-90　单型腔点浇口凝料自动推出机构（一）
1—定模板　2、4—限位螺钉　3—挡板　5—定模座板　6—压缩弹簧　7—浇口套

带有凹槽浇口套的挡板推出

在图 3-91 所示的单型腔点浇口凝料自动推出机构中，带有凹槽的浇口套 7 以 H7/m6 的过渡配合固定于定模板 2 上，浇口套 7 与挡板 4 以锥面定位，如图 3-91a 所示。开模时，在弹簧 3 的作用下，定模板 2 与定模座板 5 首先分型，在此过程中，由于浇口套开有凹槽，将主流道凝料先从定模座板中带出来；当限位螺钉 6 起作用时，挡板 4 与定模板 2 及浇口套 7 脱离，同时浇口凝料从浇口套中被拉出并靠自重自动落下，如图 3-91b 所示。定距拉杆 1 用来控制定模板与定模座板的分型距离。

（2）多型腔点浇口浇注系统凝料的自动脱模　一模多腔点浇口进料注射模，其点浇口并不在主流道的对面，而是在各自的型腔端部，这种多点浇口形式的浇注系统凝料自动推出与单型腔点浇口有些不同。

图 3-92 所示是一个多点浇口浇注系统脱模的结构。开模时，A 分型面先分型，主流道凝料从定模中拉出；当限位螺钉 10 与定模推件板 7 接触时，浇注系统凝料与制件在浇口处拉断；与此同时，沿 B 分型面分型，浇注系统由定模推件板 7 脱出；最后沿 C 分型面分型，制件由推管 2 推出。

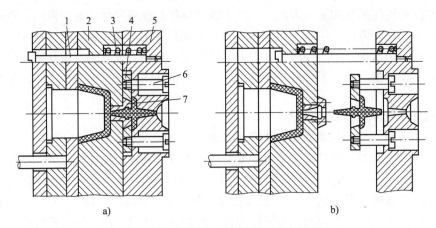

图 3-91 单型腔点浇口凝料自动推出机构（二）
1—定距拉杆 2—定模板 3—弹簧 4—挡板 5—定模座板 6—限位螺钉 7—浇口套

图 3-93 所示为利用分流道拉断浇注系统凝料的结构。在分流道的尽头加工一个斜孔，开模时，由于斜孔内冷凝塑料的作用，使浇注系统在浇口处与制件断开，同时在动模板上设置了反锥度拉料杆 1，使主流道凝料脱出定模板 4，并将分流道凝料拉出斜孔；当第一次分型结束后，拉料杆 1 从浇注系统的主流道凝料末端退出，浇注系统凝料自动坠落。分流道末端的斜孔直径为 3~5mm，孔深 2~4mm，斜孔的倾斜角为 15°~30°。

图 3-94 所示是在定模一侧增设一块分流道推板，利用分流道推板将浇注系统从模具中脱卸的结构。开模时，由于浇道拉料杆 5 的作用，模具首先沿中间板（型腔板）3 和分流道推板 7 之间分型，此时，点浇口被拉断，浇注系统凝料留于定模一侧。动模移动一定距离后，在定距拉板 1 的作用下，动模与中间板 3 分离；继续开模，中间板（型腔板）3 与拉杆 2 左端接触，从而使分流道推板 7 与定模板 6 分离，即由分流道推板将浇注系统凝料从定模板中脱出，

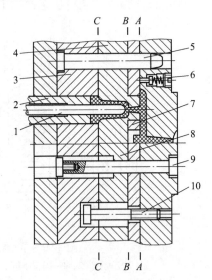

图 3-92 定模一侧设推件板脱卸浇注系统
1—型芯 2—推管 3—动模板 4—定模板
5—导柱 6—弹簧顶销 7—定模推件板
8—凹模型腔 9—限位拉杆 10—限位螺钉

同时脱离分流道拉料杆。

2. 潜伏浇口浇注系统的脱模

图 3-95 所示是潜伏浇口设计在动模部分的结构形式。开模时，制件包在动模型芯 3 上随动模一起移动，分流道和浇口及主流道凝料由于倒锥的作用留在动模一侧。推出机构工作时，推杆 2 将制件从动模型芯 3 上推出，同时潜伏浇口被切断，浇注系统凝料在浇道推杆 1 的作用下被推出动模板 4 而自动掉落。

图 3-96 所示是潜伏浇口设计在定模部分的结构形式。开模时，制件包在动模型芯 5 上，从定模板 6 中脱出，同时潜伏浇口被切断，而分流道、浇口和主流道凝料在冷料井倒锥穴的作用下，被拉出定模板而随动模移动。推出机构工作时，推杆 2 将制件从动模型芯 5 上脱

下，而浇道推杆1将浇注系统凝料推出动模板4，最后凝料因自重掉落。

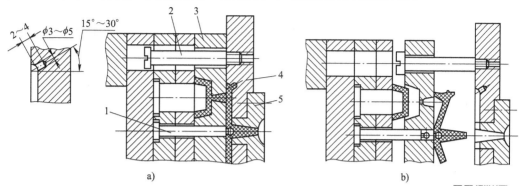

利用分流道侧凹拉断点浇口凝料

图3-93 分流道拉断浇注系统凝料结构
1—拉料杆 2—限位螺钉 3—中间板 4—定模板 5—定位圈

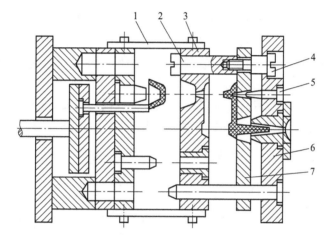

图3-94 分流道推板脱卸浇注系统凝料结构
1—定距拉板 2—拉杆 3—中间板（型腔板） 4—限位螺钉 5—浇道拉料杆 6—定模板 7—分流道推板

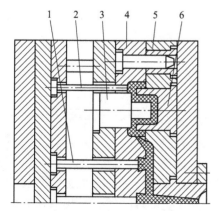

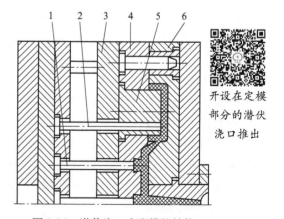

开设在定模部分的潜伏浇口推出

图3-95 潜伏浇口在动模的结构
1—浇道推杆 2—推杆 3—动模型芯
4—动模板 5—定模板 6—定模型芯

图3-96 潜伏浇口在定模的结构
1—浇道推杆 2—推杆 3—动模垫板
4—动模板 5—动模型芯 6—定模板

任务实施

药瓶内盖注射模推出机构的确定：推杆推出机构具有推出平稳可靠、制作方便、维修成本低廉、模具寿命长等优点，因而是模具推出机构的首选。该模具选用推杆推出机构，由 4 根 φ5mm 的推杆推出制件。

巩固提高

风机机壳注射模推出机构的确定：同样选择推杆推出机构，所不同的是选用 8 根 φ4mm 的推杆。

知识拓展

带螺纹制件的推出机构

通常制件上的内螺纹由螺纹型芯成型，而制件上的外螺纹则由螺纹型环成型。为了使制件从螺纹型芯或型环上脱出，制件和螺纹型芯或型环之间除了要有相对转动以外，还必须有轴向的相对移动。如果螺纹型芯或型环在转动时，制件也随着一起转动，制件就无法脱出，为此，在设计制件时应特别注意制件上必须带止转结构。图 3-97 所示是制件上带有止转结构的各种形式。由于螺纹的存在，带螺纹的制件在脱模时需要特殊的脱模机构。根据制件上螺纹的精度要求和生产批量，制件上的螺纹常用以下三种方法来脱模。

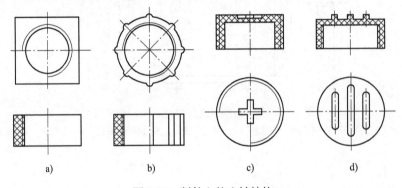

图 3-97 制件上的止转结构

1. 强制脱模

强制脱模是利用制件本身的弹性，或利用具有一定弹性的材料作为螺纹型芯，而使制件脱模，这种脱模方式多用于螺纹精度要求不高的场合。采用强制脱模，可使模具结构简单，对于聚乙烯、聚丙烯等软性塑料，制件上深度不大的半圆形粗牙螺纹，可利用推件板将制件强行脱出型腔，如图 3-98 所示。

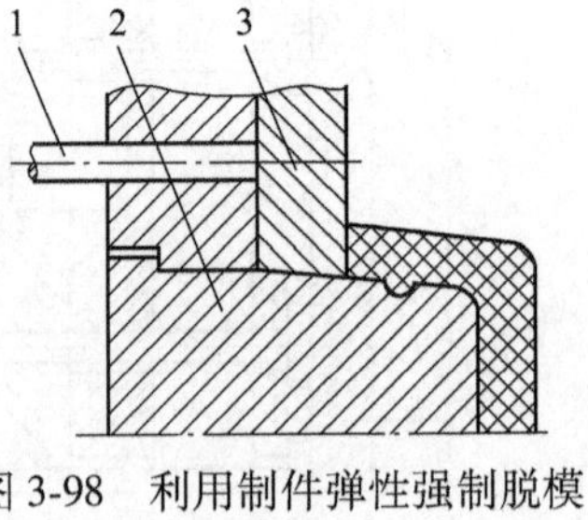

图 3-98 利用制件弹性强制脱模
1—推杆 2—螺纹型芯 3—推件板

2. 手动脱模

手动脱螺纹制件分为模内和模外手动脱模两类，后者采用活动螺纹型芯或型环，开模后随制件一起脱出模具，然后在模具外用专用工具由人工将制件从螺纹型芯或型环上拧下。这类脱卸方式所需的模具结构，在前面螺纹型芯和型环的设计中已有介绍，这里不再重复。图 3-99 所示是模内手动脱螺纹的一种机构，制件成型后，需用带方孔的专用工具先将螺纹型芯脱出，然后再由推出机构将制件从型腔中脱出。图 3-100 所示是另一种手动脱螺纹的机构，制件成型后，通过人工摇动与齿轮 6 相连的手柄，由齿轮 6 带动齿轮 5 旋转，使螺纹型芯 7 从制件上卸下，然后再开模取出制件。

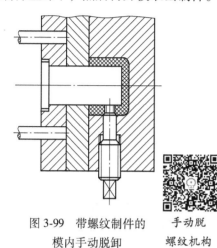

图 3-99 带螺纹制件的模内手动脱卸

手动脱螺纹机构

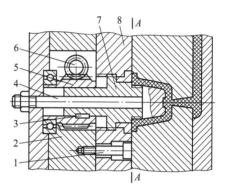

图 3-100 模内手动脱螺纹机构
1—定距螺钉 2—支承板 3—键 4—型芯
5、6—齿轮 7—螺纹型芯 8—动模板

3. 机动脱模

（1）利用开合模动作使螺纹型芯脱模与复位 机动脱模通常是将开合模的往复运动转变成旋转运动，从而使制件上的螺纹脱出，或是在注射机上设置专用的开合模丝杠，这类带有机动脱螺纹的模具，生产率高，但一般结构较复杂，模具制造成本较高。

图 3-101 所示为横向脱螺纹的结构，它利用固定在定模上的导柱齿条完成抽螺纹型芯的动作。开模后，导柱齿条 3 带动螺纹型芯 2 旋转，而使其成型部分退出制件，非成型部分旋入套筒螺母 4 内。该机构中，螺纹型芯 2 两端螺纹的螺距应一致，否则脱螺纹无法进行。另外，齿轮的宽度要保证螺纹型芯在脱模和复位过程中，能移动到左右两端极限位置时仍和齿条保持接触。

图 3-102 所示为轴向脱螺纹的结构，它适用于侧浇口多型腔模具。开模时，齿条导柱 9 带动齿轮机构和一对锥齿轮 1、2，锥齿轮又带动圆柱齿轮 3 和 4，使螺纹型芯 5 和螺纹拉料杆 8 旋转，在旋转过程中，制件一边脱开螺纹型芯，一边向下运动，直到脱出动模板 7 为止。图中螺纹拉料杆 8 的作用是将主流道凝料从定模中拉出，使其与制件一起滞留在动模一侧。但要注意，由于圆柱齿轮 3 和圆柱齿轮 4 旋向相反，所以螺纹拉料杆 8 上的螺纹旋向也应和螺纹型芯 5 的旋向相反。

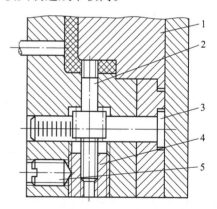

图 3-101 横向脱螺纹的机动脱模机构
1—定模型芯 2—螺纹型芯 3—导柱齿条
4—套筒螺母 5—紧定螺钉

齿轮齿条脱螺纹机构

（2）直角式注射模的自动脱螺纹机构 图3-103所示是一个成型带螺纹制件的直角式注射模。开模时，开合模丝杠1带动模具上的主动齿轮轴2转动，并通过从动齿轮3带动螺纹型芯4旋转，与此同时，定模上的凹模固定板6在弹簧7的作用下随动模部分移动，使制件保持在凹模型腔5内无法转动，螺纹型芯便可逐渐脱出制件；当动模后退一定距离后，凹模固定板在限位螺钉8的作用下停止移动，此时动、定模开始分开，而螺纹型芯需在制件内保留一牙螺纹不脱出，以便将制件从凹模型腔5中拉出。

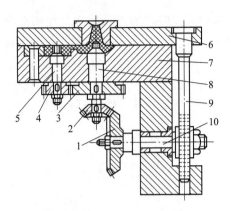

图3-102 轴向脱螺纹的机动脱模机构
1、2—锥齿轮 3、4—圆柱齿轮 5—螺纹型芯
6—定模座板 7—动模板 8—螺纹拉料杆
9—齿条导柱 10—齿轮轴

设计这类模具时应注意，注射机开合模丝杠的螺距一般和制件上的螺距不等，即使经过齿轮变速传动，也很难使动模的移动速度与螺纹型芯的退出速度相等，为了补偿两者的速度差，防止螺纹型芯过早地将制件从凹模型腔中拉出，使制件的外形失去止转的作用，必须在定模部分增设一分型面，以保证在脱卸螺纹型芯的过程中，制件始终保持在凹模内不发生转动。

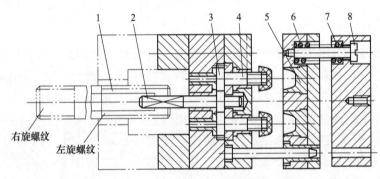

图3-103 直角式注射机多腔螺纹旋出机构
1—开合模丝杠 2—主动齿轮轴 3—从动齿轮 4—螺纹型芯
5—凹模型腔 6—凹模固定板 7—弹簧 8—限位螺钉

角式注射机多螺纹脱模机构

思考题

1. 分别指出推杆固定部分及工作部分的配合精度、推管与型芯及推管与动模板的配合精度、推件板与型芯的配合精度。
2. 说明推件板推出机构的基本结构与工作原理。
3. 推杆推出机构与推件板推出机构在结构上有何不同？在设计推杆推出机构时应注意哪些问题？
4. 分别说明单型腔和多型腔点浇口凝料自动推出机构的工作原理。
5. 为什么要设置顺序推出机构？顺序推出机构应满足哪三项要求？
6. 与推杆推出机构相比，推件板推出机构有何缺点？

项目3 塑料注射成型模具设计

任务3.5 侧向分型与抽芯机构设计

【学习目标】
1. 掌握斜导柱侧向分型与抽芯机构的结构形式及动作原理。
2. 理解其他相关侧向分型与抽芯机构的结构形式与应用,先复位机构的应用场合与结构。
3. 能根据塑料制品的结构合理选择侧向分型与抽芯机构的形式。
4. 通过侧向分型与抽芯机构的学习,培养自主探索与查阅资料的能力。

任务引入

当塑料制品侧壁带有孔、内凹、凸台时,模具上成型该处的零件一般都要制成可侧向移动的零件,以便在脱模之前先抽掉侧向成型零件,否则可能无法脱模。这就需将成型侧孔或侧凹等的模具零件做成活动的,这种零件称为侧型芯(俗称活动型芯)。带动侧向成型零件做侧向移动(抽拔与复位)的整个机构,称为侧向分型与抽芯机构。对于成型侧向凸台的情况(包括垂直分型的瓣合模),常常称为侧向分型;对于成型侧孔或侧凹的情况,往往称为侧向抽芯。通常,在一般的设计中,统称为侧向分型抽芯或侧向抽芯。

任务内容:设计图 3-104 所示机壳注塑件的注射模外侧抽芯机构。机壳注塑件材料为 PA。

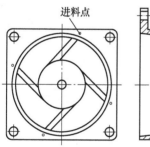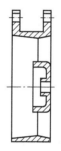

图 3-104 机壳注塑件

相关知识

3.5.1 侧向分型与抽芯机构的分类

1. 分类及简介

根据动力来源的不同,侧向分型与抽芯机构一般可分为机动、液压(液动)或气动及手动三大类型。

(1) 机动侧向分型与抽芯机构 机动侧向分型与抽芯机构是利用注射机开模力作为动力,通过相关传动零件(如斜导柱)使力作用于侧向成型零件而将模具侧向分型或将侧向型芯从制件中抽出,合模时,又靠它使侧向成型零件复位。这类机构虽然结构比较复杂,但分型与抽芯无需手工操作,生产率高,在生产中应用最为广泛。根据传动零件的不同,这类

133

机构可分为斜导柱、弯销、斜导槽、斜滑块和齿轮齿条等不同类型的侧向分型与抽芯机构，其中斜导柱侧向分型与抽芯机构最为常用。

(2) 液压或气动侧向分型与抽芯机构　液压或气动侧向分型与抽芯机构是以液体或压缩空气作为动力进行侧向分型与抽芯，同样靠液体或压缩空气使侧向成型零件复位。

液压或气动侧向分型与抽芯机构多用于抽拔力大、抽芯距比较长的场合，例如大型管子制件的抽芯等。这类分型与抽芯机构是靠液压缸或气缸的活塞来回运动工作的，抽芯的动作比较平稳，特别是有些注射机本身就带有抽芯液压缸，采用液压侧向分型与抽芯更为方便，但缺点是液压或气动装置成本较高。

(3) 手动侧向分型与抽芯机构　手动侧向分型与抽芯机构是利用人力将模具侧向分型或将侧向型芯从成型制件中抽出。这类机构操作不方便，工人劳动强度大，生产率低，但模具的结构简单，加工制造成本低，因此常用于产品的试制、小批量生产或无法采用其他侧向分型与抽芯机构的场合。

手动侧向分型与抽芯机构的形式很多，可根据不同制件设计不同形式的手动侧向分型与抽芯机构。手动侧向分型与抽芯可分为两类，一类是模内手动分型抽芯，另一类是模外手动分型抽芯，而模外手动分型抽芯机构实质上是带有活动镶件的模具结构。

2. 抽芯距确定与抽芯力计算

侧向型芯或侧向成型凹模从成型位置到不妨碍制件的推出位置所移动的距离，称为抽芯距，用 s 表示。为了安全起见，侧向抽芯距离通常比制件上的侧孔、侧凹的深度或侧向凸台的高度大 2~3mm，但在某些特殊的情况下，当侧型芯或侧型腔从制件中虽已脱出，但仍阻碍制件脱模时，就不能简单地使用这种方法确定抽芯距离。图 3-105 所示是一个绕线轮的侧向分型机构，抽芯距 $s \neq s_2 + (2\sim3)$ mm 而是 $s = s_1 + (2\sim3)$ mm，$s_1 = \sqrt{R^2 - r^2}$，式中 R 是绕线轮台肩半径，r 是绕线轮的半径。

抽芯力的计算与脱模力的计算相同。对于侧向凸起较少的制件，抽芯力往往是比较小的，仅仅是克服制件与侧型腔的黏附力和侧型腔滑块移动时的摩擦阻力。侧型芯的抽芯力往往采用如下的公式进行估算

$$F_C = chp(\mu\cos\alpha - \sin\alpha) \tag{3-35}$$

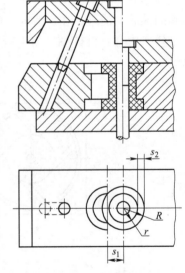

图 3-105　绕线轮制件的抽芯距

式中　F_C——抽芯力（N）；

　　　c——侧型芯成型部分的截面平均周长（m）；

　　　h——侧型芯成型部分的高度（m）；

　　　p——制件对侧型芯的收缩应力（包紧力，Pa），其值与制件的几何形状及塑料的品种、成型工艺有关，一般情况下模内冷却的制件，$p = (0.8\sim1.2) \times 10^7$ Pa，模外冷却的制件，$p = (2.4\sim3.9) \times 10^7$ Pa；

　　　μ——塑料在热状态时对钢的摩擦系数，一般取 $\mu = 0.15\sim0.20$；

　　　α——侧型芯的脱模斜度或倾斜角。

3.5.2 斜导柱侧向分型与抽芯机构

1. 斜导柱侧向分型与抽芯机构设计

斜导柱侧向分型与抽芯机构是利用斜导柱等零件把开模力传递给侧型芯或侧向成型块，使之产生侧向运动，完成抽芯与分型动作。这类侧向分型与抽芯机构的特点是结构紧凑，动作安全可靠，加工制造方便，是抽芯时最常用的机构，但它的抽芯力和抽芯距受到模具结构的限制，一般应用于抽芯力不大及抽芯距小于60~80mm的场合。

斜导柱侧向分型与抽芯机构主要由斜导柱、侧型腔或型芯滑块、导滑槽、楔紧块和侧型腔或型芯滑块定距限位装置等组成。

如图3-106所示，制件的上侧有通孔，下侧有凸台，上侧需用带有侧型芯8的侧型芯滑块5成型，下侧用侧型腔滑块12成型。斜导柱7通过定模板10固定于定模座板上。开模时，制件包在型芯9上随动模部分一起向左移动，在斜导柱7和11的作用下，侧型芯滑块5和侧型腔滑块12随推件板1后退的同时，在推件板的导滑槽内分别向上侧和向下侧移动，于是侧型芯和侧型腔逐渐脱离制件，直至斜导柱分别与两滑块脱离，侧向抽芯和分型才结束。为了合模时斜导柱能准确地插入滑块上的斜孔中，在滑块脱离斜导柱时要设置滑块的定距限位装置。在压缩弹簧3的作用下，侧型芯滑块5在抽芯结束的同时紧靠挡块2而定位，侧型腔滑块12在侧向分型结束时由于自身的重力定位于挡块14上。动模部分继续向左移动，直至推出机构工作，推杆推动推件板1将制件从型芯9上脱下。合模时，滑块靠斜导柱复位，在注射时，滑块5和12分别由楔紧块6和13锁紧，使其处于正确的成型位置。

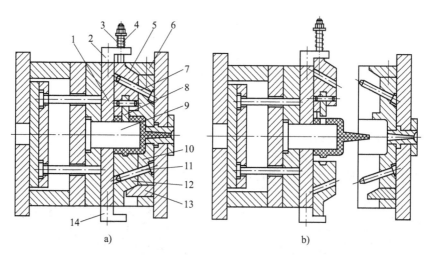

图3-106 端盖制件的侧向抽芯
1—推件板 2、14—挡块 3—压缩弹簧 4—螺杆 5—侧型芯滑块 6、13—楔紧块
7、11—斜导柱 8—侧型芯 9—型芯 10—定模板 12—侧型腔滑块

（1）斜导柱的设计

1）斜导柱的结构设计。斜导柱的形状如图3-107所示，其工作端的端部可以设计成锥台形或半球形。但半球形车制时较困难，所以绝大部分均设计成锥台形。设计成锥台形时，必须注意斜角θ应大于斜导柱倾斜角α，一般$\theta=\alpha+2°\sim3°$，以免端部锥台也参与侧向抽芯，

导致滑块停留位置不符合设计计算的要求。为了减少斜柱与滑块上斜孔之间的摩擦，可在斜导柱工作长度部分的外圆轮廓铣出两个对称平面（图3-107b）。

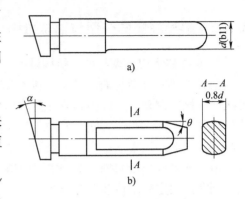

图 3-107 斜导柱的形状

斜导柱的材料多为 T8、T10 等碳素工具钢，也可以用 20 钢渗碳处理。由于斜导柱经常与滑块摩擦，热处理要求硬度 ≥55HRC，表面粗糙度值 $Ra \leq 0.8\mu m$。

斜导柱与其固定的模板之间采用过渡配合 H7/m6。由于斜导柱在工作过程中主要用来驱动侧滑块做往复运动，侧滑块运动的平稳性由导滑槽与滑块之间的配合精度保证，而合模时滑块的最终准确位置由楔紧块决定。为了运动的灵活，滑块上斜孔与斜导柱之间可以采用较松的间隙配合 H11/b11，或在两者之间保留 0.5~1mm 的间隙。在特殊情况下（如斜导柱固定在动模、滑块固定在定模的结构），为了使滑块的运动滞后于开模动作，以便分型面先打开一定的缝隙，让制件与型芯之间先松动之后再驱动滑块进行侧向抽芯，间隙可放大至 2~3mm。

2）斜导柱倾斜角的确定。斜导柱的轴向与开模方向的夹角，称为斜导柱的倾斜角 α，如图 3-108 所示。它是决定斜导柱抽芯机构工作效果的重要参数。α 的大小对斜导柱的有效工作长度、抽芯距和受力状况等起着决定性的作用。

由图 3-108 可知

$$L = \frac{s}{\sin\alpha} \tag{3-36}$$

$$H = \frac{s}{\tan\alpha} \tag{3-37}$$

式中　L——斜导柱的工作长度；
　　　s——抽芯距；
　　　α——斜导柱的倾斜角；
　　　H——与抽芯距 s 对应的开模距。

图 3-109 是斜导柱抽芯时的受力图，从图中可知

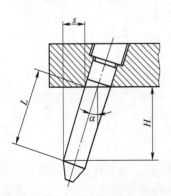

图 3-108 斜导柱工作长度与抽芯距的关系

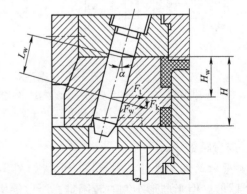

图 3-109 斜导柱抽芯时的受力图

$$F_w = \frac{F_t}{\cos\alpha} \tag{3-38}$$

$$F_k = F_t \tan\alpha \tag{3-39}$$

式中 F_w——侧抽芯时斜导柱所受的弯曲力;

F_t——侧抽芯时的脱模力,其大小等于抽芯力 F;

F_k——侧抽芯时所需的开模力。

由上式可知,α 增大,L 和 H 减小,有利于减小模具尺寸,但 F_w 和 F_k 增大,影响斜导柱和模具的强度和刚度;反之,α 减小,斜导柱和模具受力减小,但要在获得相同抽芯距的情况下,斜导柱的长度就要增长,开模距就要变大,因此模具尺寸会增大。综合两方面考虑,经过实际的计算推导,α 取 22°33′ 比较理想,一般在设计时取 $\alpha<25°$,常用为 $12°\leq\alpha\leq22°$。

3) 斜导柱长度的计算。斜导柱的长度见图 3-110,斜导柱的工作长度与抽芯距有关,当滑块向动模一侧或向定模一侧倾斜 β 角度后,斜导柱的工作长度 L(或称有效长度)为

$$L = \frac{s\cos\beta}{\sin\alpha} \tag{3-40}$$

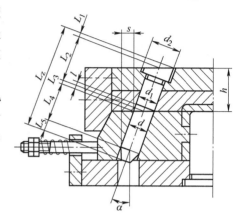

图 3-110 斜导柱的长度

斜导柱的总长度与抽芯距、斜导柱的直径、倾斜角及斜导柱固定板厚度等有关。斜导柱的总长为

$$L_z = L_1 + L_2 + L_3 + L_4 + L_5 = \frac{d_2}{2}\tan\alpha + \frac{h}{\cos\alpha} + \frac{d_1}{2}\tan\alpha + \frac{s}{\sin\alpha} + (5 \sim 10)\text{mm} \tag{3-41}$$

式中 L_z——斜导柱的总长度;

d_2——斜导柱固定部分大端直径;

h——斜导柱固定板厚度;

d_1——斜导柱工作部分直径;

s——抽芯距。

斜导柱安装固定部分的长度为

$$L_a = L_2 - l = \frac{h}{\cos\alpha} - \frac{d_1}{2}\tan\alpha \tag{3-42}$$

式中 L_a——斜导柱安装固定部分的长度;

d_1——斜导柱固定部分的直径。

(2) 侧滑块设计 侧滑块(简称滑块)是斜导柱侧向分型与抽芯机构中的一个重要零部件,它上面安装有侧向型芯或侧向成型块,注射成型时制件尺寸的准确性和移动的可靠性都需要靠它的运动精度保证。滑块的结构形状可以根据具体制件和模具结构灵活设计,可分为整体式和组合式两种。在滑块上直接制出侧向型芯或侧向型腔的结构称为整体式,仅适用于形状十分简单的侧向移动零件,尤其适于对开式瓣合模侧向分型,如绕线轮制件的侧型腔滑块。在一般的设计中,把侧向型芯或侧向成型块与滑块分开加工,然后再装配在一起,即

组合式结构。采用组合式结构可以节省优质钢材，且加工容易，因此应用广泛。

图 3-111 所示是几种常见的滑块与侧型芯连接的方式。图 3-111a 所示为小型芯在非成型端尺寸放大后用 H7/m6 的配合镶入滑块，然后用一个圆柱销定位，如侧型芯足够大，尺寸亦可不再放大；图 3-111b 是为了提高型芯的强度，适当增加型芯镶入部分的尺寸，并用两个骑缝销固定；图 3-111c 所示为适用于细小型芯的连接方式，在细小型芯后部制出台肩，从滑动的后部以过渡配合镶入后用螺塞固定；图 3-111d 所示为适用于多个型芯的连接方式，把各型芯镶入一固定板后，用螺钉和销从正面与滑块连接和定位，如正面影响制件成型，螺钉和销可以从滑块的背面深入侧型芯固定板。

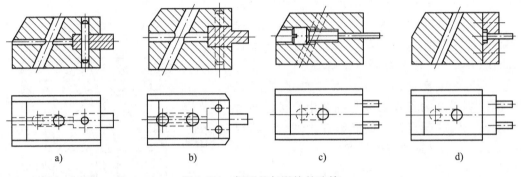

图 3-111 侧型芯与滑块的连接

侧向型芯或侧向成型块是模具的成型零件，常用 T8、T10、45 钢或 CrWMn 钢等制造，热处理要求硬度≥50HRC。滑块用 45 钢或 T8、T10 等制造，要求硬度≥40HRC。

（3）导滑槽设计　成型滑块在侧向分型与抽芯和复位过程中，要求必须沿一定的方向平稳地往复移动，这一过程是在导滑槽内完成的。根据模具上侧型芯的大小、形状和要求不同，滑块与导滑槽的配合形式也不同，一般采用 T 形槽或燕尾槽导滑，常用的配合形式如图 3-112 所示。图 3-112a 是 T 形槽导滑的整体式，结构紧凑，多用于小型模具的抽芯机构，但加工困难，精度不易保证；图 3-112b、c 是整体盖板式，图 3-112b 是在盖板上制出 T 形台肩的导滑部分，而图 3-112c 的 T 形台肩的导滑部分是在另一块模板上，它们克服了整体式要用 T 形铣刀加工精度较高的 T 形槽的困难；盖板式结构也可以设计成局部盖板式，如图 3-112d、e 所示两种结构形式，导滑部分淬硬后便于磨削加工，精度也容易保证，而且装

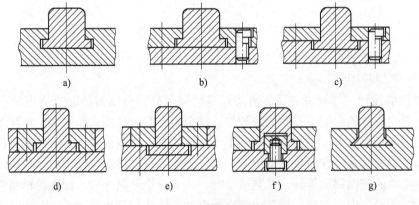

图 3-112 导滑槽的结构

配方便，因此，它们是最常用的两种形式；图 3-112f 虽然也是采用 T 形槽的形式，但移动方向的导滑部分设在中间的镶件上，而高度方向的导滑部分还是靠 T 形槽；图 3-112g 是整体燕尾槽导滑的形式，导滑的精度较高，但加工更加困难。

组成导滑槽的零件对硬度和耐磨性都有一定的要求，一般情况下，整体式导滑槽通常在动模板或定模板上直接加工，常用材料为 45 钢。为了便于加工和防止热处理变形，常常调质至 28~32HRC 后铣削成形。盖板的材料用 T8、T10 或 45 钢，要求硬度为 45~50HRC。

在设计滑块与导滑槽时，要注意选用正确的配合精度。导滑槽与滑块导滑部分采用间隙配合，一般采用 H8/f8，如果配合面在成型时与熔融塑料接触，为了防止配合部分漏料，应适当提高精度，可采用 H8/f7 或 H8/g7，其他各处均留有 0.5mm 左右的间隙。配合部分的表面要求较高，表面粗糙度值均应满足 $Ra \leq 0.8\mu m$。

导滑槽与滑块还要保持一定的配合长度。滑块完成抽拔动作后，其滑动部分仍应全部或有部分的长度留在导滑槽内，滑块的滑动配合长度通常要大于滑块宽度的 1.5 倍，而保留在导滑槽内的长度不应小于导滑配合长度的 2/3，否则，滑块开始复位时容易偏斜，甚至损坏模具。如果模具的尺寸较小，为了保证具有一定的导滑长度，可以将导滑槽局部加长，使其伸出模外，如图 3-113 所示。

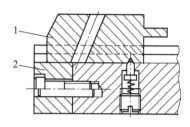

图 3-113 导滑槽的局部加长
1—侧型芯滑块 2—导滑槽加长块

(4) 楔紧块设计

1) 楔紧块的形式。在注射成型过程中，侧向成型零件受到熔融塑料很大的推力作用，这个力通过滑块传给斜导柱，而一般的斜导柱为细长杆件，受力后容易变形，导致滑块后移，因此必须设置楔紧块，以便在合模后锁住滑块，承受熔融塑料给予侧向成型零件的推力。楔紧块与模具的连接方式如图 3-114 所示。图 3-114a 是采用销定位、螺钉（三个以上）紧固的形式，结构简单，加工方便，应用较普遍，但承受的侧向力较小；图 3-114b 中，把楔紧块采用 H7/m6 配合整体镶入模板中，承受的侧向力要比图 3-114a 的形式大；图 3-114c 中，在楔紧块的背面又设置了一个后挡块，对楔紧块起加强作用；图 3-114d 采用了双楔紧块的形式，这种结构适于侧向力很大的场合，但安装调试较困难；图 3-114e 是与模板制成一体的整体式结构，牢固可靠，但消耗的金属材料较多，加工精度要求较高，适合于侧向力较大的场合。

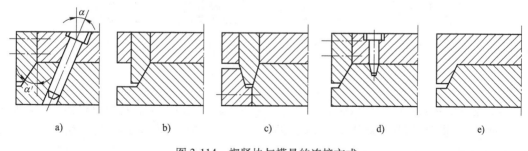

图 3-114 楔紧块与模具的连接方式

2) 锁紧角的选择。楔紧块的工作部分是斜面，其锁紧角 α' 如图 3-115 所示。为了保证斜面能在合模时压紧滑块，而在开模时又能迅速脱离滑块，以避免楔紧块影响斜导柱对滑块的驱动，锁紧角 α' 一般都应比斜导柱倾斜角 α 大一些。在图 3-115a 中，滑块移动方向垂直于合模方向，$\alpha' = \alpha+(2°\sim3°)$；当滑块向动模一侧倾斜 β 角度时，如图 3-115b 所示，$\alpha' = \alpha+(2°\sim3°) = \alpha_1 - \beta +(2°\sim3°)$；当滑块向定模一侧倾斜 β 角度时，如图 3-115c 所示，$\alpha' = \alpha+(2°+3°) = \alpha_2+\beta+(2°\sim3°)$。

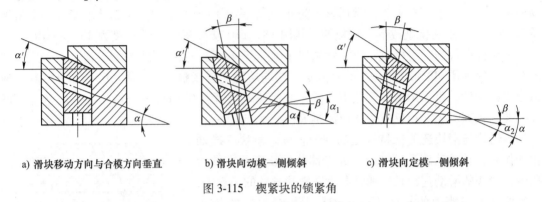

a) 滑块移动方向与合模方向垂直　　b) 滑块向动模一侧倾斜　　c) 滑块向定模一侧倾斜

图 3-115　楔紧块的锁紧角

(5) 滑块定位装置设计　滑块定位装置在开模过程中用来保证滑块停留在刚刚脱离斜导柱的位置，不再发生任何移动，以避免合模时斜导柱不能准确地插进滑块的斜孔内，造成模具损坏。在设计滑块的定位装置时，应根据模具的结构和滑块所在的不同位置选用不同的形式。图 3-116 所示是常见的几种定位装置形式。图 3-116a 依靠压缩弹簧的弹力使滑块停留在限位挡块处，俗称弹簧拉杆挡块式，它适用于任何方向的抽芯动作，尤其适用于向上方向的抽芯。在设计弹簧时，为了使滑块可靠地在限位挡块上定位，压缩弹簧的弹力是滑块重量的 2 倍左右，其压缩长度须大于抽芯距 s，一般取 $1.3s$ 较合适。拉杆用于支持弹簧，当抽芯距、弹簧的直径和长度已确定时，拉杆的直径和长度也就能确定。

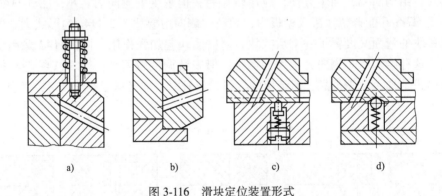

a)　　b)　　c)　　d)

图 3-116　滑块定位装置形式

拉杆端部的垫片和螺母也可制成可调的，以便调整弹簧的弹力，使定位机构工作切实可靠。这种定位装置的缺点是增大了模具的外形尺寸，有时甚至给模具安装带来困难。图 3-116b 适用于向下抽芯的模具，滑块利用自重停靠在限位挡块上，模具结构简单；图 3-116c 是弹簧顶销式定位装置，适用于侧面方向的抽芯动作，弹簧的直径可选 $1\sim1.5\mathrm{mm}$，顶销的头部制成半球状，滑块上的定位穴设计成球冠状或成 90° 的锥穴。图 3-116d 所示装置的使用场合与图 3-116c 所示装置相似，只是用钢球代替了顶销。

2. 斜导柱侧向分型与抽芯的应用形式

斜导柱和滑块在模具上不同的安装位置，构成了侧向分型与抽芯机构的不同应用形式，各种不同的应用形式具有不同的特点，在设计时应根据制件的具体情况合理选用。

（1）斜导柱安装在定模、滑块安装在动模的结构 斜导柱安装在定模、滑块安装在动模的结构是斜导柱侧向分型与抽芯机构应用最广泛的形式，它既可用于结构比较简单的单分型面注射模，也可用于结构比较复杂的双分型面注射模。在设计具有侧向分型与抽芯制件的模具时，首先应考虑使用这种形式。图3-117所示是属于双分型面模具的形式。在图3-117中，斜导柱5固定于中间板8上，为了防止在A分型面分型后，侧向抽芯时斜导柱往后移动，在其固定端后部设置一块垫板10加以固定。开模时，动模部分向左移动，沿A分型面首先分型，当A分型面之间达到可从中取出点浇口浇注系统凝料时，拉杆导柱11的左端螺钉与导套12接触；继续开模，

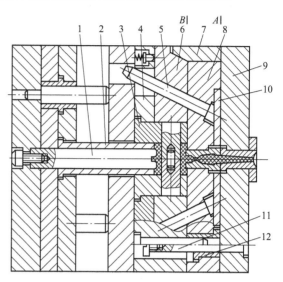

图3-117　斜导柱在定模、滑块在动模的双分型面注射模
1—型芯　2—推管　3—动模镶件　4—动模板
5—斜导柱　6—侧型芯滑块　7—楔紧块　8—中间板
9—定模（座）板　10—垫板　11—拉杆导柱　12—导套

沿B分型面分型，斜导柱5驱动侧型芯滑块6在动模板4的导滑槽内进行侧向抽芯；继续开模，在侧向抽芯结束后，推出机构开始工作，推管2将制件从型芯1和动模镶件3中推出。

这种结构在设计时必须注意，滑块与推杆在合模复位过程中不能发生"干涉"现象。所谓干涉现象，是指滑块的复位先于推杆的复位，致使活动侧型芯与推杆相碰撞，造成活动侧型芯或推杆损坏的事故。侧型芯与推杆发生干涉的可能性出现在两者在垂直于开模方向平面上的投影发生重合的条件下，如图3-118所示。在模具结构允许的情况下，应尽量避免在侧型芯投影范围内设置推杆。如果受到模具结构的限制而侧

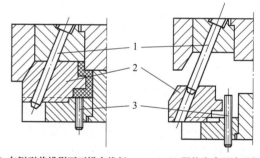

a) 在侧型芯投影面下设有推杆　　b) 即将发生干涉现象

图3-118　干涉现象
1—斜导柱　2—侧型芯　3—推杆

型芯的投影下一定要设置推杆时，首先应考虑能否使推杆推出一定距离后仍低于侧型芯的最低面，并使推出机构先复位，然后才允许侧型芯滑块复位，这样才能避免干涉。下面分别介绍避免侧型芯与推杆干涉的条件和推杆先复位机构。

1) 避免干涉的条件。图3-119a所示为开模侧抽芯后推杆推出制件的情况；图3-119b所示为合模复位时，复位杆使推杆复位、斜导柱使侧型芯复位而侧型芯与推杆不发生干涉的临界状态；图3-119c所示为合模复位完毕的状态。从图中可知，在不发生干涉的临界状态

下，侧型芯已复位 s'，还需复位的长度为 $s-s'=s_c$，而推杆需复位的长度为 h_c，如果完全复位，应该有

$$h_c \tan\alpha = s_c \qquad (3\text{-}43)$$

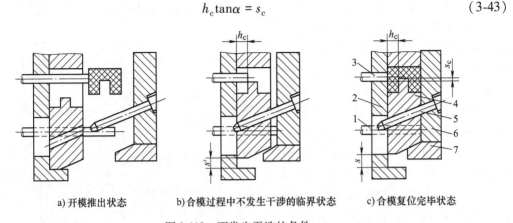

a) 开模推出状态　　b) 合模过程中不发生干涉的临界状态　　c) 合模复位完毕状态

图 3-119　不发生干涉的条件
1—复位杆　2—动模板　3—推杆　4—侧型芯滑块　5—斜导柱　6—定模板　7—楔紧块

在完全不发生干涉的情况下，需要在临界状态时侧型芯与推杆还有一段微小的距离 Δ，因此不发生干涉的条件为

$$h_c \tan\alpha = s_c + \Delta$$

或者
$$h_c \tan\alpha > s_c \qquad (3\text{-}44)$$

式中　h_c——在完全合模状态下推杆端面到侧型芯的最小距离；

s_c——在垂直于开模方向的平面上，侧型芯与推杆投影重合的长度；

Δ——在完全不干涉的情况下，推杆复位到 h_c 位置时，侧型芯沿复位方向距离推杆侧面的最小距离，一般取 $\Delta=0.5\text{mm}$。

在一般情况下，只要使 $h_c\tan\alpha-s_c>0.5\text{mm}$，即可避免干涉。如果实际情况无法满足这个条件，则必须设计推杆先复位机构。

2）推杆先复位机构。推杆先复位机构应根据制件和模具的具体情况进行设计，下面介绍几种典型的推杆先复位机构。但应注意，先复位机构一般都不容易保证推杆、推管等推出零件的精确复位，故在设计先复位机构的同时，通常还需要设置能保证复位精度的复位杆。

①弹簧式先复位机构。弹簧式先复位机构是利用弹簧的弹力使推出机构在合模之前进行复位，弹簧安装在推杆固定板和动模支承板之间，如图 3-120 所示。图 3-120a 中，弹簧安装在推杆上；图 3-120b 中，弹簧安装在复位杆上；图 3-120c 中，弹簧安装在另外设置的簧柱上。一般情况下设置 4 根弹簧，并且尽量均匀分布在推杆固定板的四周，以便推杆固定板受到均匀的弹力而使推杆顺利复位。开模推出制件时，制件包在型芯上一起随动模部分后退，当推板与注射机上的顶杆接触后，动模部分继续后退，推出机构相对静止而开始脱模，弹簧被进一步压缩。一旦开始合模，注射机顶杆与模具推板脱离接触，在弹簧回复力的作用下推杆迅速复位，因此在斜导柱还未驱动侧型芯滑块复位时，推杆便复位结束，因此避免了与侧型芯的干涉。弹簧先复位机构具有结构简单、安装方便等优点，但弹簧的力量较小，而且容易疲劳失效，可靠性差，一般只适用于复位力不大的场合，并需要定期更换弹簧。

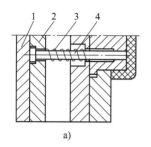 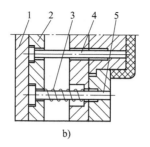 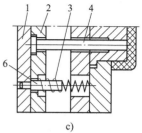

图 3-120 弹簧式先复位机构
1—推板　2—推杆固定板　3—弹簧　4—推杆　5—复位杆　6—簧柱

②楔杆摆杆式先复位机构。楔杆摆杆式先复位机构如图 3-121 所示。合模时，固定在定模板的楔杆 1 推动摆杆 3 上的滚轮，迫使摆杆绕着固定于动模垫板上的转轴做逆时针方向旋转，同时推动推杆固定板 4 向左移动，使推杆 2 的复位先于侧型芯滑块的复位，避免侧型芯与推杆发生干涉。为了减少滚轮与推板 5 的磨损，在推板上常常镶有淬火处理的垫板。

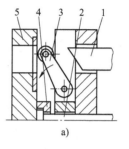 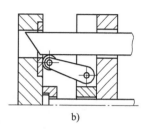

图 3-121 楔杆摆杆式先复位机构
1—楔杆　2—推杆　3—摆杆　4—推杆固定板　5—推板

（2）斜导柱安装在动模、滑块安装在定模的结构　由于在开模时一般要求制件包紧于动模部分的型芯上而留于动模，而侧型芯则安装在定模，这样就会产生以下几种情况：一种情况是侧抽芯与脱模同时进行，由于侧型芯在合模方向的阻碍作用，使制件从动模部分的型芯上强制脱下而留于定模型腔，侧抽芯结束后，制件就无法从定模型腔中取出；另一种情况是由于制件包紧于动模型芯上的力大于侧型芯使制件留于定模型腔的力，则可能会出现制件被侧型芯撕破或细小侧型芯被折断的现象，导致模具损坏或无法工作。从以上分析可知，当斜导柱安装在动模、滑块安装在定模时，脱模与侧抽芯不能同时进行，两者之间要有一个滞后的过程。

图 3-122 所示为先脱模后侧向分型与抽芯的结构。该模具的特点是不设推出机构，凹模制成可侧向滑动的瓣合式滑块，斜导柱 5 与凹模滑块 3 上的斜孔之间存在着较大的间隙 C（$C = 1.6 \sim 3.6$ mm），开模时，在凹模滑块侧向移动之前，动、定模将先分开一段距离 h（$h = C/\sin\alpha$），同时，由于凹模滑块的约束，制件与型芯 4 也将脱开一段距离，然后斜导柱才与凹模滑块上的斜孔壁接触，侧向分型与抽芯动作开始。这种形式的模具结构简单，加工方便，但制件需要人工从瓣合凹模滑块之间取出，操作

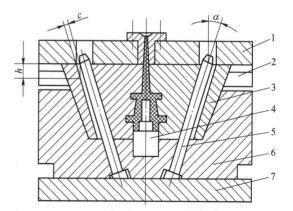

图 3-122 斜导柱在动模、滑块在定模的结构（一）
1—定模座板　2—导滑槽　3—凹模滑块　4—型芯
5—斜导柱　6—动模板（模套）　7—动模座板

不方便，生产率也较低，因此仅适合于小批量生产的简单模具。

图 3-123 所示为先侧抽芯后脱模的结构。为了使制件不留于定模，设计的特点是型芯 3 与动模板 2 之间有一段可相对运动的距离。开模时，动模部分向左移动，而被制件紧包住的型芯 3 不动，这时滑块 7 在斜导柱 6 的作用下开始侧抽芯，侧抽芯结束后，型芯 3 的台肩与动模板 2 接触。继续开模，包在型芯 3 上的制件随动模一起向左移动而从型腔中脱出，最后在推杆的作用下，推件板 4 将制件从型芯 3 上脱下。在这种结构中，定位顶销 8 及弹簧的作用是在刚开始分型时把推件板 4 压靠在型腔的端面，防止制件从型腔中脱出。

采用这种形式的斜导柱侧抽芯结构的模具，在设计时一定要考虑合模时型芯 3 的复位问题。

(3) 斜导柱与滑块同时安装在定模的结构 斜导柱与滑块同时安装在定模时，要造成两者之间的相对运动，否则就无法实现侧向分型与抽芯动作。要实现两者之间的相对运动，就必须在定模部分增加一个分型面，因此就需要用顺序分型机构。

图 3-124 所示为采用弹簧式顺序分型机构的形式。开模时，动模部分向下移动，在弹簧 7 的作用下，A 分型面首先分型，主流道凝料从主流道衬套中脱出，分型的同时，在斜导柱 2 的作用下，侧型芯滑块 1 开始侧向抽芯；侧向抽芯动作完成后，定距螺钉 6 的端部与定模板 5 接触，A 分型面分型结束。动模部分继续向下移动，B 分型面开始分型，制件包在型芯 3 上脱离定模板 5，最后在推杆 8 的作用下，推件板 4 将制件从型芯上脱下。采用这种结构形式时，必须注意弹簧 7 应该有足够的弹力，以满足 A 分型面分型及侧向抽芯时开模力的需要。

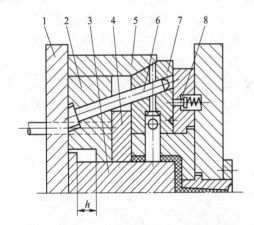 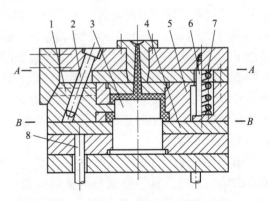

图 3-123 斜导柱在动模、滑块在定模的结构（二）
1—动模座板 2—动模板 3—型芯 4—推件板
5—楔紧块 6—斜导柱 7—滑块 8—定位顶销

图 3-124 斜导柱与滑块同在定模的结构（一）
1—侧型芯滑块 2—斜导柱 3—型芯 4—推件板
5—定模板 6—定距螺钉 7—弹簧 8—推杆

图 3-125 所示为采用摆钩式顺序分型机构的形式。合模时，在弹簧 7 的作用下，通过转轴 6 固定于定模板 10 上的摆钩 8 勾住固定在动模板 11 上的挡块 12。开模时，由于摆钩 8 勾住挡块，模具首先沿 A 分型面分型，同时在斜导柱 2 的作用下，侧型芯滑块 1 开始侧向抽芯；侧向抽芯结束后，固定在定模座板上的压块 9 的斜面压迫摆钩 8 做逆时针方向摆动而脱离挡块 12，定模板 10 在定距螺钉 5 的限制下停止运动。动模部分继续向下移动，B 分型面开始分型，制件随型芯 3 保持在动模一侧，而后推件板 4 在推杆 13 的作用下将制件推出。

设计上述结构时，必须注意挡块12与摆钩8勾接处应有1°~3°的斜度，同时，一般应将摆钩和挡块成对并对称布置于模具的两侧。

图3-126所示是采取导柱式顺序分型机构的形式。导柱13固定在动模板10上，其上面有一环形的半圆槽（小半个圆），与其对应，在定模板6上设置有弹簧11和顶销12组成的装置。合模时，在弹簧作用下，顶销头部正好插入导柱的半圆槽内。开模时，由于弹簧、顶销的作用，定模板6与动模一起向下移动，沿A分型面首先分型，同时斜导柱3驱动侧型芯滑块1侧向抽芯，当抽芯动

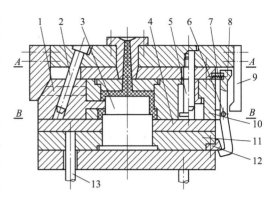

图3-125 斜导柱与滑块同在定模的结构（二）
1—侧型芯滑块 2—斜导柱 3—型芯 4—推件板
5—定距螺钉 6—转轴 7—弹簧 8—摆钩 9—压块
10—定模板 11—动模板 12—挡块 13—推杆

作完成后，固定于定模板6的限位螺钉8与固定于定模座板9上的导柱7的凹槽相接触，A分型面分型结束。动模部分继续向下移动，由于开模力大于顶销12对导柱13上半圆槽的压力所产生的拉紧力，导致顶销后退进入定模板内，于是动、定模沿B分型面分型，最后推杆2作用于推件板5，将制件从型芯4上脱下。这种形式的顺序分型与两个导柱的结构有关，整个模具紧凑、结构简单，但是顶销的拉紧力不大，一般只适合于抽芯力不大的场合。

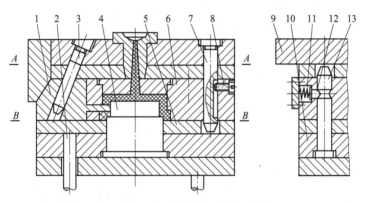

图3-126 斜导柱与滑块同在定模的结构（三）
1—侧型芯滑块 2—推杆 3—斜导柱 4—型芯 5—推件板 6—定模板
7、13—导柱 8—限位螺钉 9—定模座板 10—动模板 11—弹簧 12—顶销

图3-127所示是滑板式顺序脱模机构。合模状态下，固定于动模板3上的拉钩7勾住安装在定模板10内的滑板6。开模时，动模部分向左移动，由于拉钩的作用，模具沿A分型面首先分型，同时斜导柱12驱动侧型芯滑块13开始侧向抽芯；当抽芯动作完成后，滑板6的斜面受到压块8的斜面作用向模内移动而脱离拉钩7，由于定距螺钉4的作用，在动模继续向左移动时，动、定模沿B分型面分型。合模时，滑板6在拉钩7的斜面作用下向模内移动，当模具完全闭合后，滑板在弹簧15的作用下复位，拉钩勾住滑板。

斜导柱与滑块同时安装在定模的结构中，斜导柱的长度可适当加长，而让定模部分分型后斜导柱工作端仍留在侧型芯滑块的斜孔内，因此不需设置滑块的定位装置。以上介绍的几

种顺序分型机构,除了应用于斜导柱与滑块同时安装在定模形式的模具外,只要定模部分的分型距离足以满足点浇口浇注系统凝料的取出,就可用于点浇口浇注系统的三板式模具。

(4) 斜导柱与滑块同时安装在动模 斜导柱与滑块同时安装在动模时,一般可以通过推出机构来实现斜导柱与侧型芯滑块的相对运动。如图3-128所示,侧型芯滑块2安装在推件板4的导滑槽内。合模时,靠设置在定模板上的楔紧块锁紧。开模时,侧型芯滑块2和斜导柱3一起随动模部分下移和定模分开;当推出机构开始工作时,推杆6推动推件板4使制件脱模,同时,侧型芯滑块2在斜导柱3的作用下在推件板4的

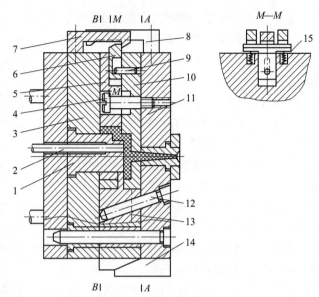

图3-127 斜导柱与滑块同在定模的结构(四)
1—型芯 2—推杆 3—动模板 4—定距螺钉 5—定模镶件
6—滑板 7—拉钩 8—压块 9—定距销 10—定模板 11—定模座板
12—斜导柱 13—侧型芯滑块 14—楔紧块 15—弹簧

导滑槽内向两侧滑动,实现侧向分型与抽芯。采用这种结构的模具,由于侧型芯滑块始终不脱离斜导柱,所以不需设置滑块定位装置。造成斜导柱与滑块相对运动的推出机构一般为推件板推出机构,因此,这种结构形式主要适合于抽芯力和抽芯距均不太大的场合。

(5) 斜导柱的内侧抽芯形式 斜导柱侧向分型与抽芯机构除了对制件进行外侧分型与抽芯,还可以对制件进行内侧抽芯,如图3-129所示。斜导柱2固定于定模板1上,侧型芯滑块3安装在动模板6上。开模时,制件包紧在型芯4上随动模向左移动,在开模过程中,斜导柱2同时驱动侧型芯滑块3在动模板6的导滑槽内滑动而进行内侧抽芯,最后推杆5将

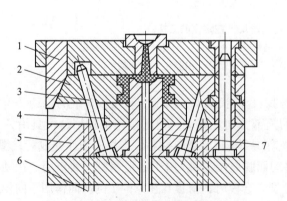

图3-128 斜导柱与滑块同在动模的结构
1—楔紧块 2—侧型芯滑块 3—斜导柱
4—推件板 5—动模板 6—推杆 7—型芯

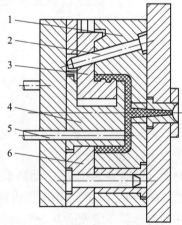

图3-129 斜导柱内侧抽芯
1—定模板 2—斜导柱 3—侧型芯滑块
4—型芯 5—推杆 6—动模板

制件从型芯 4 上推出。这类模具在设计时，由于缺少斜导柱从滑块中抽出时的滑块定位装置，因此要求将滑块设置在模具的上方，利用滑块的重力定位。

3. 斜导柱侧向分型与抽芯机构的应用实例

为了加深对斜导柱侧向分型与抽芯机构的理解和熟练应用，在结构设计介绍后，对于每一种类型再分别举一个应用实例。

（1）斜导柱固定在定模、侧型芯滑块安装在动模的侧向抽芯实例 图 3-130 所示是斜导柱固定在定模、侧型芯滑块安装在动模的侧向抽芯实例，其成型的制件犹如一个绕线轮。该模具是点浇口双分型面模具，定模镶件 12 和斜导柱 14 固定在定模板（中间板）7 内，上面用盖板 10 与其固定。由于侧型芯滑块在分型面的投影下设有推杆 23，模具在复位时就有可能产生干涉现象，因此该模具采用了摆杆楔杆滚轮式先复位机构。

注射保压结束后，动模部分向后移动，模具从 A 分型面首先分型，主流道（图中未画出）从浇口套中抽出。当拉杆导柱 9 的左端与定模板（中间板）7 接触时，A 分型面分型结束，B 分型面开始分型，侧型芯滑块 17 在斜导柱 14 的作用下开始进行上下侧向分型与抽芯。在 B 分型面分型的同时，摆杆 4 和滑轮 3 与楔杆 8 脱离。侧向抽芯结束

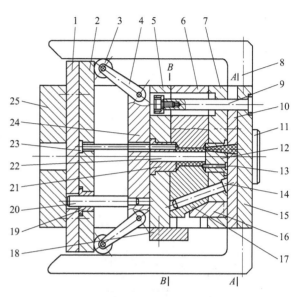

图 3-130　斜导柱固定在定模、侧型芯滑块
安装在动模的侧向抽芯实例

1—推板　2—推杆固定板　3—滑轮　4—摆杆　5—固定板
6—动模板　7—定模板（中间板）　8—楔杆　9—拉杆导柱
10—盖板　11—定位圈　12—定模镶件　13—定模型芯
14—斜导柱　15—定模座板　16—楔紧块　17—侧型芯滑块
18—挡块　19—推板导套　20—推板导柱　21—动模镶件
22—动模型芯　23—推杆　24—支承板　25—动模座板

后，动模部分继续向后移动直至开模结束。接着推出机构开始工作，推杆 23 将制件从动模型芯 22 上推出的同时，推杆固定板 2 推动滑轮 3 在其上面向外滚动的同时使摆杆 4 向外张开。

合模时，动模部分向前移动，滑轮 3 在楔杆 8 斜面的作用下向内滚动，同时使摆杆 4 向内转动，迫使推杆固定板后退而带动推杆预先复位，最后复位杆（图中未画出）使推杆精确复位。侧型芯滑块由斜导柱复位并且由楔紧块 16 锁紧，接着就可以开始下一次的注射成型。

（2）斜导柱固定在动模、侧型芯滑块安装在定模的侧向抽芯实例 图 3-131 所示是斜导柱固定在动模、侧型芯滑块安装在定模的侧向抽芯实例，成型的制件上一侧有一个通孔。模具采用一模两件、推件板推出及楔杆摆杆顺序定距两次分型机构。摆杆 7 用转轴 8 固定在定模座板 13 外侧的模块上，左端用弹簧 5 与固定板 22 拉紧。楔杆 6 的左端用螺钉固定在支承板 3 上，右端紧靠在模具侧面。挡块 4 固定在固定板 22 内。

注射成型后，动模部分向后移动，由于摆杆 7 勾住挡块 4，使模具沿 A 分型面首先分

型，斜导柱 10 带动侧型芯滑块 11 进行侧向抽芯；在侧抽芯结束后，摆杆 7 在楔杆 6 右端斜面的作用下向外转动而脱钩，A 分型面分型结束（由限位螺钉限位，图中未画出）。动模继续后移，沿 B 分型面分型，制件包在型芯 14 上跟随动模一起向后移动，主流道凝料从浇口套 16 中抽出。分型结束，推出机构工作，推杆（复位杆）2 推动推件板 15 将制件从型芯上推出。

合模时，动模部分向前移动，斜导柱带动侧型芯滑块复位，推出机构由推杆（复位杆）2 复位，摆杆 7 的左端斜面滑过挡块 4 且在弹簧 5 的作用下而将挡块勾住，模具进入下一个注射循环。

(3) 斜导柱和侧型芯滑块同时安装在定模侧的侧向抽芯实例　图 3-132 所示是斜导柱和侧滑块型芯同时安装在定模侧的侧向抽芯实例，该模具成型的制件上一侧有一个带有半圆弧形状的尖孔。模具采用一模两件，模具的下半部分剖在有侧孔的地方，模具的上半部分剖在无侧孔的地方。模具采用了摆杆压板顺序定距两次分型机构的设计，顺序分型机构应在模具两侧对称设置，由于剖面的位置不同，图中仅画出了上半部分。摆杆 7 用转轴 6 固定在定模板 15 的固定块上，右端安装有压缩弹簧，压板 8 固定在定模座板 12 上。

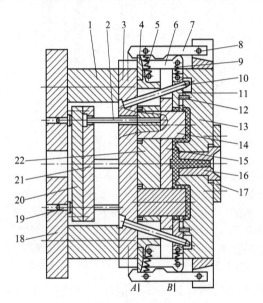 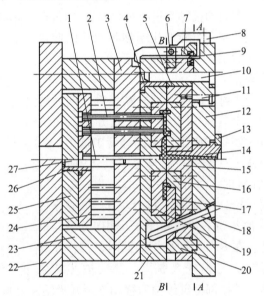

图 3-131　斜导柱固定在动模、侧型芯滑块
安装在定模的侧向抽芯实例
1—垫块　2—推杆（复位杆）　3—支承板
4—挡块　5、9—弹簧　6—楔杆　7—摆杆
8—转轴　10—斜导柱　11—侧型芯滑块
12—挡销　13—定模座板　14—型芯
15—推件板　16—浇口套　17—定位圈
18—动模座板　19—支承钉　20—推板
21—推杆固定板　22—固定板

图 3-132　斜导柱和侧型芯滑块同时
安装在定模侧的侧向抽芯实例
1—拉料杆　2—推杆　3—支承板　4、5—导套
6—转轴　7—摆杆　8—压板　9—弹簧　10—导柱
11—限位螺钉　12—定模座板　13—定位圈　14—浇口套
15—定模板　16—定模镶件　17—侧型芯滑块
18—斜导柱　19—动模镶件　20—楔紧块　21—动模板
22—动模座板　23—垫块　24—推杆固定板
25—推板　26—推板导套　27—推板导柱

注射成型后，动模部分向后移动，由于摆杆 7 勾住动模板 21，使模具从 A 分型面首先分型，此时，斜导柱 18 带动侧型芯滑块 17 进行侧向抽芯；在侧抽芯结束后，摆杆 7 在压板 8 的斜面的作用下做顺时针方向转动而脱钩，其后由限位螺钉 11 限位，A 分型面分型结束。动模继续后移，沿 B 分型面分型，制件留在动模镶件 19 上随动模一起向后移，主流道凝料

在动模板上反锥度孔的作用下从浇口套 14 中拉出。分型结束后，推出机构开始工作，推杆 2 将制件从动模镶件上推出。

合模时，动模部分向前移动，斜导柱带动侧滑块型芯复位并由楔紧块锁紧，推出机构由复位杆复位（图中未画出），摆杆 7 脱离压板 8 并在弹簧 9 的作用下勾住动模板 21，此时便可开始进行下一次的注射成型。

（4）斜导柱和侧型芯滑块同时安装在动模侧的侧向抽芯实例 图 3-133 是斜导柱和侧型芯滑块同时安装在动模侧的侧向抽芯实例，该模具成型的制件下侧有一个通孔，采用斜导柱侧向抽芯。斜导柱 14 固定在固定板 2 上，带有侧型芯 10 的侧滑块 11 用销及螺钉与侧滑块镶件 12 连接固定，并且安装在推件板 3 的导滑槽中。

注射成型后，动模部分向后移动，主流道凝料从浇口套 8 中抽出，并与包在型芯 9 上的制件一起随动模部分向后移动，同时，在推件板导滑槽的作用下，侧滑块 11 与侧滑块镶件 12 带着侧型芯 10 和定模板 4 脱离，并随动模部分向后移动。分型结束后，推出机构开始工作，推杆（复位杆）16 推动推件板 3，一方面使侧滑块和侧滑块镶件与斜导柱产生位移，并且在推件板的导板滑槽中向外滑动进行侧向抽芯，另一方面推件板将制件从型芯 9 上推出。该结构的特点是侧向抽芯与制件脱模同时进行。

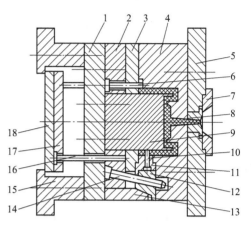

图 3-133 斜导柱和侧型芯滑块同时
安装在动模侧的侧向抽芯实例
1—支承板 2—固定板 3—推件板 4—定模板
5—定模座板 6—动模小型芯 7—定位圈
8—浇口套 9—型芯 10—侧型芯 11—侧滑块
12—侧滑块镶件 13—楔紧块 14—斜导柱
15—支架 16—推杆（复位杆）
17—推杆固定板 18—推板

合模时，动模部分向前移动，侧滑块 11 和侧滑块镶件 12 带动侧型芯 10 在定模板 4 及斜导柱 14 的作用下，沿着推件板 3 的导滑槽向内复位，并由楔紧块锁紧；推出机构由推杆（复位杆）16 复位。

3.5.3 斜滑块侧向分型与抽芯机构

1. 斜滑块侧向分型与抽芯机构的工作原理及其类型

当制件的侧凹较浅，所需的抽芯距不大，但侧凹的成型面积较大，因而需较大的抽芯力时，可采用斜滑块机构进行侧向分型与抽芯。斜滑块侧向分型与抽芯的特点是利用推出机构的推力驱动斜滑块斜向运动，在制件被推出的同时由斜滑块完成侧向分型与抽芯动作。通常，斜滑块侧向分型与抽芯机构要比斜导柱侧向分型与抽芯机构简单得多，一般可分为外侧分型与抽芯和内侧抽芯两种。

图 3-134 所示为斜滑块外侧分型的示例。该制件为绕线轮，外侧常有深度浅但面积大的侧凹，斜滑块设计成对开式（瓣合式）凹模镶件，即型腔由两个斜滑块组成。开模后，制件包在动模型芯 5 上和斜滑块一起随动模部分向左移动，在推杆 3 的作用下，斜滑块（对开式凹模镶件）2 相对向右运动的同时向两侧分型，分型的动作靠斜滑块在模套 1 的导滑槽内的斜向运动来实现，导滑槽的方向与斜滑块的斜面平行。

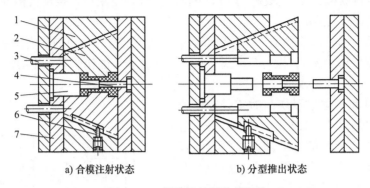

a) 合模注射状态　　　　b) 分型推出状态

图 3-134　斜滑块外侧分型机构
1—模套　2—斜滑块（对开式凹模镶件）　3—推杆
4—定模型芯　5—动模型芯　6—限位螺钉　7—动模型芯固定板

2. 斜滑块侧向分型与抽芯机构设计要点

(1) 正确选择主型芯位置　主型芯位置选择恰当与否，直接关系到制件能否顺利脱模。例如，图 3-135 中将主型芯（图中未画出）设置在定模一侧，开模后，主型芯立即从制件中抽出，然后斜滑块才能分型，所以制件很容易在斜滑块上黏附某处收缩值较大的部位，因此不能顺利从斜滑块中脱出，如图 3-135a 所示。如果将主型芯位置设于动模，则在脱模过程中，制件虽与主型芯松动，但侧向分型时对制件仍有限制侧向移动的作用，所以制件不会黏附在斜滑块上，因此脱模比较顺利，如图 3-135b 所示。

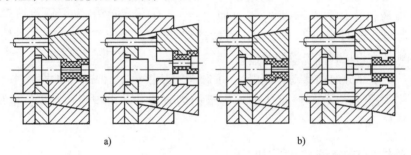

a)　　　　　　　　b)

图 3-135　主型芯位置的选择

(2) 开模时斜滑块的止动　斜滑块通常设置在动模部分，并要求制件对动模部分的包紧力大于对定模部分的包紧力。但有时因为制件的特殊结构，定模部分的包紧力大于动模部分或者不相上下，此时，如果没有止动装置，斜滑块在开模动作刚刚开始之时便有可能与动模产生相对运动，导致制件损坏或滞留在定模而无法取出，如图 3-136a 所示。为了避免这种现象发生，可设置弹簧顶销止动装置，如图 3-136b 所示。开模后，弹簧顶销 6 紧压斜滑块（对开式凹模镶件）4 防止其与动模分离，使定模型芯 5 先从制件中抽出；继续开模时，制件留在动模上，然后由推杆 1 推动侧滑块侧向分型并推出制件。

斜滑块止动还可采用图 3-137 所示的导销机构，即固定于定模板 4 上的导销 3 与斜滑块 2 在开模方向有一段配合（H8/f8），开模后，在导销的约束下，斜滑块不能进行侧向运动，所以开模动作也就无法使斜滑块与动模之间产生相对运动；继续开模时，导销与斜滑块脱离接触，最后，动模的推出机构推动斜滑块侧向分型并推出制件。

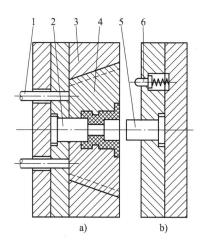

图 3-136 弹簧顶销止动装置
1—推杆 2—动模型芯 3—模套
4—斜滑块（对开式凹模镶件）
5—定模型芯 6—弹簧顶销

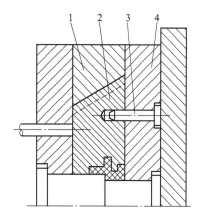

图 3-137 导销止动装置
1—模套 2—斜滑块
3—导销 4—定模板

（3）斜滑块的倾斜角和推出行程 由于斜滑块的强度较高，斜滑块的倾斜角可比斜导柱的倾斜角大一些，一般在 30°内选取。在同一副模具中，如果制件各处的侧凹深浅不同，所需的斜滑块推出行程也不相同，为了解决这一问题，使斜滑块运动保持一致，可将各处的斜滑块设计成不同的倾斜角。对于立式模具，斜滑块推出模套的行程不大于斜滑块高度的 1/2。

（4）斜滑块的装配要求 为了保证斜滑块在合模时拼合面密合，避免注射成型时产生飞边，斜滑块装配后必须使其底面离模套有 0.2~0.5mm 的间隙，上面高出模套 0.4~0.6mm（应比底面的间隙略大一些），如图 3-138 所示。这样做的好处还在于，当斜滑块与导滑槽之间有磨损之后，通过修磨斜滑块下端面，可继续保持其密合性。

（5）推杆位置的选择 对于抽芯距较大的斜滑块，应注意防止在侧抽芯过程中斜滑块移出推杆顶端的位置，造成斜滑块无法完成预期侧向分型或抽芯的工作，所以在设计时，选择推杆的位置应予以重视。

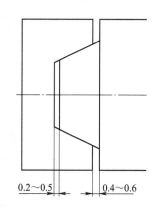

图 3-138 斜滑块的装配要求

（6）斜滑块推出时的限位 斜滑块机构用于卧式注射机时，为了防止斜滑块在工作时滑出模套，可在斜滑块上开一长槽，模套上加一螺销定位，如图 3-134 所示。

任务实施

机壳注射模外侧抽芯机构分析见表 3-12。

表 3-12　机壳注射模外侧抽芯机构分析

名　称	图　形	说　明
1. 塑料机壳图（PA）	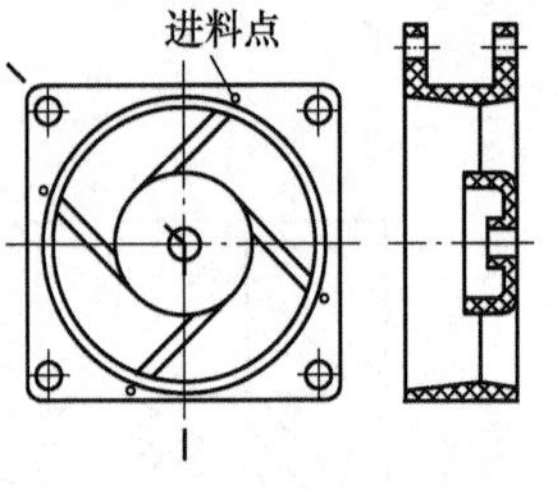 a)  进料点　　b)	为满足机壳壁厚的均匀性，该机壳外形的四角设计为双法兰型内凹，因此模具的抽芯滑块必须设计成全外形，并满足长距离（60mm）抽芯距
2. 外侧滑块	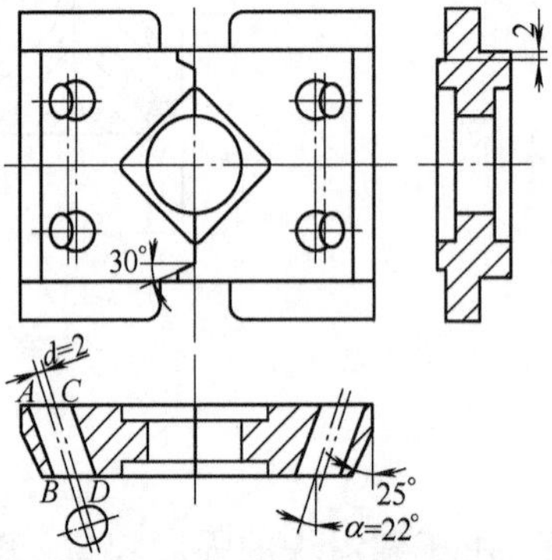  （图示：外侧滑块及模具实物，标注 30°、d=2、α=22°、25°、A C B D）	因为是外侧抽芯，该滑块的形状比较特殊，滑块宽大，为保证长距离抽芯，尤其是初始抽芯的平稳，每个滑块采用了两根斜导柱，本例选择斜导柱侧向分型与抽芯机构
3. 滑槽板、动模型芯	 滑槽板　　动模型芯	1）动模型芯的外缘4处下凹，以便与定模型芯相应的4处凸缘相吻合，形成必须的两个辅助分型面 2）滑槽板两端的T形槽不开通，以防在两滑块的合拢处（侧分型面）产生飞边，这是实践中的优化
4. 定模型芯、斜导柱	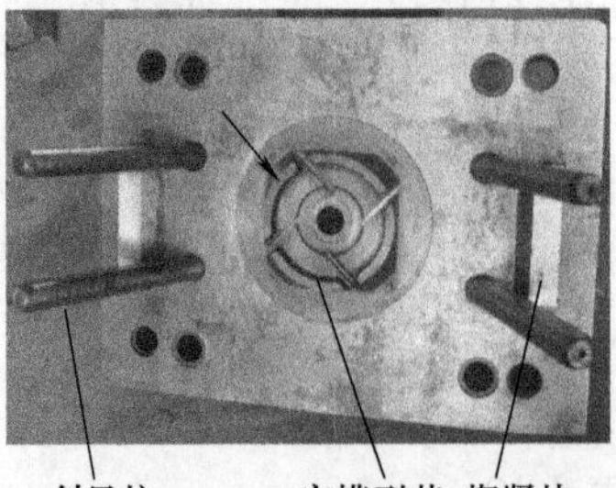 斜导柱　定模型芯　楔紧块	斜导柱设置在定模，采用定模、滑块和动模板组合配作的加工方式，确保滑块活动自如

知识拓展

其他类型的抽芯机构

1. 液压或气动侧抽芯机构

液压或气动侧抽芯是通过液压缸或气缸活塞及控制系统来实现的，当制件侧向有很深的孔，如三通管子制件，侧向抽芯力和抽芯距很大，用斜导柱、斜滑块等侧抽芯机构无法解决时，往往优先考虑采用液压或气动侧向抽芯（在有液压或气动源时）。

图3-139所示为液压缸（或气缸）固定于定模、省去楔紧块的侧抽芯机构，它能完成定模部分的侧抽芯工作。液压缸（或气缸）在控制系统控制下在开模前必须将侧型芯抽出，然后再开模；而合模结束后，液压缸（或气缸）才能驱动侧型芯复位。

图3-140所示为液压缸（或气缸）固定于动模、具有楔紧块的侧抽芯机构，它能完成动模部分的侧抽芯工作。开模时，当楔紧块脱离侧型芯后，首先由液压缸（或气缸）抽出侧型芯，然后推出机构才能将制件推出。合模时，侧型芯由液压缸（或气缸）先复位，然后推出机构复位，最后楔紧块锁紧，即侧型芯的复位必须在推出机构复位、楔紧块锁紧之前进行。

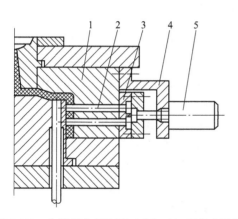 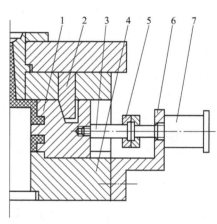

图3-139 定模部分的液压（或气动）侧抽芯机构　　图3-140 动模部分的液压（或气动）侧抽芯机构
1—定模板　2—侧型芯　3—侧型芯固定板　　　　1—侧型芯　2—楔紧块　3—拉杆　4—动模板
4—支架　5—液压缸　　　　　　　　　　　　　5—连接器　6—支架　7—液压缸

图3-141所示为液压抽长型芯的机构示意图，这种机构可以抽很长的型芯而使模具简化，其特点是液压缸设置在动模板内。

在设计液压或气动侧抽芯机构时，同时要考虑液压缸或气缸在模具上的安装固定方式，以及侧型芯滑块与液压缸或气缸活塞连接的形式。

2. 手动侧向分型与抽芯机构

在制件处于试制状态或批量很小的情况下，或者在采用机动抽芯十分复杂或根本无法实现的情况下，制件上某些部位的侧向分型与抽芯常常采用手动形式。手动侧向分型与抽芯机构分为两大类，即模内手动抽芯和模外手动抽芯。

（1）模内手动分型与抽芯机构　模内手动侧向分型抽芯机构是指在开模前用手工完成

模具上的分型与抽芯动作,然后再开模推出制件。大多数的模内手动侧抽芯是利用丝杠和内螺纹的旋合使侧型芯退出与复位。图 3-142a 所示结构用于圆形型芯的模内手动侧抽芯,型芯与丝杠为一体,外端制有内六角,用内六角扳手即可使型芯退出或复位。图 3-142b 所示结构用于非圆形型芯的模内手动侧抽芯,用套筒扳手即可使侧型芯退出或复位。该形式由于侧型芯的侧面积较大,最好采用楔紧块装置(图中未画出)锁紧侧型芯。

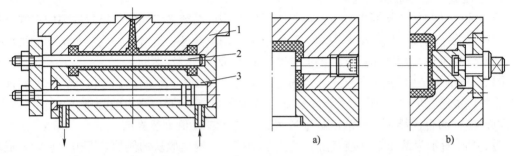

图 3-141 液压抽长型芯机构　　　　图 3-142 丝杠手动侧抽芯机构
1—定模板　2—长型芯　3—动模板

图 3-143a 所示是手动多型芯侧抽芯机构示意图。滑板向上推动,其上的偏心槽使固定于侧型芯上的圆柱销带动侧型芯向外抽芯,滑板向下推动,侧型芯复位。图 3-143b 所示是手动多滑块型腔圆周分型结构示意图,圆盘用手柄顺时针转动,其上的斜槽带动圆柱销使滑块沿周向分型,逆时针方向转动时,使滑块复位。

(2)模外手动分型与抽芯机构　模外手动分型与抽芯机构实质上是带有活动镶件的注射模结构。注射前,先将活动镶件以一定的配合安放在模内,注射后分型脱模,活动镶件随制件一起推出模外,然后用手工的方法将活动镶件从制件的侧向取下,准备下次注射时使用。图 3-144 所示就是模外手动分型与抽芯的结构示例。图 3-144a 中,活动镶件的非成型端在一定的长度上制出 3°~5°的斜面,以便于安装时导向,而有 3~5mm 的长度与动模上的安装孔进行配合,配合精度一般采用 H8/f8。合模时,靠定模板上的小型芯与活动镶件的接触而精确定位。图 3-144b 中,制件内侧有球状的结构,很难采用其他抽芯机构,因而采用活动镶件的形式。合模前,左右活动镶件用圆柱销定位后镶入型芯。开模后,推杆推动镶件将制件从型芯上推出,最后手工将活动镶件侧向分开,取出制件。

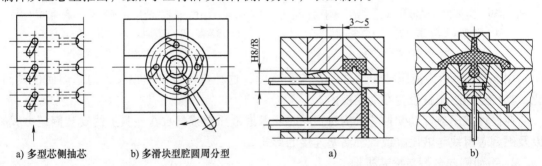

a) 多型芯侧抽芯　　b) 多滑块型腔圆周分型

图 3-143　手动多型芯侧抽芯结构示意图　　　图 3-144　模外手动分型与抽芯机构

思考题

1. 斜导柱侧向分型与抽芯机构由哪些零部件组成?各部分的作用是什么?

2. 侧型芯滑块与导滑槽导滑的结构有哪几种？请用草图加以说明并注上配合精度。
3. 斜导柱侧抽芯时的"干涉"现象在什么情况下会发生？如何避免侧抽芯时发生干涉现象？
4. 斜滑块侧抽芯可分为哪两种形式？简述斜滑块侧抽芯机构设计时的注意事项。
5. 滑块与导滑槽宜采用怎样的配合精度？为什么？
6. 斜滑块侧抽芯机构适合于怎样的塑料件？为什么？

任务3.6 注射模模温调节系统设计

【学习目标】
1. 能合理分析模具温度对塑料制品质量的影响。
2. 能够初步判断是否采用冷却系统或加热系统，理解加热与冷却装置的设计与选用。
3. 理解加热与冷却装置的设计要点。
4. 通过模温调节系统的学习，养成良好的表达与沟通能力。

任务引入

模具的温度是指成型生产时模具型腔和型芯的表面温度。模具温度是否合适、均一与稳定，对塑料熔体的充模流动、固化定型、生产率及塑料制品的形状、外观和尺寸精度都有重要的影响。注射模中设置温度调节系统的目的，是通过控制模具温度，使注射成型的制件具有良好的产品质量和较高的生产力。

任务内容：针对图1-1所示的药瓶内盖，根据所设计的模具结构，进行模具温度控制系统设计。

相关知识

模具中设置温度调节系统的目的，就是通过控制模具的温度，使注射成型塑料制品有良好的产品质量和较高的生产率。模具温度的调节是指对模具进行冷却或加热，必要时两者都要设置，从而控制模具温度，保证成型生产的顺利进行。

3.6.1 模具温度及塑料成型温度

1. 模具温度及其调节的重要性

模具温度是指模具型腔和型芯的表面温度。不论是热塑性塑料，还是热固性塑料，模塑成型时，模具温度对塑料制品的质量和生产率都有很大的影响。

(1) 模具温度对塑料制品质量的影响 模具温度及其波动对塑料制品的收缩率、尺寸稳定性、力学性能、变形、应力开裂和表面质量等均有影响。模具温度过低时，熔体流动性差，制件轮廓不清晰，甚至充不满型腔或形成熔接痕，制件表面不光泽，缺陷多，力学性能低。对于热固性塑料，模温过低会造成固化程度不足，降低制件的物理、化学和力学性能；热塑性塑料注射成型时，在模温过低且充模速度又不高的情况下，制件应力增大，易引起翘曲变形或应力开裂，尤其是黏度大的工程塑料。模温过高时，成型收缩率大，脱模和脱模后制件变形大,易造成溢料和粘模。模具温度波动较大时,型芯和型腔温差大,制件收缩不均匀,易导致制件翘曲变形,影响制件的形状及尺寸精度。

(2) 模具温度对模塑成型周期的影响 缩短模塑成型周期,就是提高模塑效率。缩短模塑成型周期的关键在于缩短冷却硬化时间,而缩短冷却时间,可通过调节塑料和模具的温差,因而在保证制件质量和成型工艺顺利进行的前提下,降低模具温度有利于缩短冷却时间,提高生产率。

2. 模具温度与塑料成型温度的关系

注射入模具中的热塑性熔融树脂,必须在模具内冷却固化才能成为制件,所以模具温度必须低于模具内熔融树脂的温度。由于树脂本身的性能特点不同,不同的塑料要求有不同的模具温度。

对于黏度低、流动性好的塑料,如聚乙烯、聚丙烯、聚苯乙烯、聚酰胺等,因为模具不断地被注入的熔融塑料加热,模温升高,单靠模具本身自然散热不能使模具保持较低的温度,这些塑料要求模温不能太高,因此,必须加设冷却装置,常用温水对模具冷却,有时为了进一步缩短在模内的冷却时间,或者在夏天,亦可使用冷凝处理后的冷水进行冷却。对于黏度高、流动性差的塑料,如聚碳酸酯、聚砜、聚甲醛、聚苯醚和氟塑料等,为了提高充型性能,考虑到成型工艺要求较高的模具温度,因此,必须设置加热装置对模具进行加热。对于黏流温度或熔点较低的塑料,一般需要用常温水或冷水对模具冷却;而对于高黏流温度和高熔点的塑料,可用温水进行模温控制。当模温要求在 90℃ 以上时,必须对模具加热。对于流程长、壁厚较小的制件,或者黏流温度(或熔点)虽不高但成型面积很大的制件,为了保证塑料熔体在充模过程中不至降温太大而影响充型,可设置加热装置对模具进行预热。对于小型薄壁制件,且成型工艺要求模温不太高时,可以不设置冷却装置而靠自然冷却。

部分塑料成型时的模具温度参见表 3-13 和表 3-14。

总之,要得到优质产品,模具必须进行温度控制。在设计模具时,根据塑料成型工艺的需要布置冷却装置或加热装置。但冷却或加热有时会给注射生产带来一些问题,例如,采用冷水调节模温时,大气中的水分易凝结在模具型腔的表壁,影响制件表面质量;而采用加热措施时,模内一些间隙配合的零件可能由于膨胀而使间隙减小或消失,从而造成卡死或无法工作,这些问题在设计时应注意。

表 3-13 部分热塑性塑料的成型温度与模具温度 (单位:℃)

塑料名称	成型温度	模具温度	塑料名称	成型温度	模具温度
PE-LD	190~240	20~60	PS	170~280	20~70
PE-HD	210~270	20~60	AS	220~280	40~80
PP	200~270	20~60	ABS	200~270	40~80
PA6	230~290	40~60	PMMA	170~270	20~90
PA66	280~300	40~80	未增塑 PVC	190~215	20~60
PA610	230~290	36~60	软质 PVC	170~190	20~40
POM	180~220	90~120	PC	250~290	90~110

表 3-14 部分热固性塑料的模具温度　　　　　　　　　　（单位：℃）

塑料名称	模具温度	塑料名称	模具温度
酚醛塑料	150~190	环氧塑料	177~188
脲醛塑料	150~155	有机硅塑料	165~175
三聚氰胺-甲醛塑料	155~175	硅酮塑料	160~190
聚邻（对）苯二甲酸二烯丙酯	166~177		

3.6.2 冷却回路的尺寸确定

模具冷却装置的设计与使用的冷却介质、冷却方法有关。模具可以用水、压缩空气和冷凝水冷却，但用水冷却最为普遍，因为水的热容量大，传热系数大，成本低廉。水冷就是在模具型腔周围和型芯内开设冷却水回路，使水或者冷凝水在其中循环，带走热量，以维持所需的温度。冷却回路的设计应做到回路系统内流动的介质能充分吸收成型制件所传导的热量，使模具成型表面的温度稳定地保持在所需的温度范围内，而且要使冷却介质在回路系统内流动畅通，无滞留部位。但在开设冷却水回路时，受到模具上各种孔（顶杆孔、型芯孔、镶件接缝等）的限制，要按理想情况设计较困难，必须根据模具的具体特点灵活地设置冷却回路。

1. 冷却回路所需的总表面积

冷却回路所需总表面积可按下式计算

$$A = \frac{Mq}{3600\alpha(\theta_m - \theta_w)} \tag{3-45}$$

式中　A——冷却回路的总表面积（m²）；

　　　M——单位时间内注入模具中的塑料的质量（kg/h）；

　　　q——单位质量塑料在模具内释放的热量（J/kg），可查表 3-15；

　　　α——冷却水的表面传热系数（W/(m²·K)）；

　　　θ_m——模具成型表面的温度（℃）；

　　　θ_w——冷却水的平均温度（℃）。

表 3-15 单位质量塑料成型时放出的热量 q　　　　（单位：× 10⁵ J/kg）

塑料名称	q 值	塑料名称	q 值	塑料名称	q 值
ABS	3~4	CA	2.9	PP	5.9
AS	3.35	CAB	2.7	PA6	5.6
POM	4.2	PA66	6.5~7.5	PS	2.7
PVAC	2.9	PE-LD	5.9~6.9	PTFE	5.0
丙烯酸类	2.9	PE-HD	6.9~8.2	PVC	1.7~3.6
PMMA	2.1	PC	2.9	SAN	2.7~3.6

冷却水的表面传热系数 α 可用下式计算

$$\alpha = \Phi \frac{(\rho v)^{0.8}}{d^{0.2}} \tag{3-46}$$

式中　ρ——冷却水在该温度下的密度（kg/m³）；

v——冷却水的流速（m/s）；

d——冷却水孔的直径（m）；

Φ——与冷却水温度有关的物理系数，Φ 的值可查表3-16。

表3-16 水的 Φ 值与其温度的关系

平均水温/℃	5	10	15	20	25	30	35	40	45	56
Φ 值	6.16	6.60	7.06	7.50	7.95	8.40	8.84	9.28	9.66	10.05

2. 冷却回路的总长度

冷却回路的总长度可用下式计算

$$L = \frac{A}{\pi d} \tag{3-47}$$

式中　L——冷却回路的总长度（m）；

　　　A——冷却回路的总表面积（m²）；

　　　d——冷却水孔的直径（m）。

确定冷却水孔的直径时应注意，无论多大的模具，水孔的直径不能大于14mm，否则冷却水难以成为湍流状态，以致降低热交换效率。一般水孔的直径可根据制件的平均壁厚来确定。平均壁厚为2mm时，水孔直径可取 8~10mm；平均壁厚为2~4mm 时，水孔直径可取 10~12mm；平均壁厚为 4~6mm 时，水孔直径可取 10~14mm。

3. 冷却水体积流量的计算

塑料传给模具的热量与自然对流散发到空气中的模具热量、辐射散发到空气中的模具热量及模具传给注射机热量的差值，即为用冷却水吸收的模具热量。假如塑料在模内释放的热量全部由冷却水传导，即忽略其他传热因素，那么模具所需的冷却水体积流量可用下式计算

$$q_v = \frac{Mq}{60c\rho(\theta_1 - \theta_2)} \tag{3-48}$$

式中　q_v——冷却水体积流量（m³/min）；

　　　M——单位时间注射入模具内的塑料质量（kg/h）；

　　　q——单位时间内塑料在模具内释放的热量（J/kg），可查表3-15；

　　　c——冷却水的比热容 [J/(kg·K)]；

　　　ρ——冷却水的密度（kg/m³）；

　　　θ_1——冷却水出口处温度（℃）；

　　　θ_2——冷却水入口处温度（℃）。

3.6.3　常见冷却系统的结构

1. 冷却回路的布置

塑料模具可以看成是一种热交换器，如果冷却介质不能及时有效地带走必须带走的热量，不能实现均匀的快速冷却，则在一个成型周期内就不能维持热平衡，会使制件内部产生应力而导致产品变形或开裂，从而无法进行稳定的模塑成型。因此，设置冷却效果良好的冷却回路是缩短成型周期、提高生产率最有效的方法。应根据制件的形状、壁厚及塑料的品种，设计与制造能实现均匀、高效的冷却回路。

设置冷却回路的基本原则如下。

(1) 冷却水道数量尽量多、冷却通道孔径尽量大 在满足冷却所需的传热面积和模具结构允许的前提下,冷却水道数量应尽量多,冷却通道孔径要尽量大。型腔表面的温度与冷却水道的数量、截面尺寸及冷却水的温度有关。图3-145所示是在冷却水道数量和尺寸不同的条件下通入不同温度(45℃和59.83℃)的冷却水后,模具内的温度分布情况。由图可知,采用5个较大的水道孔时,型腔表面温度比较均匀,温度变化范围为60～60.05℃,如图3-145a所示;而同一型腔采用2个较小的水道孔时,型腔表面温度为53.33～58.38℃,如图3-145b所示。由此可以看出,为了使型腔表面温度分布趋于均匀,防止制件不均匀收缩和产生残余应力,在模具结构允许的情况下,应尽量多设冷却水道,并采用较大的截面面积。

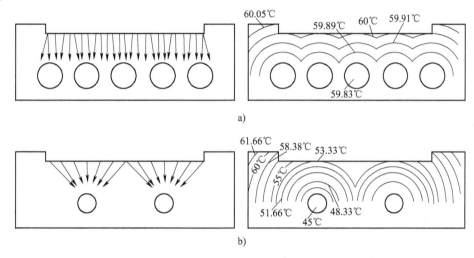

图3-145 模具内的温度分布

(2) 冷却水道至型腔表面距离应尽量相等 当制件的壁厚基本均匀时,冷却水道与型腔表面的距离最好相等,水道分布尽量与型腔轮廓相吻合,如图3-146a所示。但是当制件壁厚不均匀时,厚的地方冷却水道到型腔表面的距离应近一些,间距也可适当小一些,如图3-146b所示。一般水道孔边至型腔表面的距离应大于10mm,常为12～15mm。

(3) 浇口处加强冷却 塑料熔体充填型腔的过程中,一般在浇口附近温度最高,距浇口越远温度越低,因此浇口附近应加强冷却。通常将冷却水道的入口处设置在浇口附近,使浇口附近的模具在较低温度下冷却,而远离浇口部分的模

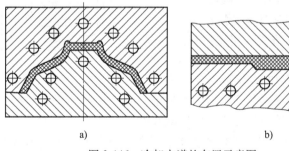

图3-146 冷却水道的布置示意图

具在经过一定程度热交换的温水作用下冷却。图3-147所示分别为侧浇口、多点浇口、直浇口三种浇注系统的注射模中冷却水道的布置形式示意图。

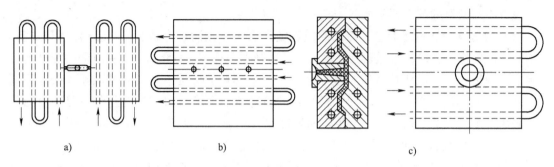

图 3-147 冷却水道出入口排布

在一般情况下,型芯的散热能力差,因而对型芯应加强冷却,应特别注意型芯冷却回路的布置。对于聚碳酸酯等塑料,注射成型时模具型腔要进行加热,而型芯则要冷却。

(4) 冷却水道出、入口温差应尽量小　如果冷却水道较长,则入水与出水的温差就较大,这样会使模具的温度分布不均匀。为了避免这种现象,可以通过改变冷却水道的排列方式来克服这个缺陷。如图3-148所示,图3-148b所示的形式比图3-148a所示的形式好,可降低出、入水的温差,提高冷却效果。

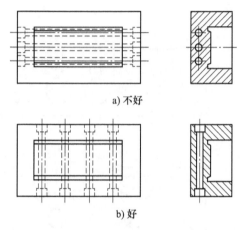

图 3-148 冷却水道的排列方式

(5) 冷却水道应沿着塑料收缩的方向设置　对于收缩率较大的塑料,如聚乙烯,冷却水道应尽量沿着塑料收缩的方向设置。图3-149所示是方形制件采用中心浇口(直浇口)时的冷却水道,冷却水道从中心处开始,以方环状向外扩展。

(6) 冷却水道的布置应避开制件易产生熔接痕的部位　制件易产生熔接痕的地方,本身的温度就比较低,如果在该处再设置冷却水道,就会更加促使熔接痕的产生。

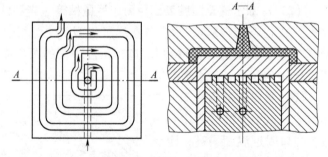

图 3-149 方形制件采用中心浇口时的冷却水道

2. 常见冷却系统的结构

(1) 直流式和直流循环式　直流式冷却水道如图3-150a所示,直流循环式冷却水道如图3-150b所示。这两种形式的冷水道结构简单,加工方便,但模具冷却不均匀。后者比前者冷却效果更差,它适用于成型面积大的浅型制件。

(2) 循环式　循环式冷却水道如图3-151所示。图3-151a为间隙循环式结构,冷却效果较好,但出、入口数量较多,加工费时;图3-151b为连续循环式结构,冷却槽加工成螺旋状,且只有一个入口和一个出口,其冷却效果比图3-150a所示的结构稍差。这种形式适用于中小型的型芯和型腔。

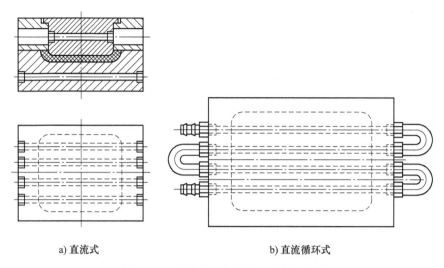

a) 直流式　　　　　　　　b) 直流循环式

图 3-150　直流式和直流循环式冷却水道

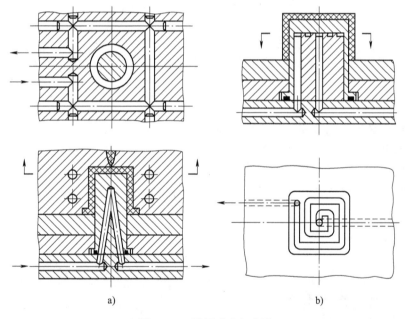

a)　　　　　　　　　　b)

图 3-151　循环式冷却水道

（3）喷流式　当制件矩形内孔长度较大，但宽度相对较窄时，可采用喷射式冷却水道，即在型芯的中心制出一排盲孔，在每个孔中插入一根管子，冷却水从中心管子流入，喷射到浇口附近型芯盲孔的底部对型芯进行冷却，然后经过管子与型芯的间隙从出口处流出，如图 3-152 所示。对于空心细长制件，需要使用细长的型芯，可以在型芯上制出一个盲孔，插入一根管子进行喷流式冷却。喷流式冷却水道结构简单，成本较低，冷却效果较好。

（4）隔板式　对于深型腔制件模具，最困难的是型芯的冷却。图 3-153 所示是大型深型腔制件模具，在凹模一侧，其底部可从浇口附近通入冷却水，流经沿矩形截面的水槽后流出，其侧部开设圆形截面水道，围绕型腔一周之后从分型面附近的出口排出。型芯中加工出螺旋槽，并在螺旋槽内加工出一定数量的盲孔，每个盲孔用隔板分成底部连通的两个部分，从而形成型芯中心进水、外侧出水的冷却回路。

隔板式的冷却水道加工麻烦，隔板与孔的配合要求高，否则隔板易转动而达不到要求。隔板常采用先车削成形（与孔过渡配合）、后将两侧铣削掉或线切割成形的办法制成，然后再插入孔中。

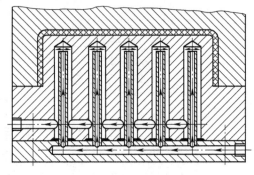

图 3-152　喷流式冷却水道

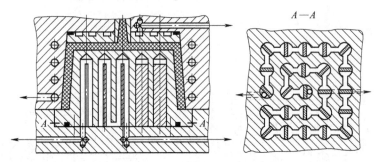

图 3-153　隔板式冷却水道

（5）特深型腔制件的冷却　对于大型特深型腔的制件，成型模具的凹模和型芯均可采用在对应的镶拼件上分别开设螺旋槽，如图 3-154 所示，这种形式的冷却效果特别好。

（6）间接冷却　对于型芯细小的模具，可采用间接冷却的方式进行冷却。图 3-155a 所示为冷却水喷射在铍铜制成的细小型芯的后端，靠铍铜良好的导热性能进行冷却；图 3-155b 所示为在细小型芯中插入一根与之配合良好的铍铜杆，在其另一端加工出翅片，以扩大散热面积，提高水流的冷却效果。

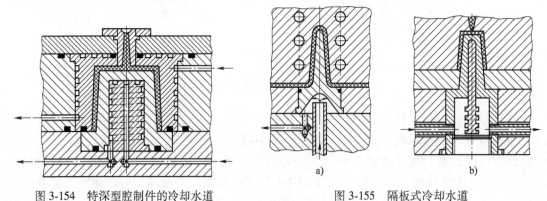

图 3-154　特深型腔制件的冷却水道　　　图 3-155　隔板式冷却水道

任务实施

药瓶内盖成型模具的冷却分为两部分，一部分是型芯冷却，另一部分是型腔冷却。冷却水道对称于分型面分布,结构如图 3-156 所示。冷却水孔直径取 8mm,距离模板边缘 40mm。

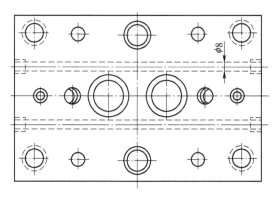

图 3-156 药瓶内盖成型模具的冷却系统

知识拓展

注射模的加热系统

1. 模具加热的方式

当注射成型工艺要求模具温度在 90℃ 以上时,模具中必须设置加热装置。模具的加热方式有很多,如热水、热油、水蒸气、煤气或天然气加热和电加热等。目前普遍采用的是电加热温度调节系统,电加热有电阻加热和工频感应加热,前者应用广泛,后者应用较少。如果加热介质采用各种流体,设计方法类似于冷却水道的设计。下面介绍电加热的主要方式。

1) 电热丝直接加热。将选择好的电热丝放入绝缘瓷管中再装入模板的加热孔,通电后就可对模具加热。这种加热方法结构简单、成本低廉,但电热丝与空气接触后易氧化,寿命较短,同时也不太安全。

2) 电热圈加热。将电热丝绕制在云母片上,再装夹在特制的金属外壳中,电热丝与金属外壳之间用云母片绝缘,将它围在模具外侧对模具进行加热。电热圈加热的特点是结构简单、更换方便;缺点是耗电量大。这种加热装置主要适用于压缩模和压注模。

3) 电热棒加热。电热棒是一种标准的加热元件,它是由具有一定功率的电热丝和带有耐热绝缘材料的金属密封管组成,使用时根据需要的加热功率选用电热棒的型号和数量,然后将其插入模板上的加热孔内通电即可,如图 3-157 所示。电热棒加热的特点是使用和安装都很方便。

2. 模具加热装置的要求和计算

(1) 对模具电加热的要求

1) 电热元件的功率应适当,不宜过小,也不

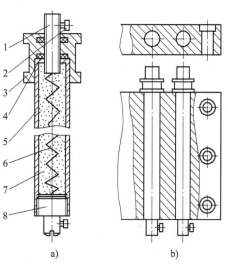

图 3-157 电热棒及其在加热板内的安装
1—接线柱 2—螺钉 3—固定帽 4—密封圈
5—外壳 6—电阻丝 7—石英砂 8—螺塞

宜过大。功率过小时,模具不能加热到预定温度并保持规定的温度;功率过大时,即使采用温度调节器仍难以使模温保持稳定。这是由于电热元件附近温度比模具型腔温度高得多,即使电热元件断电,其周围积聚的大量热量仍继续传到型腔,使型腔继续保持高温,这种现象称为"加热后效",电热元件的功率越大,"加热后效"越显著。

2) 合理布置电热元件,使模温趋于均匀。

3) 注意模具温度的调节,保持模温的均匀和稳定。加热板中央和边缘可采用两个调节器。

对于大型模具,最好将电热元件分为两组,即主要加热组和辅助加热组,成为双联加热器。主要加热组的电功率占总电功率的 2/3 以上,它处于连续不断的加热状态,但只能维持稍低于规定的模具温度,当辅助加热组也接通时,才能使模具达到规定的温度。调节器控制着辅助加热组的接通或断开。目前模具温度多由注射机相应的温控系统进行调控。

电加热装置清洁、简单,便于安装、维修和使用,温度调节容易,可调节温度范围大,易于实现自动控制。但升温较慢,不能在模具中轮换地加热和冷却,有"加热后效"现象。

(2) 模具加热装置的计算

1) 计算模具加热所需的电功率。公式为

$$P = gM \tag{3-49}$$

式中　P——电功率(W);

　　　M——模具的质量(kg);

　　　g——每千克模具加热到成型温度时所需的电功率(W/kg),g 值参见表 3-17。

表 3-17　不同类型模具的 g 值

模具类型	$g/(W/kg)$
小型	35
中型	30
大型	25

2) 计算每根电热棒的功率。总的电功率确定之后,可根据电热板的尺寸确定电热棒的数量,进而计算每根电热棒的功率。设电热棒采用并联法,则

$$P_r = P/n \tag{3-50}$$

式中　P_r——每根电热棒的功率(W);

　　　n——电热棒的根数。

根据 P_r 查表 3-18 选择适当的电热棒,也可先选择电热棒的适当功率,再计算电热棒的根数。如果表 3-18 中无合适的电热棒可选,则需自行设计、制造电加热元件。

表 3-18　电热棒标准

简图	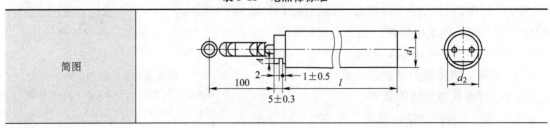

（续）

公称直径 d_1/mm	13	16	18	20	25	32	40	50
d_1 允许公差/mm	±0.1		±0.12		±0.2		±0.3	
盖板直径 d_2/mm	8	11.5	13.5	14.5	18	26	34	44
槽深 A/mm	1.5	2	3			5		
长度 l/mm	电功率/W							
60_{-3}^{0}	60	80	90	100	120			
80_{-3}^{0}	80	100	110	125	160			
100_{-3}^{0}	100	125	140	160	200	250		
125_{-4}^{0}	125	160	175	200	250	320		
160_{-4}^{0}	160	200	225	250	320	400	500	
200_{-4}^{0}	200	250	280	320	400	500	600	800
250_{-5}^{0}	250	320	350	400	500	600	800	1000
300_{-5}^{0}	300	375	420	480	600	750	1000	1250
400_{-5}^{0}		500	550	630	800	1000	1250	1600
500_{-5}^{0}			700	800	1000	1250	1600	2000
650_{-6}^{0}				900	1250	1600	2000	2500
800_{-8}^{0}					1600	2000	2500	3200
1000_{-10}^{0}					2000	2500	3200	4000
1200_{-10}^{0}						3000	3800	4750

思考题

1. 为什么注射模要设置温度调节系统？
2. 常见冷却系统的结构形式有哪几种？分别适合于什么场合？
3. 在注射成型中，哪几类热塑性塑料的成型模具需要采用加热装置？为什么？常用的加热方法是什么？
4. 简述冷却回路设置的基本原则。
5. 冷却回路应如何布置？
6. 冷却回路的尺寸应如何确定？

任务 3.7　模架的设计

【学习目标】
1. 理解模具结构零部件的功能。
2. 理解模架的分类、各类模架的标准及应用。
3. 通过模架的学习，培养良好的团队协作能力。

🗒 任务引入

注射成型模具的结构及模架的选择对塑料制品的成型起着极其关键的作用。选择模架的结构与组成需要根据塑料制品的结构、产品批量、成型设备类型等因素来确定，要求其结构合理、成型可靠、操作简便、经济实用。模架的选择应依据模具结构、型腔的分布和流道等因素，是模具结构设计的基础。

任务内容：选择图 1-1 所示药瓶内盖注射模的模架，并计算模架尺寸。

📖 相关知识

3.7.1 标准注射模架

1. 概述

模架是注射模的骨架和基体，通过它将模具的各个部分有机地连接成一个整体，可以说注射模的模架起装配、定位和安装作用。塑料注射模模架现已标准化和系列化，因此，在设计时只需根据制件的结构和尺寸直接选用即可。

注射模的标准模架一般由动模（或下模）座板、定模（或上模）座板、动模（或下模）板、定模（或上模）板、支承板、垫板、推杆固定板、推板、导柱、导套及复位杆等组成。常见注射模的标准模架的典型组合如图 3-158 所示。另外，还有特殊结构的模架，如点浇口模架、带推件板推出的模架等。模架中的其他部分可根据需要进行补充，如精确定位装置、支承柱等。

我国标准 GB/T 12555—2006《塑料注射模模架》规定了塑料注射模模架的组合形式、尺寸与标记。GB/T 12556—2006《塑料注射模模架技术条件》规定了塑料注射模模架的要求、检验、标志、包装、运输和贮存。

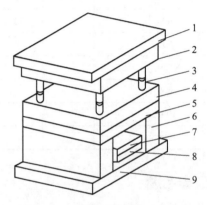

图 3-158 常见注射模的标准模架
1—定模座板 2—定模板 3—导柱
4—动模板 5—动模支撑板 6—垫块
7—推杆固定板 8—推板 9—动模座板

塑料注射模模架以其在模具中的应用方式，分为直浇口与点浇口两种形式，其组成零件的名称分别如图 3-159 和图 3-160 所示。塑料注射模模架按结构特征分为 36 种主要结构，其中直浇口模架有 12 种、点浇口模架有 16 种、简化点浇口模架有 8 种。

直浇口模架的基本型为 4 种、直身基本型为 4 种、直身无定模座板型为 4 种。直浇口基本型分为 A 型、B 型、C 型和 D 型；直身基本型分为 ZA 型、ZB 型、ZC 型、ZD 型；直身无定模座板型分为 ZAZ 型、ZBZ 型、ZCZ 和 ZDZ 型。

点浇口模架（图 3-160）有 16 种，其中点浇口基本型为 4 种、直身点浇口基本型为 4 种、点浇口无推料板型为 4 种、直身点浇口无推料板型为 4 种。点浇口基本型分为 DA 型、DB 型、DC 型和 DD 型；直身点浇口基本型分为 ZDA 型、ZDB 型、ZDC 型和 ZDD 型；点浇口无推料板型分为 DAT 型、DBT 型、DCT 型和 DDT 型；直身点浇口无推料板型分为 ZDAT

型、ZDBT 型、ZDCT 型和 ZDDT 型。

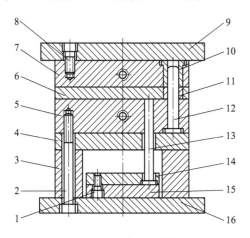

图 3-159 直浇口模架

1、2、8—内六角螺钉 3—垫块
4—支承板 5—动模板 6—推件板
7—定模板 9—定模座板 10—带头导套
11—直导套 12—带头导柱 13—复位杆
14—推杆固定板 15—推板 16—动模座板

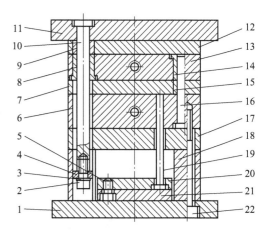

图 3-160 点浇口模架

1—动模座板 2、5、22—内六角螺钉 3—弹簧垫圈
4—挡环 6—动模板 7—推件板 8、14—带头导套
9、15—直导套 10—拉杆导柱 11—定模座板
12—推料板 13—定模板 16—带头导柱 17—支承板
18—垫块 19—复位杆 20—推杆固定板 21—推板

2. 组成模架的主要零件

标准模架的组成零件如座板、模板、垫板、推板、导柱、导套、复位杆、限位块等零件也已有国家标准，在设计时其结构和尺寸可参照 GB/T 12555—2006 直接选用。各种模具零件制造和装配技术要求及模具验收技术要求等可参照 GB/T 12556—2006。

3. 注射模标准模架的选用

（1）**模架的型号、系列、规格及标记** 塑料注射模模架规格的标记，按照 GB/T 12555—2006 的规定，模架应有下列标记：

1）型号。每一组合形式代表一个型号。

2）系列。同一型号中，根据定、动模板的周界尺寸（宽×长）划分系列。

3）规格。同一系列中，根据定、动模板和垫块的厚度划分规格。

4）标记。按照 GB/T 12555—2006 规定的框架应有下列标记：①模架；②基本型号；③系列代号；④定模板厚度 A，以毫米为单位；⑤动模板厚度 B，以毫米为单位；⑥垫块厚度 C，以毫米为单位；⑦拉杆导柱长度，以毫米为单位；⑧标准代号，即 GB/T 12555—2006。

5）标记示例。

①模板宽 200mm、长 250mm，$A=50$mm，$B=40$mm，$C=70$mm 的直浇口 A 型模架，标记为：模架 A 2025-50×40×70 GB/T 12555—2006。

②模板宽 300mm、长 300mm，$A=50$mm，$B=60$mm，$C=90$mm，拉杆导柱长度为 200mm 的点浇口 B 型模架，标记为：模架 DB 3030-50×60×90-200 GB/T 12555—2006。

（2）**模架的选用** 选用标准模架可以简化模具的设计与制造，一旦模架型号确定下来，就可以得到已经过设计的零部件结构和尺寸，如模板大小、螺钉大小与安装位置等。这些零部件可以直接从市场买到或买来后进行少量加工再投入使用，这样可以大大减少模具的设计和制造工作，提高效率，降低成本。模架的尺寸可参照有关国家标准（GB/T 12555—2006）。

1）选择关键参数。选择模架的关键是确定型腔模板的周界尺寸（长×宽）和厚度。要确定模板的周界尺寸，就要确定型腔到模板边缘之间的壁厚。壁厚尺寸除了可根据型腔壁厚的计算方法来确定外，也可使用查表或用经验公式来确定。模板的厚度主要由型腔的深度来确定，并考虑型腔底部的刚度和强度是否足够。如果型腔底部有支承板，型腔底部就不需太厚，另外，模板厚度的确定还要考虑整副模架的闭合高度、开模空间等是否与注射机的相应技术参数相适应。

2）模架选择步骤。

①确定模架组合形式。根据塑料制品成型所需的结构来确定模架的结构组合形式。

②确定型腔壁厚。通过表3-19和表3-20中的经验公式计算壁厚及支承板厚度。

表3-19 型腔壁厚 S 的经验数据

型腔压力/MPa	型腔侧壁厚度 S/mm	示意图
<29（压缩）	0.14L+12	
<49（压缩）	0.16L+15	
<49（注射）	0.20L+17	

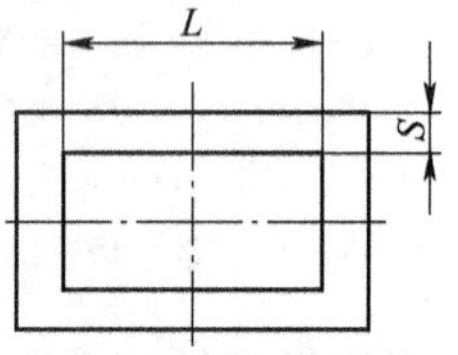

注：型腔为整体式，L>100mm 时，表中值需乘系数 0.85~0.9。

表3-20 支承板厚度 h 的经验数据　　　　　　　　（单位：mm）

B	支承板厚度 h			示意图
	$B≈L$	$B≈1.5L$	$B≈2L$	
<102	(0.12~0.13)b	(0.10~0.11)b	0.08b	
>102~300	(0.13~0.15)b	(0.11~0.12)b	(0.08~0.09)b	
>300~500	(0.15~0.17)b	(0.12~0.13)b	(0.09~0.10)b	

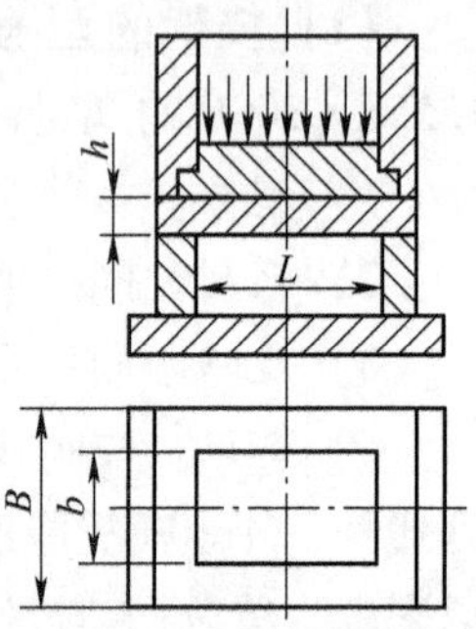

注：当压力 p<29MPa、$L≥1.5b$ 时，取表中数值乘以 1.25~1.5；当压力 29MPa≤p<49MPa、$L≥1.5b$ 时，取表中数值乘以 1.5~1.6。

③计算型腔模板周界尺寸。如图3-161所示，型腔模板的长度

$$L = S + A + t + A + S \tag{3-51}$$

型腔模板的宽度

$$N = S + B + t + B + S \tag{3-52}$$

式中　L——型腔模板的长度；

N——型腔模板的宽度；

S——型腔至模板边缘壁厚；
A——型腔的长度；
B——型腔的宽度；
t——型腔间壁厚，一般取$(1/3\sim1/4)S$。

④确定模板周界尺寸。必须将计算出的数据向标准尺寸"靠拢"，一般向较大的值修整，另外，在修整时还需考虑在壁厚位置上应有足够的位置安装其他的零部件，必要时，需增加壁厚尺寸S。

⑤确定模板厚度。根据型腔深度、型腔底板厚度及推出行程得到模板厚度，并按照标准尺寸进行修整。

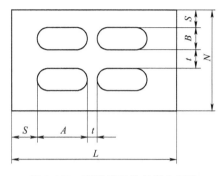

图 3-161 型腔模板的长度和宽度

⑥选择模架尺寸。根据确定的模板周界尺寸，配合模板所需厚度查标准选择模架。

⑦检验所选模架与注射机的适应性。对所选的模架还需检验模架与注射机之间的关系，如闭合高度、开模行程、推出形式等，如不合适，还需要重新选择。

3.7.2 支承零部件的设计

模具的支承零部件主要指用来安装固定或支承成型零件及其他结构零件的零部件，支承零部件主要包括固定板、垫板、支承件及模座等。

1. 定模座板、动模座板的设计

与注射机的动、定模固定板相连接的模具底板称为定、动模座板，如图 3-159 中的零件 9、16。它是动模（或上模）和定模（或下模）的基座，也是固定式塑料模与成型设备连接的模板。因此，座板的轮廓尺寸和固定孔必须与成型设备上模具的安装板（即移动模板与固定模板或上压板与下压板）相适应。座板还必须具有足够的强度和刚度。

设计或选用标准动、定模座板时，必须要保证它们的轮廓形状和尺寸与注射机上的动、定模固定板相匹配。另外，在动、定模座板上开设的安装结构（如螺孔、压板台阶等）也必须与注射机动、定模固定板上的安装螺孔的大小和位置相适应。动、定模座板在注射成型过程中传递合模力并承受成型力，为保证座板具有足够的刚度和强度，座板也应具有一定的厚度。一般对于小型模具，座板厚度最好不小于 15mm；对于大型模具，座板厚度可以达 75mm 以上。动、定模座板的材料多用碳素结构钢或合金结构钢，经调质达 28~32HRC（230~270HBW）。对于生产批量小或锁模力和成型力不大的注射模，动、定模座板有时也可采用铸铁材料。

2. 动模板和定模板

动模板、定模板的作用是安装和固定型芯、型腔、导柱、导套及推出机构等零件，又称为固定板。由于模具的类型及结构的不同，动模板、定模板的工作条件也有所不同。动模板、定模板应有足够的强度和刚度，为了保证型腔、型芯等零件固定稳固，固定板应有足够的厚度。动模板、定模板一般采用碳素结构钢制成，当对工作条件要求较严格或对模具寿命要求较长时，可采用合金结构钢制造。

3. 支承板和支承件

支承板是盖在固定板上面或垫在固定板下面的平板，其作用是防止固定板固定的零部件脱出固定板，并承受固定部件传递的压力，因此它要具有较高的平行度、刚度和强度，以承受成型压力。其强度和刚度计算方法与型腔底板相似，一般用 45 钢制成，经热处理调质至 28～32HRC（230～270HBW），或 50、40Cr、40MnB、40MnVB、45Mn2 等调质至 28～32HRC（230～270HBW），或结构钢 Q235～Q275。在固定方式不同或只需固定板的情况下，支承板可省去。

支承板与动模板、定模板之间通常采用螺栓连接，当两者需要定位时，可加插定位销，如图 3-162 所示。

常见的支承件有垫块和支承柱。

(1) 垫块（支承块） 垫块的作用主要是在动模支承板与动模座板之间形成推出机构所需的动作空间。另外，也用于调节模具总厚度，以适应注射机模具安装厚度的要求。常见的垫块结构如图 3-163 所示。图 3-163a 为平行垫块，使用比较普遍，适用于中、大型模具；图 3-163b 为角架式垫块，省去了动模座板，常用于中、小型模具。垫块一般用中碳钢制造，也可以用 Q235 钢制造，或采用 HT200、球墨铸铁等。垫块的高度应符合注射机的安装要求和模具的结构要求，其计算式为

$$H = h_1 + h_2 + h_3 + S + (3 \sim 6)\,\text{mm} \tag{3-53}$$

式中　H——垫块高度；

　　　h_1——推板厚度；

　　　h_2——推杆固定板厚度；

　　　h_3——推板限位钉高度（若无限位钉，则取零）；

　　　S——推出制件所需的顶出行程。

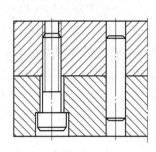

图 3-162　支承板与固定板的连接

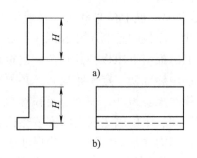

图 3-163　垫块的结构

若推杆固定板与动模支承板之间加入弹簧用于复位或起平稳、缓冲作用时，则式（3-53）中还应加上弹簧压紧后的高度。在模具组装时，应注意所有垫块高度须一致，否则由于负荷不均匀会造成相关模板损坏，垫块与动模支承板和动模座板之间一般采用螺栓连接，要求高时可用销定位，如图 3-164 所示。

(2) 支承柱　对于大型模具或垫块间跨距较大的情况，要保证动模支承板的刚度和强度，支承板厚度必将大大增加，既浪费材料，又增加模具重量。这时，通常在动模支承板下面加设圆柱形的支柱（空心或实心），以减小垫板的厚度，有时支承柱还能起到对推出机构导向的作用。支承柱的连接形式如图 3-164 所示，其个数通常可为 2、4、6、8 等，分布尽量均匀，并根据动模支承板的受力状况及可用空间而定。

垫块与支承板和座板的组装方法如图 3-164 所示。所有垫块的高度应一致，否则由于负

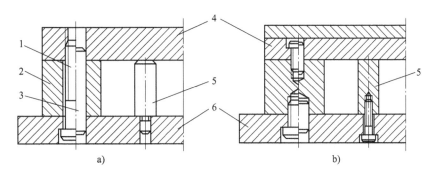

图 3-164 垫块的连接及支承柱的连接形式
1—螺栓 2—垫块 3—圆柱销 4—动模支承板 5—支承柱（支承块） 6—动模座板

荷不匀而易造成动模板损坏。

3.7.3 合模导向机构的设计

在模具操作过程中（打开、关闭、滑动），需要运动的所有模板，必须得到正确的导向。导向机构（图 3-165）用于保证动模、定模（或上模、下模）开合模时，运动零件的正确定位和导向。

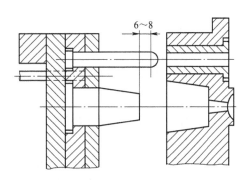

图 3-165 导向机构

1. 导向机构的作用与设计原则

（1）导向机构在模具中的作用

1) 定位作用。模具闭合后，保证动、定模位置正确，保证型腔的形状和尺寸精确；导向机构在模具装配过程中也起了定位作用，便于装配和调整。

2) 导向作用。合模时，首先是导向零件接触，引导动、定模准确闭合，避免型芯先进入型腔而造成成型零件损坏。

3) 承受一定的侧向压力。塑料熔体在充型过程中可能产生单向侧压力，或者由于成型设备精度低的影响，使导柱承受了一定的侧向压力，以保证模具的正常工作。

（2）导向机构及零件的设计原则

1) 导向零件应合理地均匀分布在模具的周围或靠近边缘的部位，其中心到模具边缘应有足够的距离，以保证模具的强度，防止压力使导柱和导套发生变形。导柱中心到模具边缘的距离通常为导柱直径的 1~1.5 倍。

2) 根据模具的形状和大小，一副模具一般需 2~4 个导柱。为确保合模时只能按一个方向合模，导柱的布置可采用等直径导柱不对称布置或不等直径导柱对称布置，如图 3-166 所示。图 3-166a 所示为成型回转结构制品的单型腔模具，导向机构可采用等直径对称布置的方式；图 3-166b~e 所示导柱采用的是不等直径或导柱等直径但不对称布置的方式，以避免装模、合模时错位。

3) 为了减少浇注系统凝料，减少定模厚度，导柱通常安装于动模。

4) 当上、下模板采用合模加工时，导柱装配处直径应与导套外径相等。

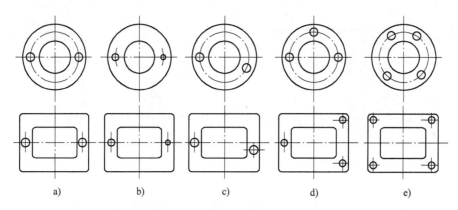

图 3-166 导柱的布置形式

5）为保证分型面很好地接触，导柱、导套应有承屑槽和排气槽。

6）各导柱、导套的轴线应保证平行。

2. 导向机构的分类

注射模的合模导向机构主要有导柱导向和锥面定位两种形式。

3. 导柱导向机构

导柱导向机构的主要零件是导柱和导套。

(1) 导柱

1）导柱的结构形式。GB/T 4169.4—2006 规定了塑料注射模用带头导柱的尺寸规格和公差，适用于塑料注射模所用的带头导柱，可兼作推板导柱。标准同时还给出了材料指南和硬度要求，并规定了带头导柱的标记。GB/T 4169.5—2006 规定了塑料注射模用带肩导柱的尺寸规格和公差，适用于塑料注射模所用的带肩导柱。标准同时还给出了材料指南和硬度要求，并规定了带肩导柱的标记。导柱的结构形式及用途见表 3-21。

表 3-21 导柱的结构形式及用途

导柱的结构	技术要求	特点与用途
标记示例：带头导柱 直径 $D=12$mm，长度 $L=50$mm，与模板配合长度 $L_1=20$mm 的带头导柱 带头导柱　12×50×20　GB/T 4169.4—2006	未注表面粗糙度 $Ra=6.3\mu m$ 未注倒角 1mm×45° ①可选砂轮越程槽或 $R0.5 \sim R1$mm 圆角 ②允许开油槽 ③允许保留两端的中心孔 ④圆弧连接，$R2 \sim R5$mm	结构简单，加工方便，用于简单模具。小批量生产时一般不需要用导套，导柱直接与模板中的导向孔配合。生产批量大时，也可在模板中设置导套，导向孔磨损后，只需更换导套即可

（续）

导柱的结构	技术要求	特点与用途
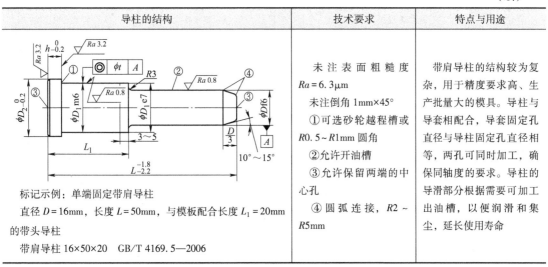 标记示例：单端固定带肩导柱 直径 $D=16$mm，长度 $L=50$mm，与模板配合长度 $L_1=20$mm 的带头导柱 带肩导柱 16×50×20　GB/T 4169.5—2006	未注表面粗糙度 $Ra=6.3\mu m$ 未注倒角 1mm×45° ①可选砂轮越程槽或 $R0.5\sim R1$mm 圆角 ②允许开油槽 ③允许保留两端的中心孔 ④圆弧连接，$R2\sim R5$mm	带肩导柱的结构较为复杂，用于精度要求高、生产批量大的模具。导柱与导套相配合，导套固定孔直径与导柱固定孔直径相等，两孔可同时加工，确保同轴度的要求。导柱的导滑部分根据需要可加工出油槽，以便润滑和集尘，延长使用寿命

导柱分为两段，近头段为在模板中的安装段，标准采用 H7/m6 配合；远端头为滑动部分，其与导套的配合为 H7/f6。

2）导柱的结构和技术要求。

①导柱导向部分的长度应比型芯部分高出 6~8mm，以避免出现导柱还未导正方向而型芯先进入型腔的现象。导柱前端应做成锥台形或半球形，以使导柱顺利地进入导向孔。

②导柱应具有硬而耐磨的表面，坚韧而不易折断的内芯，因此多采用 20 钢经渗碳淬火处理或 T8、T10A 钢经淬火处理，硬度为 50~55HRC。导柱导向部分的表面粗糙度 Ra 值为 $0.8\mu m$。

③导柱可以设置在动模侧，也可以设置在定模侧，应根据模具结构来确定。在不妨碍脱模取件的条件下，导柱通常设置在型芯高出分型面较多的一侧。

(2) 导套

1）导套的结构形式。导套的结构及用途见表 3-22。

表 3-22　导套的结构及用途

导套的结构	技术要求	特点与用途
标记示例：直导套 直径 $D=12$mm，长度 $L=15$mm 的直导套 直导套 12×15　GB/T 4169.2—2006	未注表面粗糙度 $Ra=3.2\mu m$ 未注倒角 1mm×45°	结构简单，加工方便，用于简单模具或导套后面没有垫板的场合

（续）

导套的结构	技术要求	特点与用途
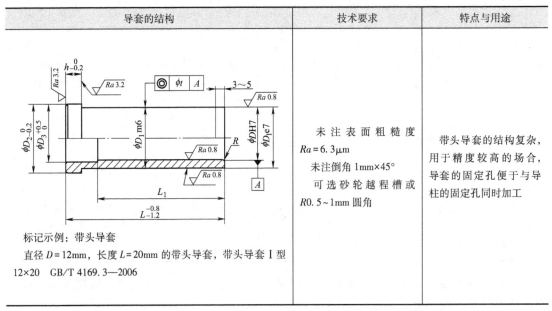 标记示例：带头导套 直径 $D=12$mm，长度 $L=20$mm 的带头导套，带头导套 I 型 12×20 GB/T 4169.3—2006	未注表面粗糙度 $Ra=6.3\mu m$ 未注倒角 1mm×45° 可选砂轮越程槽或 $R0.5\sim1$mm 圆角	带头导套的结构复杂，用于精度较高的场合，导套的固定孔便于与导柱的固定孔同时加工

2) 导套的结构和技术要求。

①为使导柱顺利进入导套，在导套的前端应倒圆角。导柱孔最好做成通孔，以利于排出孔内空气及残渣废料。如模板较厚，导柱孔必须在盲孔的侧面钻一小孔用于排气。

②导套采用与导柱相同的材料，或铜合金等耐磨材料制造，其硬度一般应低于导柱的硬度，以减轻磨损，防止导柱或导套拉毛。导套固定部分和导滑部分的表面粗糙度 Ra 值为 $0.8\mu m$。

③直导套采用 H7/r6 配合镶入模板，为了增加导套镶入的牢固性，防止开模时导套被拉出，可采用图 3-167 所示的固定方法。图 3-167a 是导套侧面加工出缺口，从模板的侧面紧固；图 3-167b 是导套侧面开环形槽固定；图 3-167c 是导套侧面开孔固定；也可以在压入模板后用铆接端部的方法来固定，但这种方法不便装拆更换。带头导套采用 H7/m6 配合镶入模板。

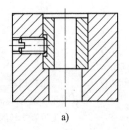　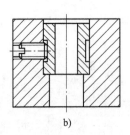　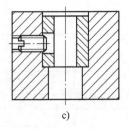

a)　　　　　　　　b)　　　　　　　　c)

图 3-167　导套的固定形式

(3) 导柱与导套的配用　导柱与导套的配用形式要根据模具的结构及生产要求而定，常见的配用形式如图 3-168 所示。

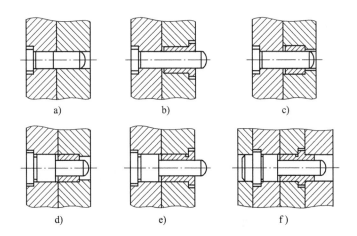

图 3-168 导柱与导套的配用形式

任务实施

根据前面的分析,药瓶内盖模具采用一模两件,侧浇口浇注系统,因此可选用直浇口基本型模架。另因该塑料制品投影面积较小、结构简单,可采用推杆推出机构。根据模架的组成、功能及用途,选择直浇口 A 型模架可以满足使用要求(即 ZA 型模架)。

在企业实际工作中,基于钢制模架的高强度,在模架选用时仅考虑足以容纳型芯和型腔即可。

根据药瓶内盖注件图,参照图 3-169 和表 3-23,选择直浇口模架,模板 $W = 150$,$L = 200$,$A = 30$,$B = 20$,$C = 70$mm 的标准模架,标记为:模架 A 1520-30×20×70 GB/T 12555—2006,其相应的各尺寸为

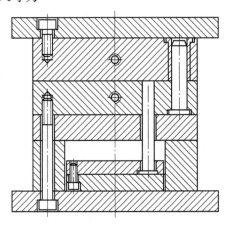

图 3-169 直浇口 A 型模架

$W_1 = 200$mm,$W_2 = 28$mm,$W_3 = 90$mm,$W_4 = 48$mm,$W_5 = 72$mm,$W_6 = 114$mm,$W_7 = 120$mm;

$L_1 = 182\text{mm}$, $L_2 = 164\text{mm}$, $L_3 = 106\text{mm}$, $L_4 = 164\text{mm}$;

$H_1 = 20\text{mm}$, $H_2 = 30\text{mm}$, $H_3 = 0\text{mm}$, $H_4 = 25\text{mm}$, $H_5 = 13\text{mm}$, $H_6 = 15\text{mm}$;

$D_1 = 16\text{mm}$, $D_2 = 12\text{mm}$, $M_1 = 4 \times \text{M10}$, $M_2 = 4 \times \text{M6}$

表 3-23 基本型模架尺寸组合（摘自 GB/T 12555—2006） （单位：mm）

结构图

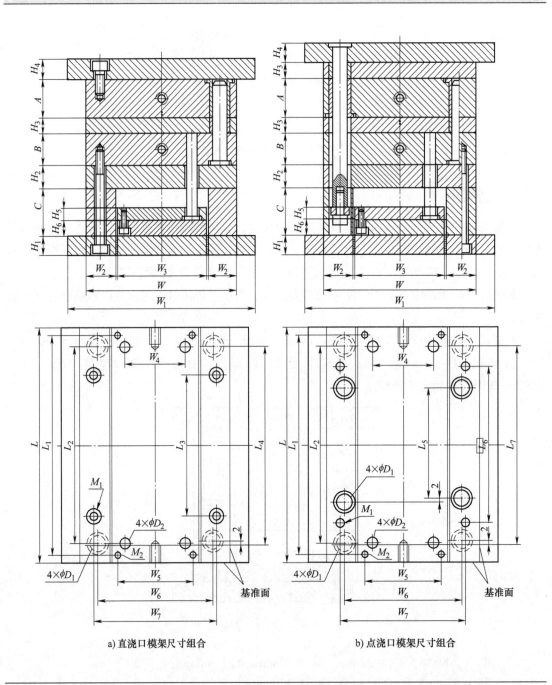

a）直浇口模架尺寸组合 b）点浇口模架尺寸组合

（续）

序号	系列 W×L	L	W_1	W_2	W_3	模板A、B尺寸	垫块高度C	H_1	H_2	H_3	H_4	H_5	H_6	W_4	L_2
1	150×L	150, 180, 200, 230, 250	200	28	90	20, 25, 30, 35, 40, 45, 50, 55, 60, 70, 80	50, 60, 70	20	30	20	25	13	15	48	114, 144, 164, 194, 214
2	180×L	180, 200, 230, 250, 300, 350	230	33	110	20, 25, 30, 35, 40, 45, 50, 55, 60, 70, 80	60, 70, 80	20	30	20	30	15	20	68	138, 158, 188, 208, 258, 308
3	200×L	200, 230, 250, 300, 350, 400	250	38	120	25, 30, 35, 40, 45, 50, 60, 70, 80, 90, 100	60, 70, 80	25	30	20	30	15	20	84, 80	150, 180, 200, 250, 300, 350
4	230×L	230, 250, 270, 300, 350, 400	280	43	140	25, 30, 35, 40, 45, 50, 60, 70, 80, 90, 100	70, 80, 90	25	35	20	30	15	20	106	180, 200, 220, 250, 300, 350
5	250×L	250, 270, 300, 350, 400, 450, 500	300	48	150	30, 35, 40, 45, 50, 60, 70, 80, 90, 100, 110, 120	70, 80, 90	25	35	25	35	15	20	110	200, 220, 250, 298, 348, 398, 448
6	270×L	270, 300, 350, 400, 450, 500	320	53	160	30, 35, 40, 45, 50, 60, 70, 80, 90, 100, 110, 120	70, 80, 90	25	40	25	45	15	20	114	210, 240, 290, 340, 390, 440
7	300×L	300, 350, 400, 450, 500, 550, 600	350	58	180	35, 40, 45, 50, 60, 70, 80, 90, 100, 110, 120, 130	80, 90, 100	25, 30	45	30	45, 50	20	25	134, 128	240, 290, 340, 390, 440, 490, 540
8	350×L	350, 400, 450, 500, 550, 600	400	63	220	40, 45, 50, 60, 70, 80, 90, 100, 110, 120, 130	90, 100, 110	30	45	35	50	20	25	164, 152	290, 340, 390, 440, 490, 540
9	400×L	400, 450, 500, 550, 600, 700	450	68	260	40, 45, 50, 60, 70, 80, 90, 100, 110, 120, 130, 140, 150	100, 110, 120, 130	30, 35	50	35	50	25	30	198	340, 390, 440, 490, 540, 640
10	450×L	450, 500, 550, 600, 700	550	78	290	45, 50, 60, 70, 80, 90, 100, 110, 120, 130, 140, 150, 160, 180	100, 110, 120, 130	35	60	40	60	25	30	226	384, 434, 484, 534, 634
11	500×L	500, 550, 600, 700, 800	600	88	320	50, 60, 70, 80, 90, 100, 110, 120, 130, 140, 150, 160, 180	100, 110, 120, 130	35	60	40	60	25	30	256	434, 484, 534, 634, 734
12	550×L	550, 600, 700, 800, 900	650	100	340	70, 80, 90, 100, 110, 120, 130, 140, 150, 160, 180, 200	110, 120, 130, 150	35	70	40	70	25	30	270	480, 530, 630, 730, 830
13	600×L	600, 700, 800, 900, 1000	700	100	390	70, 80, 90, 100, 110, 120, 130, 140, 150, 160, 180, 200	120, 130, 150, 180	35	80	50	70	25	30	320	530, 630, 730, 830, 930

（续）

序号	系列 $W\times L$	L	W_1	W_2	W_3	模板 A、B 尺寸	垫块高度 C	H_1	H_2	H_3	H_4	H_5	H_6	W_4	L_2
14	$650\times L$	650, 700, 800, 900, 1000	750	120	400	70, 80, 90, 100, 110, 120, 130, 140, 150, 160, 180, 200, 220	120, 130, 150, 180	35	90	60	80	25	30	330	580, 630, 730, 830, 930
15	$700\times L$	700, 800, 900, 1000, 1250	800	120	450	70, 80, 90, 100, 110, 120, 130, 140, 150, 160, 180, 200, 220, 250	150, 180, 200, 250	40	100	60	90	25	30	380	630, 730, 830, 930, 1180
16	$800\times L$	800, 900, 1000, 1250	900	140	510	80, 90, 100, 110, 120, 130, 140, 150, 160, 180, 200, 220, 250, 280, 300	150, 180, 200, 250	40	120	70	100	30	40	420	710, 810, 910, 1160
17	$900\times L$	900, 1000, 1250, 1600	1000	160	560	90, 100, 110, 120, 130, 140, 150, 160, 180, 200, 220, 250, 280, 300, 350	180, 200, 250, 300	50	150	70	100	30	40	470	810, 910, 1160, 1510
18	$1000\times L$	1000, 1250, 1600	1200	180	620	100, 110, 120, 130, 140, 150, 160, 180, 200, 220, 250, 280, 300, 350, 400	180, 200, 250, 300	60	160	80	120	30, 40	40, 50	580	900, 1150, 1500
19	$1250\times L$	1250, 1600, 2000	1500	220	790	100, 110, 120, 130, 140, 150, 160, 180, 200, 220, 250, 280, 300, 350, 400	180, 200, 250, 300	70	180	80	120	40, 50	50, 60	750	1150, 1500, 1900

序号	系列 $W\times L$	L	W_5	L_1	W_6	$L_4(L'_4)$、L_7	L_5	W_7	L_3	L_6	D_1	D_2	M_1	M_2
1	$150\times L$	150, 180, 200, 230, 250	72	132, 162, 182, 212, 232	114	114(L_4), 144, 164, 194, 214	—, 52, 72, 102, 122	120	56, 86, 106, 136, 156	—, 96, 116, 146, 166	16	12	$4\times M10$	$4\times M6$
2	$180\times L$	180, 200, 230, 250, 300, 350	90	160, 180, 210, 230, 280, 330	134	134(L'_4), 154, 184, 204, 254, 304	—, 46, 76, 96, 146, 196	145	64, 84, 114, 124, 174, 224	—, 98, 128, 148, 198, 248	20	12	$4\times M12$ $6\times M12$	$4\times M8$
3	$200\times L$	200, 230, 250, 300, 350, 400	100	180, 210, 230, 280, 330, 380	154	154, 184, 204, 254, 304, 354	46, 76, 96, 146, 196, 246	160	80, 110, 130, 180, 230, 280	98, 128, 148, 198, 248, 298	20	15	$4\times M12$ $6\times M12$	$4\times M8$

(续)

序号	系列 W×L	L	W_5	L_1	W_6	L_4, L_7	L_5	W_7	L_3	L_6	D_1	D_2	M_1	M_2
4	230×L	230, 250	120	210, 230, 250, 280, 330, 380	184	184, 204 224, 254 304, 354	74, 94 112, 142 192, 242	185	106, 126 144, 174 224, 274	128, 148 166, 196 246, 296	20	15	4×M12 4×M14 6×M14	4×M8
5	250×L	250, 270, 300 350, 400, 450, 500	130	230, 250, 280, 330, 380, 430, 480	194	194, 214, 244, 294, 344, 394, 444	70, 90, 120, 170, 220, 270, 320	200	108, 124, 154, 204, 254, 304, 354	130, 150, 180, 230, 280, 330, 380	25	15	4×M14 6×M14	4×M8
6	270×L	270, 300, 350 400, 450, 500	136	246, 276, 326, 376, 426, 476	214	214, 244, 294, 344, 394, 444	90, 120, 170, 220, 270, 320	215	124, 154, 204, 254, 304, 354	150, 180, 230, 280, 330, 380	25	20	4×M14 6×M14	4×M10
7	300×L	300 350, 400 450, 500, 550, 600	156	276, 326, 376, 426, 476, 526, 576	234	234, 284, 334, 384, 434, 484, 534	98, 148, 198, 244, 294, 344, 394	240	138, 188, 238, 288, 338, 388, 438	164, 214, 264, 312, 362, 412, 462	30	20	4×M14 6×M14	4×M10
8	350×L	350 400, 450 500, 550, 600	196	326, 376, 426, 476, 526, 576	284 274	284, 334, 384, 424, 474, 524	144, 194, 244, 268, 318, 368	285	178, 224, 274, 308, 358, 408	212, 262, 312, 344, 394, 444	30 35	25	4×M16 6×M16	4×M10
9	400×L	400, 450, 500, 550, 600, 700	234	374, 424, 474, 524, 574, 674	324	324, 374, 424, 474, 524, 624	168, 218, 268, 318, 368, 468	330	208, 254, 304, 354, 404, 504	244, 294, 344, 394, 444, 544	35	25	6×M16	4×M12
10	450×L	450, 500, 550, 600, 700	264	424, 474, 524, 574, 674	364	364, 414, 464, 514, 614	194, 244, 294, 344, 444	370	236, 286, 336, 386, 486	276, 326, 376, 426, 526	40	30	6×M16	4×M12
11	500×L	500, 550, 600, 700 800	294	474, 524, 574, 674, 774	414	414, 464, 514, 614, 714	244, 294, 344, 444, 544	410	286, 336, 386, 486, 586	326, 376, 426, 526, 626	40	30	6×M16 8×M16	4×M12 6×M12
12	550×L	550, 600, 700 800, 900	310	520, 570, 670, 770, 870	444	444, 494, 594, 694, 794	220, 270, 370, 470, 570	450	300, 350, 450, 550, 650	332, 382, 482, 582, 682	50	30	6×M16 8×M20	6×M12 8×M12, 10×M12

（续）

序号	系列 $W\times L$	L	W_5	L_1	W_6	L_4, L_7	L_5	W_7	L_3	L_6	D_1	D_2	M_1	M_2
13	$600\times L$	600, 700 800 900, 1000	360	570, 670, 770, 870, 970	494	494, 594, 694, 794, 894	270, 370, 470, 570, 670	500	350, 450, 550, 650, 750	382, 482, 582, 682, 782	50	30	6×M20 8×M20 10×M20	6×M12 8×M12 10×M12
14	$650\times L$	650 700, 800 900, 1000	370	620, 670, 770, 870, 970	544	544, 594, 694, 794, 894	320, 370, 470, 570, 670	530	400, 450, 550, 650, 750	434, 482, 582, 682, 782	50	30	6×M20, 8×M20, 10×M20	6×M12, 8×M12, 10×M12
15	$700\times L$	700 800 900 1000 1250	420	670 770 870 970 1220	580	580 680 780 880 1130	324 424 524 624 874	580	420 520 620 720 970	452 552 652 752 1002	60	30	8×M20 10×M20 12×M20 14×M20	6×M12 8×M12 10×M12
16	$800\times L$	800 900 1000 1250 1600	470	760 860 960 1210 1560	660	660 760 860 1110 1460	378 478 578 828 1178	660	500 600 700 950 1300	516 616 716 966 1316	70	35	8×M24 10×M24 12×M24 14×M24	8×M16 10×M16 12×M16
17	$900\times L$	900 1000 1250 1600	520	860 960 1210 1560	760	760 860 1110 1460	478 578 828 1178	740	600 700 950 1300	616 716 966 1316	70	35	10×M24 12×M24 14×M24	10×M16 12×M16
18	$1000\times L$	1000 1250 1600	620	960 1210 1560	840	840 1090 1440	508 758 1108	820	650 900 1250	674 924 1274	80	40	12×M24 14×M24	10×M16 12×M16
19	$1250\times L$	1250 1600 2000	690	1210 1560 1960	1090	1090 1440 1840	758 1108 1508	1030	900 1250 1650	924 1274 1674	80	40	12×M30 14×M30 16×M30	10×M16 12×M16 12×M16

注：1. "—"表示150×150、180×180模架板面太小而不能用于点浇口模架，所以 L_5、L_6、L_7 相应地少一个尺寸。
2. 每一行数据从左至右一一对应。

知识拓展

注射模的定位机构

1. 锥面定位机构

导柱导套的导向定位虽然对中性较好，制造容易，但两者之间存在配合间隙，从而影响精度。因此，当要求对合精度很高或侧向压力较大时，必须采用锥面导向定位的方式。

如图 3-170 所示，锥面定位有两种形式，一种是两锥面间留有间隙，将淬火镶件（图中右上图）装在模具上，使它与两锥面配合，以防止型腔或型芯偏移；另一种是两锥面配合（图中 M 处），锥面角度越小，越有利于定位，但由于开模力的关系，锥面角也不宜过小，一般取 15°~20°，配合高度在 15mm 以上，两锥面都要淬火处理。在锥面定位机构设计中，要注意锥面配合形式，如果是型芯模块环抱型腔模块，型腔模块无法向外胀开，在分型面上不会形成间隙，是合理的结构。

2. 合模销定位机构

如图 3-171 所示，合模销定位机构采用合模销定位。合模销是模具标准件，由定位销和定位套两部分组成。

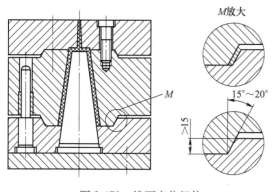

图 3-170　锥面定位机构

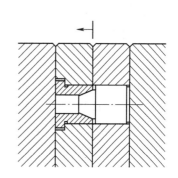

图 3-171　合模销定位机构

3. 定位机构的应用

一般情况下，注射模只选用导柱导套导向机构。在成型精度要求高的大型、深腔、薄壁制件时，除了设置导柱导套导向外，应增设锥面定位机构。原因是型腔内侧向压力可能引起型腔或型芯偏移，如果这种侧向压力完全由导柱承担，会造成折断或咬死。

在成型精度要求高的多型腔、薄壁制件时，除了设置导柱导套导向外，应增设合模销定位机构。当导柱、导套磨损后，模具的合模精度可通过合模销定位机构来保证。

思考题

1. 模架结构的零部件主要有哪些？
2. 动模座板和定模座板在模具中起何作用？
3. 动模板和定模板与动、定模座板有何区别？在模具中的作用是什么？
4. 在模具中导向机构有哪些形式？在模具中起何作用？在设计时应注意哪些原则？
5. 推广和使用标准模架有什么意义？

任务 3.8　注射模材料的选用及模具设计过程

【学习目标】
1. 了解模具总装配图和零件图的绘制要求。
2. 合理选用模具零件材料。
3. 合理确定模具零件的热处理方法。
4. 通过模具材料的学习，培养良好的环保意识。

任务引入

模具是由许多零部件组成的。不同的零件所起的作用是不同的，对零件的要求也往往各不相同。通常来说，运动零件要求有较高的硬度和良好的耐磨性，如滑块、导柱、导套、推杆等；成型零件要求有适当的强度、耐磨、耐热，并且有良好的加工性能，如型芯、型腔等；结构零件要求有良好的综合力学性能和较低的价格，如上模座板、下模座板、支承板、垫块等。所以模具材料的选择也是设计中一项非常重要的工作。

任务内容：对图 1-1 所示的药瓶内盖制件进行模具装配图的绘制。

相关知识

3.8.1　模具材料的选用

塑料注射模结构复杂，其组成零件多种多样，各个零件在模具中所处的位置、作用不同，对材料的性能要求就有所不同。选择优质、合理的材料，是生产高质量模具的保证。

1. 模具零件的失效形式

（1）表面磨损失效

1）模具型腔表面粗糙度恶化。如酚醛塑料对模具的磨损作用，导致模具表面拉毛，使压缩制品的外观不合要求，因此，模具应定期拆卸进行抛光处理。经多次抛光后，型腔尺寸由于超差而失效。如用工具钢制成的酚醛塑料制品模具，连续压制 20000 次左右，模具表面磨损约 0.01mm，同时，表面粗糙度值明显增大而需重新抛光。

2）模具尺寸磨损失效。当压制的塑料中含有无机填料，如云母粉、硅砂、玻璃纤维等硬度较大的固体物质时，将明显加剧模具磨损，不仅模具表面粗糙度迅速恶化，而且尺寸也会由于磨损而急剧变化，最终导致尺寸超差。

3）模具表面腐蚀失效。由于塑料中存在氯、氟等元素，受热分解会析出 HCl、SO_2、HF 等腐蚀性气体，侵蚀模具表面，加剧其磨损失效。

（2）塑性变形失效　模具在持续受热、周期受压的作用下，会发生局部塑性变形而失效。生产中常用的渗碳钢或碳素工具钢制作的酚醛塑料制品模具，在棱角处易产生制件变形，表面出现橘皮、凹陷、麻点、棱角堆塌等缺陷。当小型模具在大吨位压力机上超载使用时，这种失效形式更为常见。产生这种失效，主要是由于模具表面硬化层过薄，变形抗力不足，或是模具回火不足。在使用过程中工作温度高于回火温度，使模具发生组织转变所致。

(3) 断裂失效 断裂失效是危害性最大的一种失效形式。塑料模具形状复杂，存在许多凹角、薄边、应力集中。因而塑料模必须具有足够的韧性。为此，对于大型、中型、复杂型腔塑料模具，应优先采用高韧性钢（渗碳钢或热作模具钢），尽量避免采用高碳工具钢。

2. 影响模具寿命的因素及提高模具寿命的方法

（1）塑料特性 不同的塑料品种，在成型时的温度和压力不尽相同。由于工作条件不同，对模具的寿命就会有不同的影响。成型过程中产生的腐蚀性气体也会影响模具表面，从而缩短模具使用寿命。因此，在满足使用要求的前提下，应尽量选用成型工艺性能良好的塑料来制造产品，这样不仅有利于塑料成型，也有利于提高模具寿命。

（2）模具结构 在模具的成型零件设计及强度、刚度计算时会发现，不同结构形式的型腔和型芯，其强度和刚度以及损坏后的维修更换是不同的。从模具寿命的角度考虑，在设计时采用强度和刚度较好同时方便维修的结构形式可以适当延长模具寿命。

导向装置的结构及精度会直接影响模具成型零件的合模，从而影响模具寿命和制品精度。因此在模具设计时应选择合适的导向形式及配合精度。

另外，在模具结构中应尽量避免尖角和截面突变，以避免模具破裂和失效。

（3）模具材料及热处理 一般情况下，模具材料及热处理是影响模具寿命的主要因素。在模具设计时，应针对塑料品种、生产批量、成型方式，选择不同的模具材料，以保证模具能满足强度、刚度、硬度及耐磨性的要求，延长模具的使用寿命。在合理选择模具材料的同时，加工时也要合理设计制造工艺，特别是热处理工艺。模具在加工工艺方面往往有着一些特殊要求，这是因为塑料模具型腔、型芯比较复杂，精度和表面粗糙度要求较高。

（4）模具的加工及表面处理 模具的热加工、机械加工和电加工工艺以及表面处理都会对模具寿命产生重要影响。因而必须提高模具零件毛坯的锻造、热处理工艺水平，以保证模具的力学性能，同时也应不断改进模具加工方法，以减少内应力并提高模具表面质量，从而提高模具寿命。

采用冷挤压、超塑性成形等方法制造模具也是提高模具寿命的常用途径。

对于塑料模来说，由于制品表面质量的要求和耐蚀性以及脱模的需要，模具工作表面的光洁程度要求很高，因而除了模具材料应选择合理外，还需要对模具进行镀铬等表面处理，以进一步提高其表面光洁程度，提高耐磨性和耐蚀性，从而提高模具寿命。

此外，成型设备的精度和刚度、模具的使用和维护也都会对模具寿命有直接影响。

3. 成型零件材料选用的要求

对塑料模成型零件的材料有以下基本要求：

1）具有足够的强度、刚度、耐疲劳性和足够的硬度、耐磨性。成型含有填料的增强塑料时，其硬度和耐磨性要求更高。

2）具有一定的耐热性和小的热膨胀系数。尤其成型聚碳酸酯、聚砜、聚苯醚等成型温度高的塑料时，要求模具有良好的热稳定性。

3）要有良好的冷、热加工性能。要选用易于冷加工，且在加工后可得到高精度零件的钢种，因此，以中碳钢和中碳合金钢最常用，这对大型模架尤为重要。成型零件应具有良好的热加工工艺性能，热处理变形和开裂倾向小，在使用过程中尺寸稳定性好。对需要电火花加工的零件，还要求该钢种的烧伤硬化层较浅。用注射模成型零件的工作表面，多需抛光达到镜面，因此要求抛光性能优良。

4) 耐蚀性好。对于有些塑料品种，如聚氯乙烯和阻燃型塑料，必须考虑选用有耐蚀性能的钢种。

4. 注射模钢种的选用

热塑性塑料注射模成型零件的毛坯、型腔、主型芯以板材和模块作为供应原件，常用45调质钢，硬度为250~280HBW，易于切削加工，旧模修复时的焊接性能较好，但抛光性和耐磨性较差。

小型芯和镶件常以棒材作为供应原件，采用淬火变形小、淬透性好的高碳合金钢，经热处理后在磨床上直接研磨至镜面。常用 9CrWMn、Cr12MoV 和 H13（4Cr5MoSiV1）等钢种。淬火后回火硬度 ≥ 55HRC，有良好的耐磨性；也可采用高速钢基体的 65Nb（65Cr4W3Mo2VNb）钢种；价廉但淬火性能差的 T8A、T10A 也可采用。

20世纪80年代，我国开始引进国外生产的钢种来制造注射模。主要是美国 P 系列的塑料模钢种和 H 系列的热锻模钢种，如 P20、H13、P20S 和 H13S。目前，我国已能够生产塑料模具专用钢种，并以模板和棒料的形式进行供应。

1) 预硬钢。预硬钢是热处理达到一定硬度（25~35HRC 或更高）的钢。如国产 P20（3Cr2Mo）钢种，是将模板预硬化后以硬度 36~38HRC 供应，这种钢在模具制造中不必进行热处理，就能保证加工后获得较高的形状和尺寸精度，也易于抛光，适用于中小型注射模。

在预硬钢中加入硫，能改善其切削性能，适合大型模具制造。国产 SM1（Y55CrNiMnMoVS）和 5NiSCa（5CrNiMnMoVSCa）预硬化后硬度为 35~45HRC，但切削性能类似中碳调质钢。

2) 镜面钢。镜面钢多数属于析出硬化钢，也称为时效硬化钢，用真空熔炼方法生产。国产 PMS（10Ni3CuAl）的供货硬度为 30HRC，具有优异的镜面加工性能和良好的切削加工性能，热处理工艺简便、变形小，适用于制造工作温度达 300℃，使用硬度为 30~45HRC，要求高镜面、高精度的各种塑料模具，并能够腐蚀精细图案，还有较好的电加工及抗锈蚀性能。另一种析出硬化钢是 SM2（Y20CrNi3AlMnMo），预硬化后加工，再经时效硬化后硬度可达 40~45HRC。

还有两种镜面钢也各有其特点。一种是高强度的 8Cr2S 或 8CrMn（8Cr2MnWMoVS），预硬化后硬度为 33~35HRC，易于切削，淬火时空冷，硬度可达 42~60HRC，可用于大型注射模以减小模具体积。另一种是可氮化高硬度钢 25CrNi3MoAl，调质后硬度为 23~25HRC，时效后硬度为 38~42HRC，氮化处理后表层硬度在 70HRC 以上，用于玻璃纤维增强塑料成型的注射模。

3) 耐腐蚀钢。国产 PCR（06Cr16Ni4Cu3Nb）属于不锈钢类钢种，但比一般不锈钢有更高的强度，更好的切削性能和抛光性能，且热处理变形小，使用温度小于 400℃，空冷淬硬后硬度为 42~53HRC，适用于含氯和阻燃剂的腐蚀性塑料成型。

选用钢种时，应按制件的生产批量、塑料品种及制件精度与表面质量要求确定。部分钢种制造成型零件（模具）的寿命见表 3-24。

表 3-24 模具材料与寿命

塑料品种或制品	成型零件材料	注射次数
PP、PE-HD 等一般塑料	50、55 钢正火	10 万次左右
	50、55 钢调质	20 万次左右
	P20	30 万次左右
	SM1、5NiSCa	50 万次左右
工程塑料	P20	10 万次左右
精密制品	PMS、SM1、5NiSCa	20 万次左右
玻璃纤维增强塑料	PMS、SM2	10 万次左右
	25CrNi3MoAl	20 万次左右
PC、PMMA、PS 透明塑料	PMS、SM2	40 万次左右
PVC 和阻燃塑料	PCR	10 万次左右

常用模具零件材料的适用范围与热处理方法见表 3-25。

5. 常用模具材料的种类及特点

（1）**碳素塑料模具钢** 国外通常利用碳质量分数为 0.5%～0.6% 的碳素钢（如日本的 S55C）作为碳素塑料模具钢。国内对于生产批量不大、没有特殊要求的小型塑料模具，采用价格便宜、来源方便、切削加工性能好的碳素钢（如 45 钢、50 钢、55 钢、T8 钢、T10 钢）制造。这类钢一般适用于普通热塑性塑料成型模具。以下主要介绍 SM45、SM50、SM55 三种碳素塑料模具钢。

1）SM45 钢。SM45 钢属优质碳素塑料模具钢，与普通优质 45 碳素结构钢相比，其中的硫、磷含量低，钢材纯度好。由于 SM45 钢的淬透性差，制造较大尺寸的塑料模具时，一般采用热轧、热锻或正火状态加工，模具硬度低，耐磨性较差；制造小型塑料模具时，用调质处理可获得较高的硬度和较好的强韧性。SM45 钢的优点是价格便宜，切削加工性能好，淬火后具有较高的硬度，调质处理后具有良好的强韧性和一定的耐磨性，被广泛用于制造中、低档塑料模具。

2）SM50 钢。SM50 钢属碳素塑料模具钢，其化学成分与高强中碳优质结构钢 50 钢相近，但 SM50 钢的洁净度更高，碳含量的波动范围更窄，力学性能更稳定。SM50 钢经正火或调质处理后，具有一定的硬度、强度和耐磨性，而且价格便宜，切削加工性能好，适宜制造形状简单的小型塑料模具或精度要求不高、使用寿命不需很长的模具等。但 SM50 钢的焊接性能不好，冷变形性能差。

3）SM55 钢。SM55 钢属碳素塑料模具钢，其化学成分与高强中碳优质结构钢 55 钢相近，但 SM55 钢的洁净度更高，碳含量的波动范围更窄，力学性能更稳定。SM55 钢经热处理后具有高的表面硬度、强度、耐磨性和一定的韧性，一般在正火或调质处理后使用。该钢价格便宜、切削加工性能中等，当硬度为 179～229HBW 时，相对加工性为 50%，但焊接性和冷变形性均低。适宜制造形状简单的小型塑料模具或精度要求不高、使用寿命不需要很长的塑料模具。

表 3-25 常用模具零件材料的适用范围与热处理方法

零件类型	零件名称	使用要求	材料牌号	热处理	硬度	说明
浇注系统零件	浇口套、拉料杆、分流锥	表面耐磨、耐蚀	T8A、T10A、45、50、55	淬火	50~55HRC	用于塑料制品生产量大，耐磨性要求较高的模具
			9Mn2V、9SiCr、9CrWMn、CrWMn、GCr15	淬火、低温回火	50~55HRC	同上，但热处理变形小，抛光性能较好
			Cr12MoV、4Cr5MoSiV、Cr6WV、4Cr5MoSiV1	淬火、中温回火	50~55HRC	用于成型温度高、成型压力大的模具
成型零部件	型芯、凹模、螺纹型芯、螺纹型环、成型镶件	强度高、耐磨、热处理变形小、耐蚀	5CrMnMo、5CrNiMo、3Cr2W8V	淬火、中温回火	42~46 HRC	用于成型制品形状简单、尺寸不大的零件
			T8、T8A、T10、T10A、T12、T12A	淬火、低温回火	50~55HRC	用于耐磨要求高并能防止咬合的活动成型零件
			38CrMoAlA	调质、氮化	50~55HRC	用于热塑性塑料成型模具
			45、50、55、40Cr、42CrMo、35CrMo、40MnB、40MnVB、33CrNi3MoA、37CrNi3A、30CrNi3A	调质、淬火（或表面淬火）	50~55HRC	容易切削加工或采用塑性成形方法制作小型模具的成型零件
			10、15、20、12CrNi2、12CrNi3、20Cr、20CrMnTi、20Cr2Ni4	渗碳淬火	50~55HRC	
			铍铜			导热性良好，耐磨性好，可铸造成型
			锌基合金、铝合金	正火或退火	正火≥200HBW 退火≥100HBW	用于试制小批量生产的模具的成型零件，可铸造成型
			球墨铸铁			用于大型模具

(续)

零件类型	使用要求	零件名称	材料牌号	热处理	硬度	说明
导向零件	表面耐磨、抗弯好	导柱、导套	T8A、T10A	淬火	50~55HRC	
			20	渗碳淬火	56~60HRC	
		推板导柱、推板导套	T8A、T10A	淬火	50~55HRC	
推出机构零件	有足够的强度和刚度	推杆、推管	T8A、T10A	淬火	43~48HRC	
		推板、推块、复位杆	45	淬火	43~48HRC	
		推杆固定板	45、Q235			
侧向抽芯机构零件	有足够的强度、刚度	斜导柱、滑块、斜滑块、弯销	T8A、T10A	淬火	50~55HRC	
		楔紧块	T8A、T10A	淬火	50~55HRC	
模板零件	有足够的强度、刚度	动模垫板、模套	45	淬火	43~48HRC	
		动(定)模板、推件板、固定板	45	淬火	43~48HRC	
		推件板	45	调质	230~270HBW	
支承零件		支撑柱	45	淬火	54~58HRC	
定位零件		圆锥定位件	T10A	调质	230~270HBW	
		定位圈	45、Q235	淬火	43~48HRC	
		定距螺钉、限位钉、限位块	45	淬火	58~62HRC	
				淬火	43~48HRC	

(2) 渗碳型塑料模具钢 渗碳型塑料模具钢主要用于冷挤压成型塑料模具，一般要求较低的含碳量，同时钢中加入能提高淬透性而固溶强化铁素体效果弱的合金元素。这类钢首先要冷挤压成型，因此其退火态必须有低的硬度、高的塑性和低的变形抗力。成型复杂型腔时，其退火硬度≤100HBW；成型浅型腔时，其退火硬度≤160HBW。为了提高模具的耐磨性，这类钢在冷挤压成型后一般需进行渗碳、淬火、回火处理，使模具具有一定的硬度、强度和耐磨性，表面硬度为58~62HRC，而心部仍有较好的韧性。

由于模具为冷挤压成型，无需再进行切削加工，故模具制造周期短，便于批量加工，而且精度高。渗碳型塑料模具钢在国外有专用钢种，如美国的 P1、P2、P4、P6，日本的 CH1、CH2、CH41，瑞典的 8416 等。国内有 20、20Cr、20CrMnTi 等。但是现在冷挤压成型塑料模应用比较少。

(3) 预硬型塑料模具钢 有些塑料模具钢在加工成形后进行热处理时变形较大，无法保证模具的精度，因此模具钢以预硬化钢的形式供应市场，这样易于制造高精密的塑料模具且可降低生产成本。

所谓预硬型塑料模具钢，就是钢厂供货时已预先对模具钢进行了热处理，使之达到了模具使用时的硬度。根据模具工作条件，这个硬度范围变化较大，较低硬度为 25~35HRC，较高硬度为 40~50HRC。在这种硬度条件下，模具加工成形后不再进行热处理而直接使用，从而保证模具的制造精度。

我国目前使用和新近研制的预硬化型塑料模具钢，大多数以中碳钢为基础，适当加入 Cr、Mn、Mo、Ni、V 等合金元素制成。为了解决在较高硬度下机械切削加工的困难，在冶炼时适当地向钢中加入 S、Ca、Pb、Se 等元素，以改善钢的切削加工性能，从而冶炼成易切削的预硬化钢，使模具在较高硬度下顺利完成车、钻、刨、铣、镗、磨等加工过程。有些预硬化钢可以在模具加工成形后进行渗氮处理，在不降低基体硬度的前提下使模具的表面硬度和耐磨性提高。

已经列入国家标准的预硬型塑料模具钢有 3Cr2Mo 钢和 3Cr2MnNiMo 两种，国内外对这类钢的需求非常大，也是目前主要使用的塑料模具钢。

1）3Cr2Mo(P20) 钢。3Cr2Mo 钢是我国引进的美国塑料模具常用钢，在国际上得到了广泛的应用，综合力学性能较好、淬透性高，可以使截面尺寸较大的钢材获得较均匀的硬度。该钢具有很好的抛光性能，制成模具的表面粗糙度值低。用该钢制造模具时，一般先进行调质处理，硬度为 28~35HRC（即预硬化），再经冷加工制成模具后可直接使用，这样既保证了模具的使用性能，又避免了热处理引起的模具变形。因此该钢种适于制造大、中型和精密塑料模，以及低熔点合金（如锡、锌、铅合金）压铸模等。

2）3Cr2MnNiMo(718) 钢。3Cr2MnNiMo 钢是在 P20 钢基础上，加入质量分数为 0.8% 的 Ni 而研制的新钢种，是国际上广泛应用的预硬型塑料模具钢。由于 Ni 的作用，该钢较 P20 钢有更高的淬透性、强韧性和耐蚀性，可以使大截面尺寸的钢材在调质后具有较均匀的硬度分布，有很好的抛光性能和低的表面粗糙度值。采用该钢制造模具时，一般先进行调质热处理，硬度为 28~35HRC（即预硬化），然后加工成模具直接使用，这既保证了大型和特大型模具的使用性能，又避免了热处理引起模具的变形。3Cr2MnNiMo 钢适合制造特大型、大型塑料模具，精密塑料模具，也可用于制造低熔点合金（如锡、锌、铝合金）压铸模等。

另外，日本大同特钢公司的 PX4、PX5 钢；日本日立公司的 HPM7、HPM17 钢的化学成分与 718 钢相近，国内试制的 P4410 钢的成分也与 718 钢一致。

(4) 时效硬化型塑料模具钢　模具热处理后变形是模具热处理的三大难题之一（变形、开裂、淬硬）。预硬型塑料模具钢解决了模具热处理变形问题，但模具硬度高又给模具加工造成困难。如何既保证模具的加工精度，又使模具具有较高硬度，对于复杂、精密、长寿命的塑料模具，是一个重要难题。为此出现了一系列的时效硬化型塑料模具钢。模具零件在淬火（固溶）后变软（硬度为 28~34HRC），便于切削加工成形，然后再进行时效硬化，获得所需的综合力学性能。时效硬化型塑料模具主要用于制造精密、复杂的热塑性塑料制品成型模具。

(5) 耐蚀性塑料模具钢　在生产会产生化学腐蚀介质的塑料制品（如聚氯乙烯、氟塑料、阻燃塑料等）时，模具材料必须具有较好的耐蚀性能。当塑料制品的产量不大、要求不高时，可以在模具表面采取镀铬保护措施，但大多数情况需采用耐蚀钢制造模具，一般采用中碳或高碳的高铬马氏体不锈钢，如 20Cr13、30Cr13、40Cr13、95Cr18、90Cr18MoV、80Cr14Mo4V、14Cr17Ni2 等。

国外耐蚀镜面塑料模具钢也比较常用，如法国 CLC2316H 钢（同类型钢还有德国 X36CrMo17、奥地利百禄公司的 M300、瑞典 ASSAB 的 S-136、日本大同 S-STAR 等）是预硬化型的耐蚀镜面塑料模具钢。耐蚀塑料模具零件的热处理和一般不锈钢制品的热处理基本相同，为了得到模具使用中需要的综合力学性能和较好的耐蚀性能、耐磨性能，要经过适当的淬火、回火。

以上介绍了一些常用的模具钢。目前很多重要的模具零件和出口模具都普遍采用进口钢材，下面再简要介绍一些国外的模具钢牌号。

NAK80 是日本大同的代表钢种之一，它的出厂硬度可以达到 40HRC，且表面及内部的硬度均匀，切削性、电加工性能极佳，可以直接加工成为模具（加工完后无需热处理）。另外其抛光性能良好，组织稳定，模具长期使用后仍能维持相当高的精度。由于 NAK80 具有以上性能，所以可以用于高硬度、长期使用的精密模具，以及对表面粗糙度要求较高的镜面模具或透明产品的模具的型芯用料。

DC53 是日本大同特殊模具钢，通常被认为是日立的 SKD11 的改良钢，出厂硬度为退火后 255HBW，具有硬度高（淬火高温回火后硬度可达 62~63HRC）、韧性好（是 SKD11 的 2 倍）、切削性能好、研磨性能好、强度高、耐磨性优良、淬透性高和易于线切割等特点，可以用来作为滑块型芯、斜顶等需要耐磨、耐冲击的成型零件。

SKD61 钢是一种空冷硬化的热作模具钢，也是所有热作模具钢中使用最广泛的钢号之一。该钢具有较强的热硬性和硬度，在中温条件下（300~400℃）具有很好的强度、韧性、热疲劳性和一定的耐磨性，常用于模具的顶杆、拉料杆、弹簧导杆、镶件等。

718 钢是瑞典一胜百公司的模具钢代表之一，此钢一般出厂硬度可达 330~370HBW，硬度均匀，制成模具永不变形，且容易抛光。因其表面无氧化黑皮，故材料利用率高，可以节省加工费用。另外，因为含硫量低，故适合电火花加工。718 钢可以用于制作大型家电产品、电脑外设等模具的动模型芯或要求生产量达 50 万件以上模具的型芯。718H 具有比 718 钢更高的硬度，常用于滑块、斜顶等需要高耐磨性的零件。

S-136 钢含 Cr 量高，抗腐蚀，淬火后硬度大于 50HRC，可以预硬至 31~35HRC，镜面加工性能良好，可以免除热处理，永不变形，且抛光性能极佳。此种钢材可以用于各种对表面质量要求较高的塑料产品的模具型芯，如照相机镜头、放大镜等，还可以用于在生产时有腐蚀性气体产生的塑料（如PVC）产品的模具型芯。

8407钢是和SKD61相近似的材料，出厂硬度大概为185HBW，具有在高温作业时强度高、韧性优、抗热裂性好的特点，其组织致密，切削性、抛光性能优良，并且具有良好的等向性能（即钢材的纵向与横向强度一致），常用来制作塑料模具的动模型芯、动模镶件、斜顶等。

DF-2俗称油钢，为锰铬钨合金钢，是高品质不变形冷作工具钢，韧性好，淬透性好，淬硬后有高硬度且尺寸稳定、耐磨，常用于各种需要耐磨的结构零件，如滑座、导板等。

表3-26列出了国外钢厂部分牌号的钢种比较。

3.8.2 塑料模设计技术文件

塑料模设计技术文件应包括模具装配图、模具零件图、模塑工艺卡、设计说明书等内容。

1. 模具装配图

塑料模装配图用以表明塑料模结构、工作原理、组成塑料模的全部零件及其相互位置和装配关系。

一般情况下，塑料模装配图用主视图表示，若不能表达清楚时，再增加其他视图。一般按1:1的比例绘制。模具装配图上应标明必要的尺寸和技术要求。

1) 主视图。主视图放在图样的上面偏左，按塑料模正对操作者方向绘制，采取剖视画法，一般按模具闭合状态绘制，在型芯、凹模间应有制件。主视图是模具装配图的主体，应尽量在主视图上将结构表达清楚，力求将型芯、凹模的形状表达完整。

2) 俯视图。通过俯视图可以了解塑料模零件的平面布置，以及部分成型零件的轮廓形状等。习惯将定模部分拿去，只反映模具的动模分型面可见部分。俯视图上，制件部分不再表达。图上应标注必要的尺寸，如模具闭合厚度、模架外形尺寸、定位圈直径（含配合尺寸）等。

3) 塑料制品图。制件图通常画在图纸的右上角，要注明制件的原材料、规格及制件的尺寸、公差等。若图面位置不够，可另附一页。制件图应按比例绘出。

4) 标题栏与明细表。标题栏与明细表布置在图样的右下角，并按机械制图国家标准填写。零件明细表应包括件号、名称、数量、材料、标准零件代号及规格、备注等内容。模具图中的所有零件都应详细填写在明细表中。

5) 技术要求。技术要求布置在图纸的下部的适当位置，内容包括：模具的装配要求及试模要求，模具闭合高度，该模具的特殊要求，以及其他按本行业国标或厂标执行的有关内容。

2. 模具零件图

模具零件图的绘制和标注应符合机械制图国家标准的规定。要注明全部尺寸、公差配合、几何公差、表面粗糙度、材料、热处理要求及其他技术要求。模具零件图应尽量按该零件在装配图中的方位画出，不要随意旋转或颠倒，以防影响装配。

表 3-26 国外钢厂部分牌号的钢种比较表

分类	名称	钢厂编号					比较标准					出厂状态	淬火硬度	主要用途
		瑞典 ASSAB	德国 SAARST	奥地利 BOHLER	日本 DAIDO	日本 HITACHI	美国 AISI	德国 DIN	日本 JIS	中国 GB			
塑料模具钢	预硬普通塑料模具钢	618	GS-2311	M201 M202	PX4 PX5	HPM7	P20	1.2311	—	3Cr2Mo	预硬 270~300HBW		一般要求的大小塑料模具，可电蚀操作
	预硬优质塑料模具钢	718S 718H	GS-2738	M238	PX88	—	P20+Ni	1.2738	—	4Cr2NiMo	预硬 290~330HBW 330~370HBW	52 HRC	高要求的大小塑料模具，尤其适于电蚀操作
	预硬高硬度镜面塑料模具钢	—	—	—	NAK55 NAK80	HPM50	P21	—	—	15Ni3Mn	预硬 370~400HBW		高镜面、高精度塑料模具
	预硬耐蚀镜面塑料模具钢	S-136H	GS-2316	M300	PAK90 (S-STAR)	HPM38	420	1.2316	SUS 420J2	3Cr17NiMnMo	预硬 290~330HBW		放电腐蚀及需镜面抛光的模具
	耐蚀镜面塑料模具钢	S-136	GS-2083	M310	—	—	420	1.2083	SUS 420J2	4Cr13	退火 215HBW	48~52 HRC	放电腐蚀及需镜面抛光的模具
热作模具钢	热作压铸模具钢	8407	GS-2344	W302	DHA1	DAC55	H13	1.2344	SKD61	4Cr5MoSiV1	退火 250HBW	48~52 HRC	铝、锌、镁及合金压铸模
冷作模具钢	不变形油钢	DF-2 DF-3	GS-2510	K460	GOA	SGT ACD37	O1	1.2510	SKS3	9CrWMn	退火<230HBW	48~52 HRC	各种五金压铸模
	韧性高铬钢	XW-42	GS-2379	K110	DC11	SD8	D2	1.2379	SKD11	Cr12Mo1V1	退火<230HBW	58~62 HRC	各种不锈钢片、硅钢片、铝片的冲压模
	耐磨铬钢	—	GS-2080	K100	—	—	D3	1.2080	SKD1	Cr12	退火<210HBW		
	耐磨高铬钢	XW-5	GS-2436	K107	—	—	D6	1.2436	SKD2	Cr12W	退火 250HBW		
高速模具钢	韧性高速钢	KM-2	—	S600	MH51	YXM1	M2	1.3343	SKH51 (SKH9)	W6Mo5 Cr4V2	退火 240~300HBW	60~64 HRC	模架板、普通机械零件、精密耐磨五金冷冲模或精密切削工具及刀具
	高韧性高速钢	—	—	S705	MH55	YXM4	M35	1.3243	SKH55	W6Mo5 Cr4V2Co5			
	高韧性高速钢	—	—	S500	—	—	M42	1.3247	SKH59	W2Mo9 Cr4VCo8			
碳素结构钢	优质碳素结构钢	—	—	—	—	—	1050	1.210	S50C	50	退火<320HBW	40~58 HRC	模架板、普通机械零件
	普通碳素结构钢	—	—	—	—	—	A570. Gr. A	1.0037	SS400 SS41	Q235	—	—	普通机械零件

对于配合加工的模具零件，配制尺寸可不标公差，仅在相应公称尺寸右上角注上符号"＊"，并在技术条件中说明：注"＊"尺寸按"×××（图号）×××（名称）"配作，保证间隙即可。

3. 模塑工艺卡

按标准工艺卡片进行填写。

4. 设计说明书

设计者除了用工艺文件和图样表达自己的设计结果外，还必须编写设计说明书，用以阐明设计观点、方案的优劣、依据和过程。其内容包括：

1）目录。
2）设计任务书及塑料制品图。
3）序言。
4）制件的工艺性分析。
5）模塑工艺方案的制订。
6）模具结构形式的论证及确定。
7）分型面的选择。
8）注射量及锁模力的计算、校核。
9）塑压设备的选择及校核。
10）模具零件的选用、设计及必要的计算。
11）浇注系统、排气系统的设计。
12）模具成型零件工作尺寸及公差的计算、型腔侧壁及底板厚度的计算。
13）推出机构的设计、计算。
14）侧向分型与抽芯机构的设计、计算。
15）导向零件的设计。
16）模架的选择设计。
17）加热/冷却装置的设计、计算。
18）其他需要说明的问题。
19）主要参考书目录。

说明书中应附有塑料模结构等必要的简图。所选参数及所用公式应注明出处，并说明式中各符号所代表的意义及单位。

说明书最后应附有参考文献目录，包括书刊名称、作者、出版社、出版年份。在说明书中引用所列参考资料时，只需在方括号里注明其序号及页数。

任务实施

药瓶内盖注射模设计方案确定如下。

1. 模具装配图绘制

药瓶内盖注射模装配图如图 3-172 所示。

2. 模具成型零件绘制

药瓶内盖注射模成型零件图见任务 3.3 中的表 3-8。

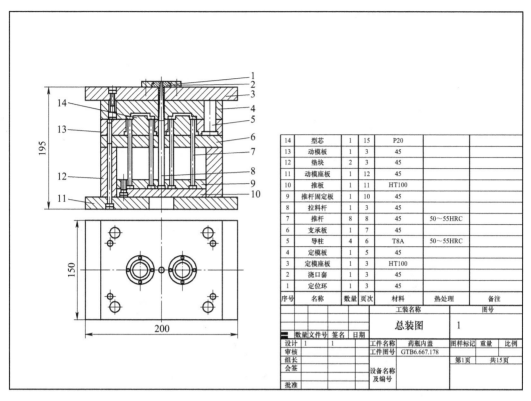

图 3-172 药瓶内盖注射模装配图

巩固提高

轴流风机机壳注射模设计方案确定

1. 模具装配图绘制

轴流风机机壳注射模装配图如图 3-173 所示。

2. 模具成型零件绘制

轴流风机机壳注射模成型零件图见任务 3.3 中的表 3-9。

知识拓展

注射模设计的步骤与方法

1. 明确设计任务，收集有关资料

首先明确设计课题要求，并仔细阅读设计指导书，了解塑料模设计的目的、内容、要求和步骤。然后拟订工作进度计划，查阅有关图册、手册等资料。若有条件，应深入到有关工厂了解所设计塑料制品的用途、结构、性能，在整个产品中的装配关系、技术要求，生产的批量，采用的成型设备型号和规格，模具制造的设备型号和规格，标准化等情况。

2. 模塑工艺分析及工艺方案的确定

1）模塑工艺分析。在明确了设计任务、收集了有关资料的基础上，分析制件材料的工艺特性，包括收缩性、流动性、结晶性、热敏性、固化特性、压缩比和比容等，收集具体数据；

塑料模具的拆装与设计

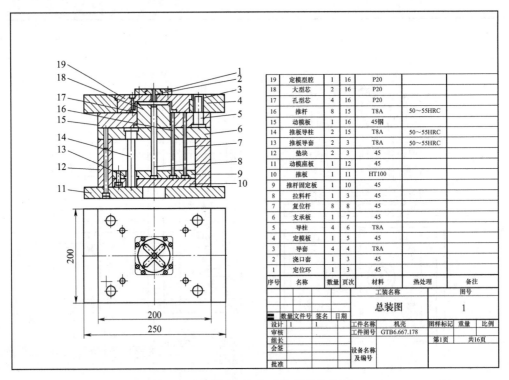

图 3-173　轴流风机机壳注射模装配图

分析制品的技术要求、结构工艺性及经济性是否符合模塑工艺要求。若不合适，应提出修改意见，经指导教师同意后修改或更换设计任务书。

2）制订工艺方案，填写工艺卡片。首先在工艺分析的基础上，确定制件的总体工艺方案，然后确定模塑成型工艺方案，它是制订制件工艺过程的核心。

在确定模塑工艺方案时，可设计若干种方案，最后对各种可能性的方案进行比较分析，综合其优缺点，选出一种最佳方案，并将其内容填入模塑工艺卡中。

3. 模塑工艺计算及设计

1）分型面的选择。设计制件在型腔中的位置、方向，分型面的选择可以有多种方案，在经过分析比较后选择确定其中的一种最佳方案。

2）制件体积和质量的计算。对于塑料模设计，制件体积和质量大小是选择成型设备的依据，可采用数学方法或用计算机工具计算。

3）成型设备的选择。根据制件体积或质量，估算浇注系统的体积或质量，计算后确定成型设备的类型、型号、规格，再计算制件在垂直于合模方向的平面上的投影面积（含浇注系统），校核锁模力。然后根据设备型号按注射量、锁模力、精度等级计算型腔数，取最小值。

4）成型零件工作部分尺寸的计算。当确定了型芯凹模的结构形式后，可按相关公式进行计算。一般计算结果精确到小数点后一位，制件精度要求较高时，计算结果精确到小数点后两位。计算并确定型腔侧壁及底板厚度。

5）开模力、抽芯力的计算。同样是校核成型设备的需要，也是推出机构设计的依据。

6）侧向分型与抽芯机构斜角及其他尺寸的确定。如采用斜导柱侧抽芯机构，需确定抽芯距、斜导柱的斜角、直径、长度等;如采用斜滑块机构,则需确定斜角。

7) 加热或冷却系统的有关计算。通过计算,确定加热的功率、加热方式及规格;确定是否需要冷却,如需冷却,确定采用的方式、通道的布置形式。

4. 模具结构设计

1) 分型面的选择设计。

2) 浇注系统、排气系统的设计。根据型腔数、制件的工艺性能等分别确定型腔的排布方式及主流道、分流道、冷料穴、浇口的结构形式,设计排气、引气方式。

3) 成型零件的结构设计。可根据需要设计成整体式或组合式,主要考虑制件精度、脱模、成型零件的加工工艺性。

4) 导向零件的设计。一般采用导柱导套的结构,主要考虑标准件的形式、布置位置及方向、安装方向。

5) 推出机构的设计。主要考虑保证制件的质量、防止干涉现象、引气问题、标准推杆的选用。

6) 选择模架并确定其他模具零件的主要参数。根据凹模周界大小,从模架国家标准中即可确定模架规格及主要模具零件的规格参数,再查阅标准中有关零部件图表,就可以绘制装配图。

7) 其他结构的设计。包括侧向分型与抽芯机构的设计,加热、冷却装置的设计。侧向分型与抽芯机构常用的形式有斜导柱侧抽芯机构、斜滑块侧抽芯机构、齿轮齿条抽芯机构等。

8) 绘制模具装配图。先画出模具结构草图,经指导老师审阅后再画装配图,主视图与其他视图应同步绘制。最好从分型面及主流道开始,再加上制件轮廓,由成型零件向其他结构零件展开。图上应标注必要的尺寸,包括总体尺寸(厚度尺寸应为动、定模座板的外端面,不含定位圈的厚度)、装配尺寸及配合,必要的几何公差等。制件图应按比例绘制,通常画在图样的右上角,标题栏与明细表、技术要求等应按机械制图国家标准表达。

9) 绘制模具零件图。装配图画好后,即可绘制零件图。零件图的绘制应符合机械制图国家标准的规定,要注明全部尺寸、公差配合、几何公差、表面粗糙度、材料、热处理要求及其他技术要求。

10) 编写技术文件。塑料模课程设计编写的技术文件包括说明书、模塑工艺卡、零件加工工艺卡等。按要求认真编写,工艺卡的填写应规范准确,图号、名称等应与模具装配图及模具零件图上的一致。说明书中的内容应与设计相统一。

思考题

1. 模具零件的失效形式有哪些?
2. 注射模成型零件在选用材料时有哪些要求?
3. 绘制模具装配图时有哪些要求?
4. 模具成型零件采用预硬钢有什么优点?
5. 简述耐蚀性塑料模具钢的性能。
6. 简述 Cr12Mo1V1 钢的性能。

项目 4
压缩模与压注模设计

任务 4.1 热固性塑料压缩成型工艺分析

【学习目标】
1. 掌握热固性塑料压缩成型工艺、压缩模类型及特点。
2. 掌握压缩模分型面及加压方向的确定原则。
3. 掌握压缩模与压力机结构的关系。
4. 在制件压缩成型工艺分析中培养发现问题、分析问题和解决问题的能力。

任务引入

热固性塑料由于性能特点（耐热性能好、强度较高、不易变形等）与成型特点（熔点及黏度高、流动性能较差等）的缘故，通常采用压缩或压注的成型方法。在电器产品中热固性塑料使用较为广泛。

压缩模也称为压塑模、压制模或压模，是塑料成型模具中比较简单的模具，主要用于成型热固性塑料制品。成型前，根据成型要求的工艺条件需将模具加热到成型温度，然后将塑料粉末或锭料加入模具内加热、加压，塑料在加热和压力的作用下充满型腔，同时发生化学反应而固化定型，最后脱模成为塑料制品。

压缩模也可以成型热塑性塑料。用压缩模成型热塑性塑料时，模具必须交替地进行加热和冷却，才能使塑料塑化和固化，所以成型周期长，生产率低，因此，它仅适用于成型光学性能要求高的有机玻璃镜片、不宜高温注射成型的硝酸纤维汽车驾驶盘，以及一些流动性很差的热塑性塑料，如聚酰亚胺等塑料制品。

压缩模与注射模相比，其优点是使用的设备和模具比较简单，主要应用于日用电器、电子仪表等热固性制件的成型。典型压缩成型的制件有仪表壳、电闸、电器开关、插座等。

任务内容：如图 4-1 所示，电器元件塑料外壳的材料为酚醛塑料 PF，要求表面光滑，中等生产批量。分析该塑料制品的成型工艺和成型工艺参数，并选择合适的生产设备。

相关知识

4.1.1 压缩成型原理及其特点

1. 压缩成型原理

压缩成型原理如图 4-2 所示。将粉状、粒状、碎屑状或纤维状的热固性塑料原料直接加入敞开的模具加料腔内，如图 4-2a 所示；然后合模加热（不加压力），当塑料成为熔融状态时，再在合模压力的作用下，将熔融塑料充满型腔各处，如图 4-2b 所示；这时，型腔中的塑料产生化学交联反应而逐步转变为不熔的硬化定型的制件，最后脱模将制件从模具中取出，如图 4-2c 所示。

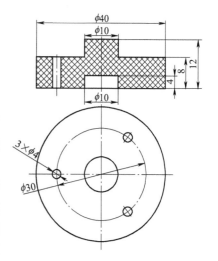

图 4-1 电器元件塑料外壳

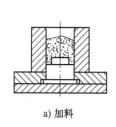
a) 加料

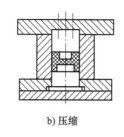
b) 压缩

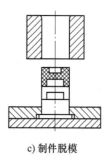
c) 制件脱模

图 4-2 压缩成型原理

2. 压缩成型特点

热固性塑料压缩成型的主要优点是：可以使用普通压力机进行生产，压缩模没有浇注系统，结构比较简单；制件内取向组织少，取向程度低，性能比较均匀；成型收缩率小等。利用压缩方法还可以生产一些带有碎屑状、片状或长纤维状填充料、流动性能差的塑料制品和面积很大、厚度较小的大型扁平塑料制品。

热固性塑料压缩成型的主要缺点是：成型周期长，生产环境差，生产操作多用手工而不易实现自动化，因此劳动强度大；制件经常带有溢料飞边，因此高度方向的尺寸精度不易控制；模具易磨损变形，因此模具寿命较短。

4.1.2 压缩成型工艺过程

压缩成型的工艺过程包括压缩成型前的准备、压缩成型和压后处理等。

1. 压缩成型前的准备

热固性塑料比较容易吸湿，贮存时易受潮，所以在对塑料进行加工前应对其进行预热和干燥处理。又由于热固性塑料的比容比较大，因此为了使成型过程顺利进行，有时要先对塑料进行预压处理。

1) 预热与干燥。在成型前，应对热固性塑料进行加热。加热的目的有两个：一是对塑料进行预热,以便为压缩模提供具有一定温度的热料,使塑料在模内受热均匀,缩短模压成型周期;二是对塑料进行干燥,防止塑料中带有过多的水分和低分子挥发物,确保制件的成型质量。预热与干燥的常用设备是烘箱和红外线加热炉。

2) 预压。预压是指压缩成型前,在室温或稍高于室温的条件下,将松散的粉状、粒状、碎屑状、片状或长纤维状的成型物料压实成重量一定、形状一致的塑料型坯,使其能比较容易地放入压缩模加料腔内。预压坯料的截面形状一般为圆形。经过预压后的坯料密度最好能达到制件密度的80%左右,以保证坯料有一定的强度。是否要预压,视塑料原材料的组分及加料要求而定。

2. 压缩成型过程

模具装上压力机后要进行预热。若制件带有嵌件,加料前应将热嵌件放入模具型腔内一起预热。热固性塑料的压缩过程一般可分为加料、合模、排气、固化和脱模等几个阶段。

1) 加料。加料是在模具型腔中加入已预热的定量物料,这是压缩成型生产的重要环节。加料是否准确直接影响制件的密度和尺寸精度。常用的加料方法有质量法、容积法和记数法三种。质量法需用衡器称量物料的质量,然后加入到模具内,采用该方法可以准确地控制加料量,但操作不方便。容积法是使用具有一定容积或带有容积标度的容器向模具内加料,这种方法操作简便,但加料量的控制不够准确。记数法只适用于预压坯料。物料加入型腔时,应根据其成型时的流动情况和各部位大致需要量合理堆放,以免造成制件局部疏松等现象,尤其是流动性差的塑料,应更加注意。

2) 合模。加料完成后进行合模,即通过压力使模具内成型零部件闭合成与制件形状一致的型腔。当凸模尚未接触物料之前,应尽量使闭模速度加快,以缩短模塑周期和防止塑料过早固化和过多降解。在凸模接触物料以后,合模速度应放慢,以避免模具中的嵌件和成型零件的位移和损坏,同时也有利于空气的顺利排放。合模时间一般为几秒至几十秒不等。

3) 排气。压缩热固性塑料时,成型物料在型腔中会放出相当数量的水蒸气、低分子挥发物,以及在交联反应和体积收缩时产生的气体,因此,模具合模后有时还需卸压,以排出型腔中的气体。排气不但可以缩短固化时间,而且还有利于提高制件的性能和表面质量。排气的次数和时间应视需要而定,通常为1~3次,每次时间为3~20s。

4) 固化。压缩成型热固性塑料时,塑料进行交联反应固化定型的过程,称为固化或硬化。热固性塑料的交联反应程度即固化程度不一定达到100%,固化程度与塑料品种、模具温度及成型压力等因素有关。当这些因素一定时,固化程度主要取决于固化时间。最佳固化时间应以固化程度适中为准。固化速率不高的塑料,有时不必将整个固化过程放在模内完成,脱模后用烘的方法来完成固化。通常酚醛压缩制件的后烘温度范围为90~150℃,时间为几小时至几十小时不等,视制件的厚薄而定。模内固化时间取决于塑料的种类、制件的厚度、物料的形状、预热和成型的温度等,一般由30s至数分钟不等。具体时间需由实验或试模的方法确定,过长或过短对制件的性能都会产生不利的影响。

5) 脱模。固化过程完成以后,压力机将卸载回程,并将模具开启,推出机构将制件推出模外。带有侧向型芯时,必须先将侧向型芯抽出才能脱模。

热固性塑料制件的脱模条件应以其在模具中的硬化程度达到适中为准。在大批量生产中,为了缩短成型周期,提高生产率,也可在制件尚未达到硬化程度适中的情况下进行脱模，但此时必须注意制件应有足够的强度和刚度，以保证它在脱模过程中不发生变形和损坏。对于硬化程度不足而提前脱模的制件，必须将它们集中起来进行后烘处理。

3. 压后处理

制件脱模以后的后处理主要是指退火处理，其主要作用是消除应力，提高稳定性，减少制件的变形与开裂，并进一步交联固化，提高制件的电性能和力学性能。退火规范应根据制件材料、形状、嵌件等情况确定。对于厚壁、壁厚相差悬殊及易变形的制件，退火处理采用较低温度和较长时间为宜；对于形状复杂、薄壁、面积大的制件，为防止变形，退火处理时最好在夹具中进行。常用的热固性塑料制品退火处理规范可参考表4-1。

表4-1 常用热固性塑料制品退火处理规范

塑料种类	退火温度/℃	保温时间/h
酚醛塑料	80~130	4~24
酚醛纤维塑料	130~160	4~24
氨基塑料	70~80	10~12

4.1.3 压缩成型工艺参数

压缩成型的工艺参数主要是指压缩成型压力、压缩成型温度和压缩时间。

1. 压缩成型压力

压缩成型压力是指压缩时压力机通过凸模对塑料熔体在充满型腔和固化时在分型面单位投影面积上施加的压力，简称成型压力，可采用下式进行计算

$$p = \frac{p_b \pi D^2}{4A} \tag{4-1}$$

式中　p——成型压力（MPa），一般为15~30MPa；

　　　p_b——压力机工作液压缸表压力（MPa）；

　　　D——压力机工作液压缸活塞直径（m）；

　　　A——制件与凸模接触部分在分型面上的投影面积（m²）。

施加成型压力的目的是促使物料流动充模，提高制件的密度和内在质量，克服塑料树脂在成型过程中的胀模力，使模具闭合，保证制件具有稳定的尺寸、形状，减少飞边，防止变形，但过大的成型压力会降低模具寿命。

压缩成型压力的大小与塑料种类、制件结构及模具温度等因素有关，一般情况下，塑料的流动性越小、制件越厚、形状越复杂，塑料固化速度和压缩比越大，所需的成型压力也越大。常用热固性塑料的压缩成型温度和成型压力见表4-2。

表4-2 常用热固性塑料的压缩成型温度和成型压力

塑料种类	压缩成型温度/℃	压缩成型压力/MPa
酚醛塑料（PF）	146~180	7~42
三聚氰胺-甲醛塑料（MF）	140~180	14~56

(续)

塑料种类	压缩成型温度/℃	压缩成型压力/MPa
脲-甲醛塑料（UF）	135~155	14~56
不饱和聚酯塑料（UP）	85~150	0.35~3.5
聚邻苯二甲酸二烯丙酯塑料（PDAP）	120~160	3.5~14
环氧树脂塑料（EP）	145~200	0.7~14
有机硅塑料（SI）	150~190	7~56

2. 压缩成型温度

压缩成型温度是指压缩成型时所需的模具温度。显然，成型物料在模具温度作用下，必须经由玻璃态熔融成黏流态之后才能流动充模，最后还要经过交联才能固化定型为塑料制品，所以压缩过程中的模具温度对制件成型过程和成型质量的影响，比注射成型显得更为重要。

压缩成型温度的高低影响模内塑料熔体的充模是否顺利，也影响成型时的硬化速度，进而影响制件质量。随着温度的升高，塑料固体粉末逐渐熔融，黏度由大到小，开始交联反应，当塑料的流动性随温度的升高而出现峰值时，迅速增大成型压力，使塑料在温度还不很高而流动性又较大时，充满型腔的各部分。在一定温度范围内，模具温度升高，成型周期缩短，生产效率提高。如果模具温度太高，将使树脂和有机物分解，制件表面颜色就会暗淡。由于制件外层首先硬化，影响物料的流动，将引起充模不满，特别是压缩形状复杂、薄壁、深度大的制件时最为明显。同时，由于水分和挥发物难以排除，制件应力大，模具开启时，制件易发生肿胀、开裂、翘曲等；如果模具温度过低，硬化周期过长，硬化不足，制件表面将会无光，其物理性能和力学性能下降。

3. 压缩时间

热固性塑料压缩成型时，在一定温度和一定压力下保持一定时间，才能使其充分地交联固化，成为性能优良的制件，这段时间称为压缩时间。压缩时间与塑料的种类（树脂种类、挥发物含量等）、制件的形状、压缩成型的工艺条件（温度、压力）及操作步骤（是否排气、预压、预热）等有关。压缩成型温度升高，塑料固化速度加快，所需压缩时间减少；压缩成型压力增大，压缩时间也会略有减少，但影响不及压缩成型温度那么明显。由于预热减少了塑料充模和开模时间，所以压缩时间比不预热时要短，通常压缩时间还会随制件厚度的增加而增加。

压缩时间的长短对制件的性能影响很大。压缩时间过短，塑料硬化不足，将使制件的外观质量变差，力学性能下降，易变形。适当增加压缩时间，可以减少制件收缩率，提高其耐热性能和电性能、力学性能。如果压缩时间过长，不仅降低生产率，而且会使树脂交联过度，使制件收缩率增加，产生应力，导致制件力学性能下降，严重时会使制件破裂。对于一般的酚醛塑料，压缩时间为1~2min，对于有机硅塑料，达2~7min。表4-3列出了部分热固性塑料的压缩成型工艺参数。

表 4-3 部分热固性塑料压缩成型工艺参数

工艺参数	酚醛塑料			氨基塑料
	一般工业用[①]	高电绝缘用[②]	耐高频电绝缘用[③]	
压缩成型温度/℃	150~165	150~170	180~190	140~155
压缩成型压力/MPa	25~35	25~35	>30	25~35
压缩时间/(min·mm)	0.8~1.2	1.5~2.5	2.5	0.7~1.0

① 系以苯酚-甲醛线型树脂的粉末为基础的压缩粉。
② 系以甲酚-甲醛可溶性树脂的粉末为基础的压缩粉。
③ 系以苯酚-苯胺-甲醛树脂和无机矿物为基础的压缩粉。

4.1.4 压力机的选择与相关技术参数校核

1. 压力机与模具结构的关系

压力机是压缩成型的主要设备，按其传动方式分为机械式压力机和液压机。机械式压力机常见的有螺旋压力机和双曲柄杠杆式压力机等，但压力不准确，运动噪声大，容易磨损，特别是用人力驱动的手扳压力机，劳动强度很大，工厂已极少采用。

液压机是热固性塑料压缩成型的主要设备，按其结构可分为上压式液压机和下压式液压机。用于生产塑料制品的多为下工作台固定不动的上压式液压机。

为保证压缩成型工艺的正常进行，在模具设计时应考虑选用适当的压力机。压制制件时常用的压力机是Y71系列塑料制品液压机和Y32系列四柱万能液压机，如图4-3和图4-4所示。

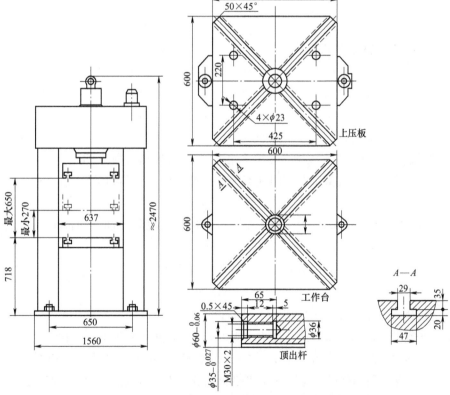

图 4-3 Y71-100 型塑料制品液压机

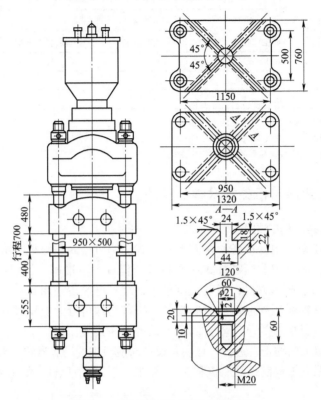

图 4-4 YB32-200 型四柱万能液压机

2. 压力机有关工艺参数的校核

压力机作为压缩、压注成型的主要设备，模具设计者必须熟悉压力机的主要技术规范，特别是压力机的总压力、开模力、推出力和装模部分有关尺寸等。压力机的成型总压力如果不足，则生产不出性能与外观合格的塑料制品，反之又会造成设备生产能力的浪费。在设计模具时应首先对压力机进行以下几个方面的校核。

(1) 成型总压力的校核 成型总压力是指塑料压缩成型时所需的压力。它与制件几何形状、分型面投影面积、成型工艺等因素有关，成型总压力必须满足下式

$$F_模 \leq KF_机 \tag{4-2}$$

式中 K——压力机的修正系数，一般取 0.75~0.90，根据压力机的新旧程度而定；

$F_机$——压力机的额定压力（N）；

$F_模$——成型时所需的总压力（N），可按下式计算

$$F_模 = K_1 pAn \tag{4-3}$$

式中 K_1——压力安全系数，一般取 1.1~1.2；

p——成型单位面积塑料所需压力（MPa），其值可参考表 4-4 选用；

A——塑料制品在水平方向上的总的投影面积（mm²），对于溢式和不溢式压缩模，A 等于塑制品最大轮廓的水平投影面积；对于半溢式压缩模和压注模，A 等于加料腔的水平投影面积；

n——压缩模内加料腔的数目,对于单型腔模具,$n=1$;对于共用加料腔的多型腔模具,$n=1$ 时,A 为加料腔的水平投影面积。

当选定压力机即确定压力机的压缩成型能力后,可确定型腔的数目,从式(4-2)和式(4-3)中可得

$$n \leqslant \frac{KF_{机}}{pA} \tag{4-4}$$

表 4-4 压缩成型时的单位压力 (单位:MPa)

制件	酚醛树脂		布层塑料	氨基塑料	酚醛石棉塑料
	不预热	预热			
扁平厚壁制件	12.25~17.15	9.80~14.70	29.40~39.20	12.25~17.15	44.10
高 20~40mm,壁厚 4~6mm	12.25~17.15	9.80~14.70	34.30~44.10	12.25~17.15	44.10
高 20~40mm,壁厚 2~4mm	12.25~17.15	9.80~14.70	39.20~49.00	12.25~17.15	44.10
高 40~60mm,壁厚 4~6mm	17.15~22.05	12.25~15.39	49.00~68.60	17.15~22.05	53.90
高 40~60mm,壁厚 2~4mm	24.50~29.40	14.70~19.60	58.80~78.40	24.50~29.40	53.90
高 60~100mm,壁厚 4~6mm	24.50~29.40	14.70~19.60	—	24.50~29.40	53.90
高 60~100mm,壁厚 2~4mm	26.95~34.30	17.15~22.05	—	26.95~34.90	53.90

(2) 开模力的校核 开模力的大小与成型压力成正比,其值关系到压缩模连接螺钉的数量及大小。因此,对于大型模具,在布置螺钉前需计算开模力。

1) 开模力的计算。开模力可按下式计算

$$F_{开} = K_2 F_{模} \tag{4-5}$$

式中 $F_{开}$——开模力(N);

K_2——压力系数,制件形状简单、配合环(凸模与凹模相配合部分)不高时,取 0.1;配合环较高时,取 0.15;形状复杂、配合环较高时,取 0.2。

用机器力开模,因 $F_{机} > F_{模}$,$F_{开}$ 是足够的,不需要校核。

2) 螺钉数量的确定。螺钉数量的确定可按下式计算

$$n_{螺} = \frac{F_{开}}{f}$$

式中 $n_{螺}$——螺钉的数量;

f——每个螺钉所承受的负载(MPa),见表 4-5。

表 4-5　螺钉负载表　　　　　　　　　　　　　　　　　　（单位：N）

公称直径	材料		备注
	45钢（$R_m = 490\text{MPa}$）	T10A（$R_m = 980\text{MPa}$）	
M5	1323.90	2598.76	
M6	1814.23	3628.46	
M8	3432.33	6766.59	对于成型压力为500kN的大型模具，连接螺钉用的材料可选用T10A、T10，但不应淬火
M10	5393.66	10787.32	
M12	7943.39	15788.71	
M16	15200.31	30302.55	
M20	23634.03	47268.05	
M24	34127.14	68156.22	

（3）脱模力的校核　脱模力是将制件从模具中顶出的力，必须满足下式

$$F_{顶} > F_{脱} \tag{4-6}$$

式中　$F_{顶}$——压力机的顶出力（N）；

　　　$F_{脱}$——制件从模具内脱出所需的力（N）。

脱模力的计算公式为

$$F_{脱} = A_1 p_1 \tag{4-7}$$

式中　A_1——制件的侧面积之和（m²）；

　　　p_1——塑料制品与金属的结合力（MPa），见表4-6。

表 4-6　塑料制品与金属的结合力 p_1　　　　　　　　　　　（单位：MPa）

塑料性质	p_1
含木纤维和矿物填料的塑料	0.49
玻璃纤维塑料	1.47

（4）压缩模合模高度和开模行程的校核　为使模具正常工作，就必须使模具的闭合高度和开模行程与压力机上、下工作台面之间的最大和最小开距，以及活动压板的工作行程相适应，即

$$H_{\min} + (10 \sim 15)\text{mm} \leq h \leq H_{\max} - (5 \sim 10)\text{mm} \tag{4-8}$$

$$h = h_1 + h_2 \tag{4-9}$$

式中　$H_{\min}$——压力机上、下模板之间的最小距离；

　　　$H_{\max}$——压力机上、下模板之间的最大距离；

　　　h——合模高度；

　　　h_1——凹模高度；

　　　h_2——凸模台肩高度。

如果 $h < H_{\min}$，上、下模不能闭合，压力机无法工作，这时在上、下压板间必须加垫板，以保证 $H_{\min} + (10 \sim 15)\text{mm} \leq h +$ 垫板厚度。

除满足 $h < H_{\max}$ 外，还要求 $H_{\max}$ 大于模具的闭合高度加开模行程之和，以保证顺利脱模。即

$$H_{\max} \geqslant h + L \qquad (4\text{-}10)$$
$$L = h_s + h_t + (10 \sim 30)\,\text{mm} \qquad (4\text{-}11)$$
故
$$H_{\max} \geqslant h + h_s + h_t + (10 \sim 30)\,\text{mm} \qquad (4\text{-}12)$$

式中 h_s——塑料制品的高度；

h_t——凸模的高度；

L——模具的最小开模距。

（5）**压力机工作台面有关尺寸的校核** 设计模具时，应根据压力机工作台面规格及结构来确定模具相应的尺寸。模具的宽度应小于压力机立柱或框架之间的距离，使模具能顺利地安装在工作台上。压缩模的最大外形尺寸不应超过压力机工作台面尺寸，以便模具的安装固定。

压力机的上、下工作台都设有 T 形槽，有的 T 形槽沿对角线交叉开设，有的则平行开设。模具可直接用螺钉分别固定在上、下工作台上，但模具上的固定螺钉孔（或长槽、缺口）应与上、下工作台的 T 形槽位置相符合。模具也可用压板、螺钉压紧固定，这时上模座板与下模座板上的尺寸就比较自由，只需设有宽度为 15~30mm 的凸缘台阶即可。

（6）**模具推出机构与压力机的关系** 固定式压缩模的制件推出一般由压力机顶出机构驱动模具推出装置来完成。如图 4-5 所示，压力机顶出机构通过尾轴或中间接头、拉杆等零件与模具推出装置相连。因此，尾轴的结构必须与压力机和模具的推出机构相适应，即模具所需的推出行程应小于压力机最大顶出行程，同时压力机的顶出行程必须保证制品能推出型腔，并高出型腔表面 10mm 以上，以便取出制品，其关系为

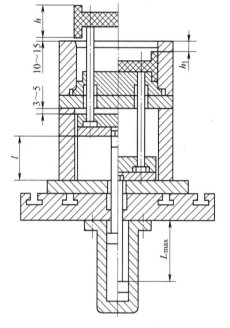

图 4-5 压力机推顶装置

$$l = h + h_1 + (10 \sim 15)\,\text{mm} \leqslant L_{\max} \qquad (4\text{-}13)$$

式中 $L_{\max}$——压力机顶杆最大顶出行程；

l——制件所需推出高度；

h——制件最大高度；

h_1——加料腔高度。

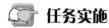 **任务实施**

1. 制件材料工艺性能分析

酚醛树脂的绝缘和耐热性能较好，但很脆，呈琥珀玻璃态，必须加入一定的填料后才能获得具有一定性能要求的酚醛塑料。电器元件外壳（图 4-1）材料为酚醛塑料，酚醛塑料与一般的热塑性塑料相比，刚性好，变形小，耐热性、耐蚀性也都很好，能在 150~200℃ 的温度范围内长期使用。机械强度高，尺寸稳定，电绝缘性能优异，密度为 1.5~2.0g/cm³，成型收缩率为 0.5%~1.0%，成型温度为 150~170℃。成型性较好，但收缩及方向性稍大；模

温对流动性影响较大，一般超过160℃时，流动性会迅速下降。硬化速度较慢，且硬化时会放出大量的热量。

2. 制件结构工艺性能分析

制件形状简单，上部一个 $\phi10mm$ 圆形凸台，下部一个 $\phi10mm$ 盲孔，三个均匀分布的 $\phi4mm$ 通孔，壁厚平均为9mm，通孔直径为4mm，深度为8mm，最小壁厚为5mm，尺寸精度中等，表面质量也无特殊要求，满足成型工艺要求。

3. 制件成型方式的选择

酚醛塑料属热固性塑料，制件为中等批量生产。酚醛塑料采用注射成型技术已相对成熟，生产周期短，效率高，容易实现自动化生产，但模具结构复杂，成本高。本项目的制件生产批量中等，与注射成型相比，压缩成型的材料利用率较高，且模具结构相对简单，成本低。根据以上分析，该电子元件塑料外壳制件采用压缩成型方式生产。

4. 制件成型工艺分析

一个完整的压缩成型工艺过程包括成型前的准备、压缩成型过程和制件的后处理。

（1）压缩成型前的准备 酚醛塑料含有水分及挥发物，在成型前应对塑料进行预热，以便干燥原料，并为成型生产提供具有一定温度的热料，使塑料在模具内受热均匀，缩短模压周期。选用的设备为烘箱，温度为 100~125℃，时间为 10~20min。

（2）压缩成型过程 模具装上压力机后要进行预热。热固性塑料的压缩过程一般包括加料、合模、排气、固化和脱模等几个阶段。

加料采用操作简便的容积法，用带有容积标度的容器向模具内加料。加料完成后进行合模，当凸模尚未接触物料之前，应尽量使闭模速度加快，以缩短模塑周期，防止塑料过早固化和过多降解，而在凸模接触物料以后，合模速度则应放慢，以免模具零件和嵌件错位，合模时间一般为几秒至几十秒不等。初步设定排气的次数为 2~3 次，每次时间为 5~10s，在生产过程中调整。固化速度为 0.8~10mm/min，而制品壁厚为3mm，所以固化时间初步选定为 3~4min。

（3）后处理 塑料脱模以后的后处理主要是退火处理，目的是消除应力，提高稳定性，减少制件的变形与开裂，并进一步固化，可以提高制件的电性能和力学性能。酚醛塑料（PF）的退火温度为 80~100℃，保温时间为 4~24h。

综合上述分析，该制件成型工艺参数见表 4-7。

表 4-7 电子元件塑料外壳压缩成型工艺参数

预热条件		压缩成型工艺			后处理	
温度/℃	时间/min	温度/℃	压力/MPa	固化时间/min	退火温度/℃	保温时间/h
100~125	10~20	160~170	25~40	8~10	80~100	4~24

5. 压缩模用压力机的选用

（1）计算成型压力 根据表 4-5，制件为扁平厚壁制件，压缩成型时预热，压缩成型时的单位压力 p 取 15MPa。所设计模具采用单型腔模具，加料腔的数目 n 取 1；压力安全系数 K_1 取 1.2；则成型压力为

$$F_{模} = K_1 pAn = 1.2 \times 15 \times \frac{1}{4}\pi \times 40^2 \times 1 \text{N} = 22608\text{N} = 22.6\text{kN}$$

（2）**计算开模力** 取压力系数 $K_2=0.15$，则有
$$F_{开} = K_2 F_{模} = 0.15 \times 22.6\text{kN} = 3.39\text{kN}$$

（3）**计算脱模力** 该制件的侧壁面积之和为
$$A_1 = \pi d_1 h_1 + \pi d_2 h_2 + \pi d_3 h_3 = (3.14 \times 10 \times 4 + 3.14 \times 40 \times 8 + 3.14 \times 10 \times 4)\text{mm}^2$$
$$= 1256\text{mm}^2$$

制件与模具表面的结合力取 $p_1 = 0.49$MPa，所以脱模力为
$$F_{脱} = A_1 p_1 = 1256 \times 0.49\text{N} = 615.44\text{N} = 0.615\text{kN}$$

（4）**选择压力机** 根据成型压力、开模力和脱模力的大小，可以选择 Y32-10 液压机。该液压机为上压式框架结构，下顶出方式，公称力为 100kN，工作台面封闭高度为 900mm，最大顶出力为 190kN，最大顶出行程为 200mm。

思考题

1. 简述压缩成型的过程。
2. 何为压缩成型的加压方向？在模具设计时如何确定加压方向？
3. 设计压缩模时，对压力机需要进行哪些参数校核？
4. 简述压缩成型的特点。
5. 简述对压缩成型温度的要求。
6. 简述对压缩成型时间的要求。

任务 4.2　　压缩模设计

【学习目标】
1. 掌握压缩模的设计方法。
2. 熟悉压缩模各零件的尺寸。
3. 掌握加料腔尺寸的确定方法。
4. 在压缩模设计（对比注射模设计）中领悟事物运行规律相通的原则，学会有效借鉴应用，提升学习与工作效率。

任务引入

各类压缩模的凸模和加料腔（凹模）的配合结构各不相同，因此应根据塑料的特点、制件形模难易、模具结构等进行合理选择。

任务内容：设计图 4-1 所示的电器元件塑料外壳的压缩模结构。

相关知识

4.2.1　压缩模的结构组成与分类

1. 压缩模的结构组成

压缩模的典型结构如图 4-6 所示。模具的上模和下模分别安装在压力机的上、下工作台上，上、下模通过导柱、导套导向定位。上工作台下降，使上凸模 5 进入凹模加料腔 4，与

装入的塑料接触并对其加热。当塑料成为熔融状态后，上工作台继续下降，熔料在受热受压的作用下充满型腔并发生固化交联反应。制件固化成型后，上工作台上升，模具分型，同时压力机下面的辅助液压缸开始工作，推出机构的推杆将制件从下凸模7上脱出。压缩模按各零部件的功能作用可分为以下几大部分。

1）成型零件。成型零件是直接成型制件的零件，也就是形成模具型腔的零件，加料时与加料腔一道起装料的作用。图4-6中模具的成型零件由上凸模5、凹模加料腔4、型芯6、下凸模7等构成。

2）加料腔。压缩模的加料腔是指凹模上方的空腔部分，如图4-6中凹模加料腔4的上部截面尺寸扩大的部分。由于塑料与制件相比具有较大的比容，制件成型前单靠型腔往往无法容纳全部原料，因此一般需要在型腔之上设有一段加料腔。

3）导向机构。图4-6中，布置在模具上模周边的四根导柱8和下模导套10组成导向机构，它的作用是保证上模和下模两大部分或模具内部其他零部件之间准确对合定位。为保证推出机构上下运动平稳，该模具在下模座板18上设有两根推板导柱，在推板上还设有推板导套。

4）侧向分型与抽芯机构。当压缩制件带有侧孔或侧向凹凸时，模具必须设有侧向分型与抽芯机构，制件方能脱出。图4-6中的制件有一侧孔，在推出制件前用手动丝杠（侧型芯21）抽出侧型芯。

5）推出机构。压缩模中一般都需要设置推出机构，其作用是把制件推出模腔。图4-6中的推出机构由推板19、推杆固定板20、推杆12等零件组成。

6）加热系统。在压缩热固性塑料时，模具温度必须高于塑料的交联温度，因此模具必须加热。常见的加热方式有电加热、蒸汽加热、煤气或天然气加热等，但以电加热最为普遍。图4-6中上模板2和支承板（加热板）11中设计有加热孔3，加热孔中插入加热元件（如电热棒）分别对上凸模、下凸模和凹模进行加热。

7）支承零部件。压缩模中的各种固定板、支承板（加热板等）及上、下模座板等均称为支承零部件，如图4-6中的上模座板1、支承板（加热板）11、垫块13、下模座板18、承压块22等。它们的作用是固定和支承模具中的各种零部件，并且将压力机的压力传递给成型零件和成型物料。

2. 压缩模的分类

压缩模的分类有多种方法，可按模具在压力机上的固定方式分类，也可按模具加料腔的结构形式进行分类。

（1）按模具在压力机上的固定方式分类 可分为固定式压缩模、半固定式压缩模和移动式压缩模。

1）固定式压缩模。固定式压缩模的结构如图4-6所示，上、下模分别固定在压力机的上、下工作台上。开合模及制件的推出均在压力机上完成，因此生产率较高，操作简单，劳动强度小，模具振动小，寿命长；缺点是模具结构复杂，成本高，且安放嵌件不如移动式压缩模方便，适用于成型批量较大或尺寸较大的制件。

2）半固定式压缩模。半固定式压缩模的结构如图4-7所示。一般将上模固定在压力机上，下模可沿导轨移进压力机进行压缩，或移出压力机外进行加料和在卸模架上推出制件。下模移进时用定位块定位，合模时靠导向机构定位。这种模具结构便于安放嵌件和加料，且

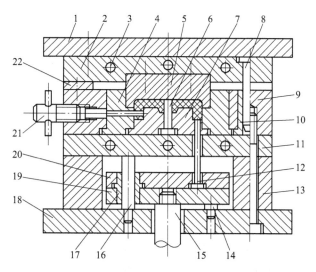

图 4-6 压缩模结构

1—上模座板 2—上模板 3—加热孔 4—凹模加料腔 5—上凸模 6—型芯 7—下凸模 8—导柱
9—下模板 10—下模导套 11—支承板（加热板） 12—推杆 13—垫块 14—支承柱 15—推出机构连接杆
16—推板导柱 17—推板导套 18—下模座板 19—推板 20—推杆固定板 21—侧型芯 22—承压块

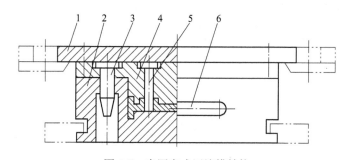

图 4-7 半固定式压缩模结构

1—上模座板 2—凹模（加料腔） 3—导柱 4—凸模（上模） 5—型芯 6—手柄

上模不移出机外，从而减轻了劳动强度。也可按需要采用下模固定的形式，工作时移出上模，用手工取件或卸模架取件。

3）移动式压缩模。移动式压缩模的结构如图 4-8 所示。模具不固定在压力机上，压缩成型前，打开模具并将塑料加入型腔，然后将上模放入下模，把合好的压缩模送入压力机工作台上，对塑料进行加热，之后再加压固化成型。成型后，将模具移出压力机，使用专门的卸模工具开模后取出制件。这种模具结构简单，制造周期短，但因加料、开模、取件等工序均手工操作，劳动强度大、生产率低、模具易磨损，适用于压缩成型批量不大的中小型制件，以及形状复杂、嵌件较多、加料困难及带有螺纹的制件。

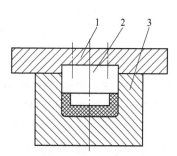

图 4-8 移动式压缩模

1—凸模固定板 2—凸模 3—凹模

（2）根据模具加料腔的结构形式分类 可分为溢式压缩

模、不溢式压缩模和半溢式压缩模。

1) 溢式压缩模。这种模具无单独的加料腔，如图4-9所示，型腔本身作为加料腔，型腔高度等于制件高度。由于凸模和凹模之间无配合，完全靠导柱定位，故制件的径向尺寸精度不高，而高度尺寸精度尚可。压缩成型时，由于多余的塑料易从分型面处溢出，故制件具有径向飞边。挤压环的宽度 B 应较窄，以减薄制件的径向飞边。图中环形挤压面（即挤压环）在合模开始时，仅产生有限的阻力，合模到终点时，挤压面才完全密合。因此制件密度较低，强度等力学性能也不高，特别是合模太快时，会造成溢料量的增加，浪费较大。溢式模具结构简单，造价低廉，耐用（凸模、凹模间无摩擦），制件易取出。除了可用推出机构脱模外，通常可用压缩空气吹出制件。这种压缩模对加料量的精度要求不高，加料量一般仅大于制件重量的5%左右，常用预压型坯进行压缩成型，适用于压缩流动性好或带短纤维填料及精度与密度要求不高且尺寸小的浅型腔制件。

2) 不溢式压缩模。这种模具的加料腔在型腔上部延续，如图4-10所示，其截面形状和尺寸与型腔完全相同，无挤压面。由于凸模和加料腔之间有一段配合，故制件的径向壁厚尺寸精度较高。由于配合段单面间隙为0.025~0.075mm，故压缩时仅有少量的塑料流出，使制件在垂直方向上形成很薄的轴向飞边，去除比较容易。其配合高度不宜过大，在设计不配合部分时可以将凸模上部截面设计得小一些，也可以将凹模对应部分尺寸逐渐增大而形成15′~20′的锥面。模具在闭合压缩时，压力几乎完全作用在制件上，因此制件密度大、强度高。这类模具适用于成型形状复杂、精度高、壁薄、长流程的深腔制件，也可成型流动性差、比容大的制件，特别适用于成型含棉布纤维、玻璃纤维等长纤维填料的制件。

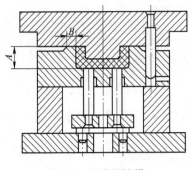

图4-9 溢式压缩模

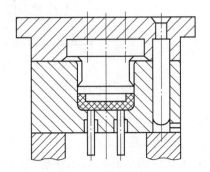

图4-10 不溢式压缩模

不溢式压缩模由于塑料的溢出量少，加料量直接影响制件的高度尺寸，因此每模加料都必须准确称量，否则制件的高度尺寸不易保证。另外，由于凸模与加料腔的侧壁摩擦，将不可避免地会擦伤加料腔侧壁，同时，制件推出模腔时经过有划伤痕迹的加料腔也会损伤制件的外表面，并且脱模较为困难，故固定式压缩模一般设有推出机构。为避免加料不均，不溢式模具一般不宜设计成多型腔结构。

3) 半溢式压缩模。这种模具在型腔上方设有加料腔，如图4-11所示，其截面尺寸大于型腔截面尺寸，两者分界处有一环形挤压面，其宽度为4~5mm。凸模与加料腔为间隙配合，凸模下压时受到挤压面的限制，故易于保证制件的高度尺寸精度。凸模在四周开有溢流槽，过剩的塑料通过配合间隙或溢流槽溢出。因此，此类模具操作方便，加料时的加料量不必严格控制，只需简单地按体积计量即可。

半溢式压缩模兼有溢式和不溢式压缩模的优点，制件的径向壁厚尺寸和高度尺寸的精度均较好，密度较大，模具寿命较长，制件脱模容易，制件外表面不会被加料腔划伤。当制件外形较复杂时，可将凸模与加料腔周边配合面形状简化，从而减少加工困难，因此在生产中被广泛采用。半溢式压缩模适用于压缩流动性较好的

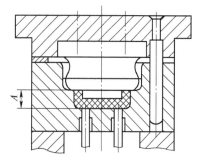

图 4-11 半溢式压缩模

制件及形状较复杂的制件，由于有挤压边缘，因而不适于压缩以布片或长纤维作为填料的制件。

以上所述的模具结构是压缩模的三种基本类型，将它们的特点进行组合或改进，还可以演变成其他类型的压缩模。

4.2.2 凸模、凹模各组成部分及其作用

图 4-12 和图 4-13 所示分别为不溢式压缩模和半溢式压缩模的常用组合形式。以半溢式压缩模为例，凸模、凹模一般由引导环、配合环、挤压环、储料槽、排气溢料槽、承压面、加料腔等部分组成，如图 4-13 所示。

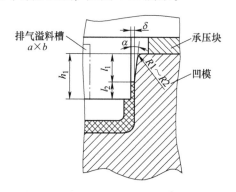

图 4-12 不溢式压缩模常用组合形式

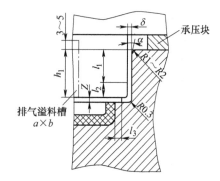

图 4-13 半溢式压缩模常用组合形式

1. 引导环 (l_1)

引导环为导正凸模进入凹模的部分，除加料腔极浅（高度在 10mm 以内）的凹模外，一般在加料腔上部设有一段长为 l_1 的引导环，引导环有一段斜度为 α 的锥面。对于移动式压缩模，α 取 20′~1°30′；对于固定式压缩模，α 角取 20′~1°；有上、下凸模时，为加工方便，α 取 4°~5°。在凹模口部转角处设有圆角 R，一般取 1~2mm。引导环长度 l_1 取 5~10mm。引导环的作用是减少凸模、凹模之间的摩擦，避免制件推出时擦伤表面，并可延长模具寿命。此外，引导环还可以减少开模阻力，便于排气，对凸模进入凹模导向，尤其是不溢式的结构，因为凸模端面是尖角，对凹模侧壁有剪切作用，很容易损坏模具。

2. 配合环 (l_2)

配合环是凸模与凹模加料腔的配合部分，它的作用是保证凸模与凹模定位准确，阻止塑

料溢出，通畅地排出气体。凸模、凹模配合间隙应依据塑料的流动性及制件尺寸而定。对于移动式模具，凸模、凹模经热处理的可采用 H8/f7 配合，形状复杂的可采用 H8/f8 配合；更合理的办法是用热固性塑料的溢料值作为确定间隙的标准，一般取单边间隙 $t = 0.025 \sim 0.075$ mm。配合环的长度 l_2 应依据凸模、凹模的配合间隙而定，一般对于移动式模具，取 $l_2 = 4 \sim 6$ mm，对于固定式模具，若加料腔高度 $H \geq 30$ mm 时，取 $l_2 = 8 \sim 10$ mm。

型腔下面的推杆或活动下凸模与对应孔之间的配合也可以取与上述性质类似的配合，配合长度不宜太长，否则活动不灵活易卡死，一般取配合长度为 $5 \sim 10$ mm。孔下段不配合的部分可以加大孔径，或将该段做成 $4° \sim 5°$ 的斜孔。

3. 挤压环（l_3）

挤压环的作用是限制凸模的下行位置，并保证最薄的水平飞边。挤压环主要用于半溢式和溢式压缩模，不溢式压缩模没有挤压环。挤压环的宽度 l_3 依据制件大小及模具用钢而定。一般对于中小型模具，钢材较好时取 $l_3 = 2 \sim 4$ mm，对于大型模具，取 $l_3 = 3 \sim 5$ mm。

4. 储料槽（Z）

储料槽的作用是储存排出的余料，因此凸模、凹模配合后应留有小空间作为储料槽。半溢式压缩模的储料槽形式如图 4-13 所示的小空间 Z，不溢式压缩模的储料槽设计在凸模上，如图 4-14 所示，这种储料槽不能设计成连续的环形槽，否则余料会牢固地包在凸模上，难以清理。图 4-14a 为圆形截面加料腔的形式，图 4-14b 为其他形状截面加料腔的形式。

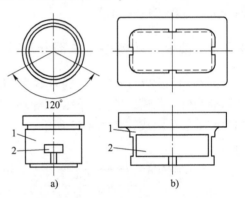

图 4-14　不溢式压缩模储料槽
1—凸模　2—储料槽

5. 排气溢料槽

为了减少飞边，保证制件精度及质量，成型时必须将产生的气体及余料排出模外。一般可通过压缩过程中的排气操作或利用凸模、凹模配合间隙来实现排气。但当成型形状复杂的制件及流动性较差的含纤维填料的塑料时，或在压缩时不能排出气体时，则应在凸模上选择适当位置开设排气溢料槽。

图 4-15 所示为半溢式压缩模排气溢料槽的形式。图 4-15a 为圆形凸模上开设出四条 $0.2 \sim 0.3$ mm 的凹槽，凹槽与凹模内圆面间形成溢料槽；图 4-15b 为在圆形凸模上磨出深 $0.2 \sim 0.3$ mm 的平面进行排气溢料；图 4-15c、d 是矩形截面凸模上开设排气溢料槽的形式。排气溢料槽应开到凸模的上端，合模后高出加料腔上平面，以便将余料排出模外。

6. 承压面

承压面的作用是减轻挤压环的载荷，延长模具的使用寿命。承压面的结构形式如图 4-16 所示，图 4-16a 的结构形式是以挤压环作为承压面，模具容易变形或压坏，但飞边较薄；图 4-16b 中凸模、凹模之间留有 $0.03 \sim 0.05$ mm 的间隙，由凸模固定板与凹模上端面作承压面，可防止挤压边变形损坏，延长模具寿命，但飞边较厚，主要用于移动式压缩模。对于固定式压缩模，最好采用图 4-16c 所示承压块的形式，通过调节承压块的厚度来控制凸模进入凹模的深度或控制凸模与挤压边缘之间的间隙，减少飞边厚度，承受压力机余压，有时还可调节制件高度。

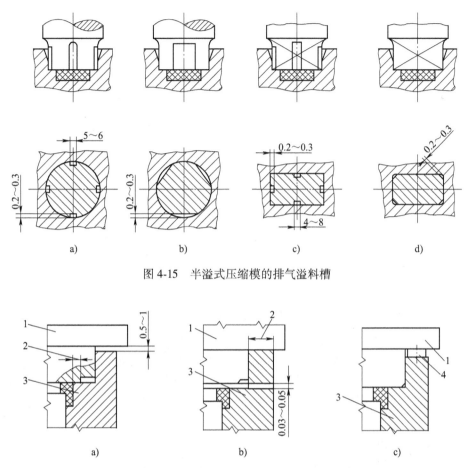

图 4-15 半溢式压缩模的排气溢料槽

图 4-16 压缩模承压面的结构形式
1—凸模 2—承压面 3—凹模 4—承压块

承压块的形式如图 4-17 所示。矩形模具采用长条形的承压块，如图 4-17a 所示；圆形模具采用弯月形的承压块，如图 4-17b 所示；小型模具可采用图 4-17c 所示圆形的或图 4-17d 所示圆柱形的承压块。它们的厚度一般为 8~10mm。安装形式有单面安装和双面安装，如图 4-18 所示。承压块材料可用 T7、T8 或 45 钢，硬度为 35~40 HRC。

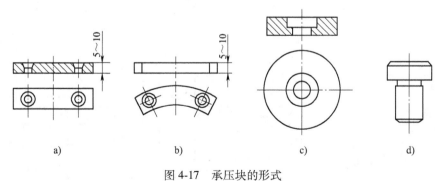

图 4-17 承压块的形式

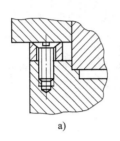 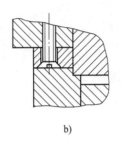 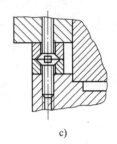

图 4-18 承压块的安装

4.2.3 凸模、凹模配合的结构形式

压缩模凸模与凹模配合的结构形式及尺寸是模具设计的关键，结构形式设计恰当，就能使压缩成型顺利进行，生产的制件精度高，质量好。配合的结构形式和尺寸依压缩模类型的不同而不同，现分述如下。

1. 溢式压缩模的配合形式

溢式压缩模没有加料腔，仅利用凹模型腔装料，凸模与凹模没有引导环和配合环，只是在分型面水平接触。为了减少溢料量，接触面要光滑平整，为了使毛边变薄，接触面积不宜太大，一般设计成宽度为 3~5mm 的环形面，该接触面称为溢料面或挤压面，如图 4-19a 所示。由于溢料面积小，为防止此面受压力机余压作用而导致压塌、变形或磨损，导致取件困难，可在溢料面处另外再增加承压面，或在型腔周围距边缘 3~5mm 处开设溢料槽，如图 4-19b 所示。

2. 不溢式压缩模的配合形式

不溢式压缩模的加料腔是型腔的延续部分，两者截面形状相同，基本上没有挤压边，但有引导环、配合环和排溢槽，配合环的配合精度为 H8/f7 或单边间隙为 0.025~0.075mm。

图 4-20 所示为不溢式压缩模常用的配合形式。它适于成型粉状和纤维状塑料，因塑料流动性较差，应在凸模表面开设排气槽。上述配合形式的最大缺点是凸模与加料腔侧壁的摩擦，使加料腔逐渐损伤，造成制件脱模困难，而且制件外表面很易擦伤，为此可采用图 4-21 所示的改进形式。

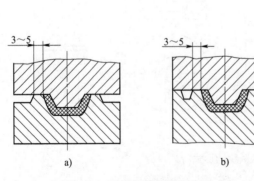

图 4-19 溢式压缩模的配合形式

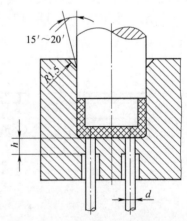

图 4-20 不溢式压缩模的配合形式

图 4-21a 是将凹模型腔延长 0.8mm 后，每边向外扩大 0.3～0.5mm，减少塑料顶出时的摩擦，同时凸模与凹模间形成空间，供排除余料用；图 4-21b 是将加料腔扩大，然后再倾斜 45°的形式；图 4-21c 适用于带斜边的制件，当成型流动性差的塑料时，在凸模上仍需开设溢料槽。

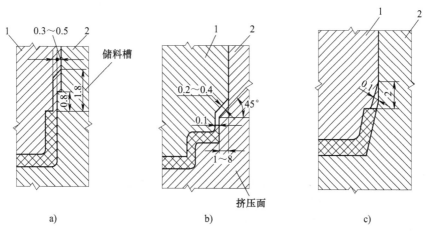

图 4-21　不溢式压缩模的改进形式
1—凸模　2—凹模

3. 半溢式压缩模的配合形式

半溢式压缩模的配合形式如图 4-22 所示。这种配合形式的最大特点是带有水平的挤压环，同时凸模与加料腔间的配合间隙或溢料槽可以排气、溢料。凸模的前端制成半径为 0.5～0.8mm 的圆角或 45°的倒角。加料腔的圆角半径则取 0.3～0.5mm，以增加模具的强度，便于清理废料。对于加料腔较深的凹模，也需设置引导环，加料腔深度小于 10mm 的凹模，可直接制出配合环，引导环与配合环的结构与不溢式压缩模类似。半溢式压缩模的凸模与加料腔的配合为 H8/f7 或单边间隙为 0.025～0.075mm。

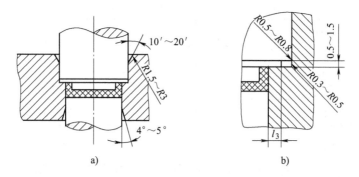

图 4-22　半溢式压缩模的配合形式

4.2.4　加料腔尺寸的计算

设计压缩模加料腔时，必须进行高度尺寸计算，以单型腔模具为例，其计算步骤如下。

1. 计算制件的体积

简单几何形状的制件，可以用一般几何算法计算；复杂的几何形状，可分成若干个规则的几何形状分别计算，然后求其总和。

2. 计算制件所需原料的体积

$$V_{料} = (1 + K)kV_{件} \tag{4-14}$$

式中　$V_{料}$——制件所需原料的体积；

　　　K——飞边溢料的重量系数，根据制件分型面大小选取，通常取制件净重的 5%~10%；

　　　k——塑料的压缩比（见表4-8）；

　　　$V_{件}$——制件的体积。

还可以根据制件的质量求得其塑料原料的体积（制件的质量可直接用天平称量）。常用热固性塑料的比体积见表4-9。

表4-8　常用热固性塑料的密度和压缩比

塑料		密度 $\rho/(g/cm^3)$	压缩比 k
酚醛塑料	木粉填充	1.34~1.45	2.5~3.5
	石棉填充	1.45~2.00	2.5~3.5
	云母填充	1.65~1.92	2~3
	碎布填充	1.36~1.43	5~7
脲醛塑料	纸浆填充	1.47~1.52	3.5~4.5
三聚氰胺-甲醛塑料	纸浆填充	1.45~1.52	3.5~4.5
	石棉填充	1.70~2.00	3.5~4.5
	碎布填充	1.5	6~10
	棉短线填充	1.50~1.55	4~7

表4-9　常用热固性塑料的比体积

塑料	比体积 $v/(cm^3/g)$
酚醛塑料（粉状）	1.8~2.8
氨基塑料（粉状）	2.5~3.0
碎布塑料（片状）	3.0~6.0

3. 计算加料腔的高度

加料腔的截面尺寸可根据模具类型确定，不溢式压缩模的加料腔截面尺寸与型腔截面尺寸相等；半溢式压缩模的加料腔由于有挤压面，加料腔的截面尺寸应等于型腔截面尺寸加上挤压面的尺寸，挤压面的单边宽度为3~5mm；溢式压缩模的凹模型腔即为加料腔，故无需计算。

计算出加料腔的截面尺寸后，就可以根据表4-10所列的不同情况计算加料腔的高度。

表 4-10 加料腔高度计算

压缩模结构	简图	计算公式	符号说明
不溢式压缩模	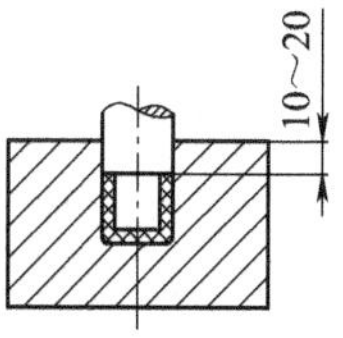	$H = h + (10 \sim 20)\,\text{mm}$	h—塑料制品的高度
不溢式压缩模	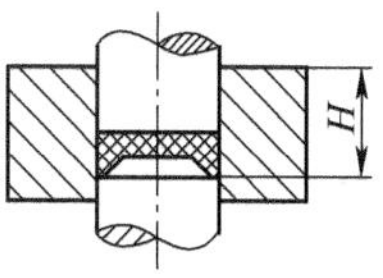	$H = \dfrac{V_{料} + V_1}{A} + (5 \sim 10)\,\text{mm}$	$V_{料}$—塑料原料的体积 V_1—下凸模凸出部分的体积 A—加料腔的横截面面积
半溢式压缩模	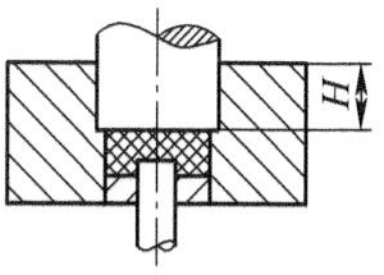	$H = \dfrac{V_{料} - V_0}{A} + (5 \sim 10)\,\text{mm}$	V_0—加料腔以下型腔的体积
半溢式压缩模	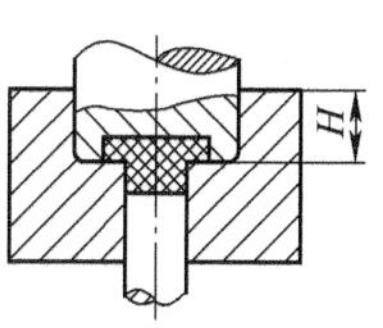	$H = \dfrac{V_{料} - (V_2 + V_3)}{A} + (5 \sim 10)\,\text{mm}$	V_2—塑料制品在凹模内的体积 V_3—塑料制品在凸模凹入部分的体积（实际使用时可不考虑此项）
半溢式压缩模	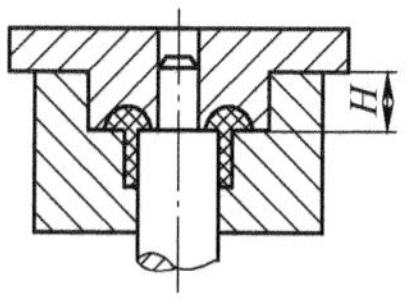	$H = \dfrac{V_{料} + V_4 - (V_2 + V_3)}{A} + (5 \sim 10)\,\text{mm}$	V_4—加料腔内导柱的体积
多腔型压缩模	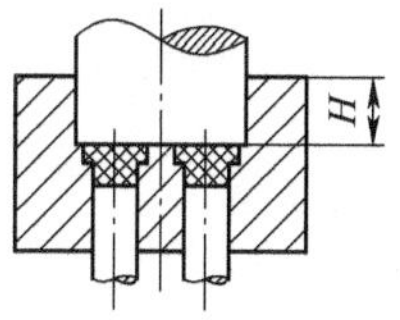	$H = \dfrac{V_{料} - nV_5}{A} + (5 \sim 10)\,\text{mm}$	V_5—单个型腔能容纳的塑料体积 n——个共用加料腔可压制的塑料制品数量

任务实施

1. 设计方案的确定

图 4-1 所示电器元件塑料外壳没有嵌件，生产批量中等，因此模具可采用固定半溢式压缩模。下顶杆顶出、开模、闭模、推出等工序均在压力机内进行，生产率高，操作简便，劳

动强度小。

加料腔的结构为单型腔半溢式结构，形状简单，易于加工。加压方向为上压式，分型面为水平分型面。

模具的总体结构如图4-23所示。

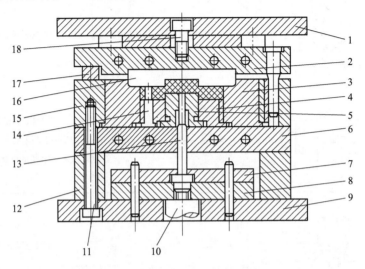

图4-23 电器元件塑料外壳压缩模结构图

1—上模座板 2、6—加热板 3—凹模（加料腔） 4、5—下凸模 7—推杆固定板 8—推板 9—下模座板 10—连接杆 11—螺钉 12—垫块 13—推杆 14—小型芯 15—型腔固定板 16—上凸模 17—承压快 18—螺栓

2. 设计主要零部件

（1）**设计加料腔尺寸** 加料腔结构是半溢式结构，挤压边的宽度取5mm，则加料腔直径 $d=(40+2\times5)\mathrm{mm}=50\mathrm{mm}$。根据制件形状和尺寸，计算制件的体积 $V_{件}$

$$V_{件} = \frac{\pi D_1^2}{4}h_1 - \frac{3\pi D_2^2}{4}h_2$$

$$= \left(\frac{\pi \times 40^2}{4} \times 8 - \frac{3\pi \times 4^2}{4} \times 8\right)\mathrm{mm}^3$$

$$= 9746.56\mathrm{mm}^3$$

（2）**计算制件所需原材料 $V_{料}$**

$$V_{料} = (1+K)kV_{件}$$

$$= (1+10\%) \times 3 \times 9746.56\mathrm{mm}^3$$

$$= 32163.648\mathrm{mm}^3$$

（3）**计算加料腔截面积 A**

$$A = \frac{\pi(D_1+5\times2)^2}{4}$$

$$= \frac{\pi(40+5\times2)^2}{4}\mathrm{mm}^2$$

$$= 1962.5\mathrm{mm}^2$$

(4) 计算制件在凹模的体积 V_2

$$V_2 = \frac{\pi 4^2 \times 8}{4} \text{mm}^3 = 10048 \text{mm}^3$$

(5) 计算制件在凸模中凹入部分的体积 V_3

$$V_3 = \left(\frac{\pi 40^2 \times 8}{4} - \frac{\pi 10^2 \times 4}{4} - \frac{3\pi 10^2 \times 8}{4} \right) \text{mm}^3 = 7850 \text{mm}^3$$

(6) 计算加料腔高度 H

$$\begin{aligned} H &= \frac{V_{料} - (V_2 + V_3)}{A} + (5 \sim 10)\text{mm} \\ &= \left[\frac{32163.648 - (10048 + 7850)}{1962.5} + (5 \sim 10) \right] \text{mm} \\ &= 12.27 \sim 17.27 \text{mm} \end{aligned}$$

加料腔的高度取 $H = 17\text{mm}$。

3. 设计成型零件的成型尺寸

计算压缩成型零件的成型尺寸,可以按照注射模成型零件的成型尺寸通过平均收缩率进行计算。制件的最小收缩率为 0.5%,最大收缩率为 1.0%,平均收缩率 S 为 0.75%。制件的精度按照一般精度(MT4)选取。模具的制造公差取制件精度的 1/4。此制件形状比较简单,制件的截面为平面,模具成型零件的尺寸只有凹模和型芯,具体尺寸计算如下。

(1) **凹模** 凹模部分的尺寸涉及制件的外侧面直径和高度。由于制件较薄,脱模斜度可以取 15′,涉及的尺寸有 $d_1 = 40\text{mm}$,$d_2 = 10\text{mm}$,$h_1 = 8\text{mm}$,$h_2 = 12\text{mm}$。由于制件的精度按照一般精度 MT4 选取,相应尺寸的公差范围按照国家标准模塑件尺寸公差(GB/T 14886—2008)进行选取,则 $d_1 = 40_{-0.42}^{0}\text{mm}$,$d_2 = 10_{-0.20}^{0}\text{mm}$,$h_1 = 8_{-0.20}^{0}\text{mm}$,$h_2 = 12_{-0.24}^{0}\text{mm}$,修正系数取 0.75。

根据注射模成型工作尺寸计算公式,凹模部分相应尺寸应为

$$\begin{aligned} D_1 &= \left[(1+S)d_1 - x\Delta \right]_{0}^{+\delta z} = \left[(1+0.0075) \times 40 - 0.75 \times 0.42 \right]_{0}^{+0.42 \times 0.25} \text{mm} \\ &= 39.985_{0}^{+0.105} \text{mm} \end{aligned}$$

$$\begin{aligned} D_2 &= \left[(1+S)d_2 - x\Delta \right]_{0}^{+\delta z} = \left[(1+0.0075) \times 10 - 0.75 \times 0.20 \right]_{0}^{+0.20 \times 0.25} \text{mm} \\ &= 9.925_{0}^{+0.05} \text{mm} \end{aligned}$$

$$\begin{aligned} H_1 &= \left[(1+S)h_1 - x'\Delta \right]_{0}^{+\delta z} = \left[(1+0.0075) \times 8 - \frac{2}{3} \times 0.20 \right]_{0}^{+0.20 \times 0.25} \text{mm} \\ &= 7.93_{0}^{+0.05} \text{mm} \end{aligned}$$

$$\begin{aligned} H_2 &= \left[(1+S)h_2 + x'\Delta \right]_{-\delta z}^{0} = \left[(1+0.0075) \times 12 + \frac{2}{3} \times 0.24 \right]_{-0.24 \times 0.25}^{0} \text{mm} \\ &= 12.25_{-0.06}^{0} \text{mm} \end{aligned}$$

(2) **型芯** 型芯部分的尺寸涉及制件的内表面凸环的高度和直径、三个小孔的高度和直径。涉及的尺寸有小孔直径 $d_3 = 4\text{mm}$,深度 $h_1 = 8\text{mm}$,均匀分布在直径为 30mm 的圆上,圆孔直径直径 $d_4 = 10\text{mm}$,深度 $h_4 = 4\text{mm}$。由于制件精度按照一般精度 MT4 选取,相应的尺寸公差范围按照国家标准模塑件尺寸公差(GB/T 14486—2008)进行选取,则小孔直径 $d_3 = 4_{-0.18}^{0}\text{mm}$,均布在 $d_5 = 30 \pm 0.18\text{mm}$ 的圆上,$d_4 = 10_{0}^{+0.20}\text{mm}$。根据计算公式,型芯部分相

应尺寸计算如下。

型芯直径

$$D_3 = [(1+S)d_3 - x\Delta]^{+\delta_z}_{0} = [(1+0.0075) \times 4 - 0.75 \times 0.18]^{+0.18 \times 0.25}_{0} \text{mm}$$
$$= 3.895^{+0.045}_{0} \text{mm}$$

$$D_4 = [(1+S)d_4 - x\Delta]^{+\delta_z}_{0} = [(1+0.0075) \times 10 - 0.75 \times 0.20]^{+0.20 \times 0.25}_{0} \text{mm}$$
$$= 9.925^{+0.05}_{0} \text{mm}$$

型芯分布圆的直径

$$D_5 = [(1+S)d_5] \pm \frac{\delta_z}{2} = [(1+0.0075) \times 30] \pm 0.5 \times 0.36 \times 0.25 \text{mm} = 30.225 \pm 0.045 \text{mm}$$

型芯高度等于凹模部分外侧面的高度，制造时注意保持等高。

4. 设计导向机构

导向机构采用导柱导套配合，三个直径相同的导柱通过加热板固定在上模板上，导套安装在模套上，使凸模、凹模准确合模、导向和承受侧压力的作用。导柱和导套尺寸可通过查表选用。

5. 设计推出机构

设计的模具为固定式模具，根据制件结构形状，把制件留在下模，采用下推出机构，采用3个推杆推出制件，3个推杆均匀分布在同一个圆周上，保证推出力的大小均匀，制件推出安全可靠。

6. 模具装配图和零件图绘制

在模具的总体结构及相应的零部件结构形式确定后，便可以绘制模具的装配图和零件图。装配图要清楚地表达各零件之间的装配关系及连接方式（图4-23），然后再依据装配图拆画零件图，应绘制所有非标准件的零件图（零件图略）。

7. 模具与压力机适应性校核

模具装配图绘制完成后，必须对其进行校核。校核内容主要包括：模具总体结构是否合理，装配的难易程度，选用的压力机是否合适，模具闭合高度及平面尺寸是否符合压力机的装模规格，导向方式、定位方式及脱模形式是否合理，零件结构是否合理等（具体内容略）。

8. 编写设计说明书

设计说明书是模具设计的重要技术文件。在模具设计后，要整理、编写模具设计计算说明书，包括的内容有：设计题目、工艺分析、工艺方案的确定、工艺计算、模具总体结构的合理性分析、其他需要说明的内容及主要参考资料。

知识拓展

压缩模的导向机构与推出机构

1. 压缩模的导向机构

与注射模相同，压缩模最常用的导向零件是在上模设导柱，在下模设导向孔。导向又可分为带导套和不带导套两类，其结构和固定方式可参考注射模。与注射模相比，压缩模的导向装置还具有下述特点：

1）除溢式压缩模的导向单靠导柱完成外，半溢式和不溢式压缩模的凸模和加料腔的配合段还能起导向和定位的作用，一般加料腔上段设有10mm的锥形部分导向环，因此比溢式压缩模有更好的对中性。

2）压制带有大通孔的壳体制件时，为提高压缩成型质量，可在孔中安置导柱，导柱四周留出挤压边的宽度（2~5mm），由于导柱部分不需施加成型压力，故所需要的成型总压力比不设中心导柱时可降低一些，孔四周的毛边也可减薄。中心导柱装在下模，其头部应高出加料腔5~8mm。中心导柱主要是为了提高制件成型质量，上模四周还应设2~4根导向柱。中心导柱的形状一般比较复杂，操作过程中要与塑料接触，故导柱本身除要求淬火镀铬外，还需较高的配合精度，否则塑料挤入配合间隙会出现咬死、拉毛的现象。中心导柱的截面可以与制件孔的形状相似，但为制造方便，提高配合精度，带矩形孔或其他异形孔的壳件仍然可以采用中心圆导柱，制件的矩形孔内可设计两根圆形导柱。

3）由于压缩模在高温下工作，因此一般不采用带加油槽的加油导柱。

2. 压缩模的推出机构

压缩模的推出机构按动力来源可分为机动式、气动式、手动式三种。气动脱模如图4-24所示，即利用压缩空气直接将制件吹出模具。当采用溢式压缩模和少数半溢式压缩模时，如果制件对型腔的黏附力不大，则可采用气动脱模。气动脱模适用于薄壳形制件。当薄壳形制件对凸模的包紧力很小或凸模斜度较大时，开模后制件会留在凹模中，这时压缩空气吹入制件与模壁之间因收

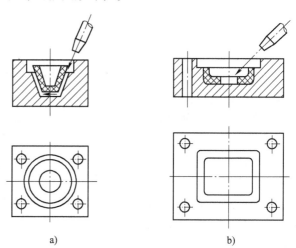

图4-24 气动脱模

缩而产生的间隙，将使制件升起，如图4-24a所示。图4-24b所示为一矩形制件，其中心有一孔，成型后压缩空气吹破孔内的溢边，钻入制件与模壁之间，使制件脱出。

手动脱模可利用人工通过手柄，用齿轮齿条传动机构或卸料架等将制件推出。图4-25所示即为摇动压力机下方带有齿轮的手柄，齿轮带动齿条上升进行脱模的形式。

机动脱模是利用压力机下工作台的顶出装置推出制件，如图4-26所示。

压缩模的机动推出机构与注射模的机动推出机构相似，常见的有推杆推出机构，推管推出机构、推件板推出机构等，此外还有二级推出机构和上下模均带有推出装置的双推出机构。

（1）推出机构与压力机的连接方式 为了设计固定式压缩模的推出机构，必须先了解压力机顶出系统与压缩模推出机构的连接方式。不带任何脱模装置的压力机适用于移动式压缩模，当必须采用固定式压缩模和机械顶出时，可利用开模动作在模具上另加推出机构（卸模装置）。

多数压力机都带有顶出装置，压力机的最大顶出行程都是有限的，当压力机带有液压顶出装置时，液压缸的活塞杆即为压力机的顶出杆，顶杆上升的极限位置是其头部与工作台表

面相平齐。压缩模的推出机构和压力机的顶杆（活塞杆）有以下两种连接方式。

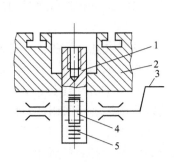 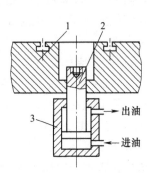

图 4-25　压力机手动推顶装置　　　　图 4-26　压力机推顶装置
1—推杆　2—压力机下工作台　　　　1—压力机工作台　2—活塞杆
3—手柄　4—齿轮　5—齿条　　　　　3—液压缸

1) 间接连接。如果压力机顶杆能伸出工作台面且有足够的高度时，将模具装好后直接调节顶杆顶出距离就可以进行操作。当压力机顶杆头部上升的极限位置与工作台面相平齐时（一般压力机均如此），必须在顶杆端部旋入一适当长度的尾轴，如图 4-27a 所示，尾轴的长度等于制件推出高度加下模座板厚

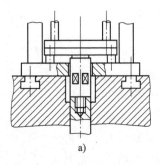 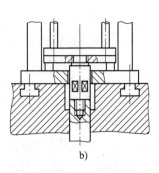

图 4-27　与尾轴间接连接的推出机构

度和挡销高度。尾轴也可反过来用螺纹直接与压缩模推板相连，如图 4-27b 所示。以上两种结构复位都需要用复位杆。

2) 直接连接。这种结构如图 4-28 所示。压力机的顶杆不仅在推出制件时起作用，而且在回程时也能将压缩模的推板和推杆拉回，使模具推出机构复位，这样模具就不再需要复位机构。这种压力机具有差动活塞的液压顶出缸。

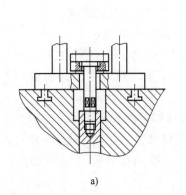 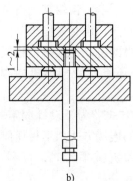 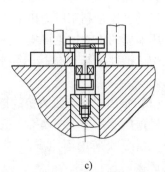

图 4-28　与顶杆直接连接的推出机构

（2）固定式压缩模推出机构　固定式压缩模的脱模可分为气吹脱模和机动脱模，而通常采用的是机动脱模。当采用溢式压缩模或少数半溢式压缩模时，如对型腔的黏附力不大，可采用气吹脱模。

机动脱模一般应尽量让制件在分型后留在压力机上有顶出装置的模具一边，然后采用与注射模相似的推出机构将制件从模具内推出。有时当制件在上、下模内的脱模阻力相差不多且不能准确地判断制件会留在上模或下模时，可采用双推出机构，但双推出机构增加了模具结构的复杂性，因此，让制件准确地留在下模或上模上（凹模内或凸模上）是比较合理的，这时只需在模具的某一边设计脱模撞击架，以简化模具的结构。因此，在满足使用要求的前提下可适当地改变制件的结构特征。例如，为使制件留在凹模内，薄壁压缩制件可增加凸模的脱模斜度，减少凹模的脱模斜度，有时甚至将凹模制成轻微的反斜度（3′~5′）；或在凹模型腔内开设0.1~0.2mm的侧凹模，使制件留于凹模，开模后制件由凹模内被强制推出。

（3）半固定式压缩模推出机构　半固定式压缩模分型后，上模或下模可以从压力机上移出，则制件随可动部分（上模或下模）移出模外，然后用手工或简单工具脱模。

（4）移动式压缩模推出机构　移动式压缩模脱模分为撞击架脱模和卸模架卸模两种形式。

1）撞击架脱模。撞击架脱模如图4-29所示。压缩成型后，将模具移至压力机外，在别的支架上撞击，使上、下模分开，然后用手工或简易工具取出制件，采用这种方法脱模，模具结构简单，成本低，有时用几副模具轮流操作，可提高压缩成型速度。但劳动强度大，振动大，而且由于不断撞击，易使模具过早地变形、磨损，适用于成型小型制件。

供撞击的支架有两种形式：一种是固定式支架；另一种是尺寸可以调节的支架，如图4-30所示，以适应不同尺寸的模具。

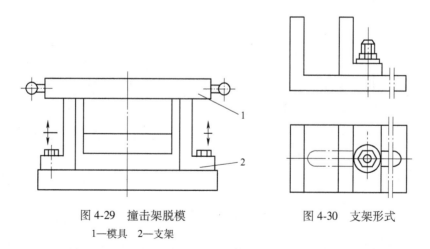

图4-29　撞击架脱模　　　　图4-30　支架形式
1—模具　2—支架

2）卸模架卸模。移动式压缩模可移至特制的卸模架上，利用压力机压力开模并取出制件。其卸模动作平衡，模具使用寿命长，并可减轻劳动强度，但是生产率较低。卸模架的结构形式主要有以下几种：

①分型面卸模架卸模。单分型面卸模架卸模如图 4-31 所示。卸模时，先将上、下卸模架分别插入模具相应孔内。在压力机内，当压力机的活动横梁压到上卸模架或下卸模架时，压力机的压力通过上、下卸模架传递给模具，使凸模、凹模分开，同时，下卸模架推动推杆，由推杆推出制件。

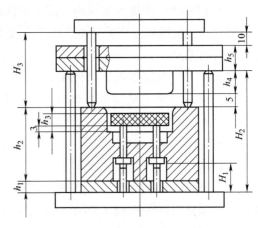

下卸模架推出塑料制品的推杆长度 H_1 为

$$H_1 = h_1 + h_3 + 3\text{mm} \qquad (4\text{-}15)$$

式中　h_1——下模垫板厚度；
　　　h_3——制件高度。

图 4-31　单分型面卸模架卸模

下卸模架分模推杆长度 H_2 为

$$H_2 = h_1 + h_2 + h_4 + 5\text{mm} \qquad (4\text{-}16)$$

式中　h_2——凹模高度；
　　　h_4——上凸模高度。

上卸模架分模推杆长度 H_3 为

$$H_3 = h_4 + h_5 + 15\text{mm} \qquad (4\text{-}17)$$

式中　h_5——上凸模固定板厚度。

②双分型面卸模架卸模。双分型面移动式压缩模采用上、下卸模架进行脱模，应将上凸模、下凸模、凹模三者分开，然后从凹模中取出制件，其结构如图 4-32 所示。图 4-32a 表示上、下开模的推杆和顶杆均做成台阶形，上凸模被顶起，下凸模被压下，凹模被卡在上、下顶杆的台阶加粗部分之间。图 4-32b 中，在上、下卸模架上用长短不等的两类顶杆替代台阶形的推杆和顶杆，短顶杆的作用与图 4-32a 中台阶的作用相同，开模后凹模留在上、下卸模架的短顶杆之间，上、下凸模分别被长顶杆顶开。

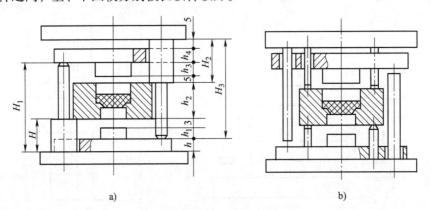

图 4-32　双分型面卸模架卸模

图 4-32a 中下卸模架顶杆加粗部分的长度或图 4-32b 中下模短顶杆的长度 H 为

$$H = h + h_1 + 3\text{mm} \qquad (4\text{-}18)$$

式中　h——下凸模固定板厚度；

h_1——下凸模高度。

图 4-32a 中下卸模架顶杆的全长或图 4-32b 中下模长顶杆的长度 H_1 为

$$H_1 = h + h_1 + h_2 + h_3 + 8\text{mm} \qquad (4\text{-}19)$$

式中　h_2——凹模高度；

　　　h_3——上凸模高度。

图 4-32a 中上卸模架顶杆加粗部分的长度或图 4-32b 中上模短顶杆的长度 H_2 为

$$H_2 = h_3 + h_4 + 10\text{mm} \qquad (4\text{-}20)$$

式中　h_4——上凸模固定板厚度。

图 4-32a 中上卸模架顶杆的全长或图 4-32b 中上模长顶杆的长度 H_3 为

$$H_3 = h_1 + h_2 + h_3 + h_4 + 13\text{mm} \qquad (4\text{-}21)$$

③垂直分型卸模架卸模。垂直分型面的压缩模采用上、下卸模架时，如图 4-33 所示。开模时，应将上凸模、下凸模、模套、凹模四者分开，制件留在组合凹模内，再将凹模分开取出制件。

下卸模架短顶杆的长度为

$$H_1 = h_1 + h_3 + 5\text{mm} \qquad (4\text{-}22)$$

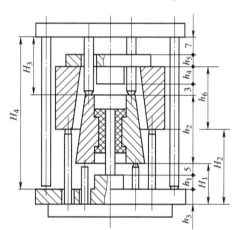

图 4-33　垂直分型卸模架卸模

式中　h_1——下凸模高度；

　　　h_3——下固定板厚度。

下卸模架长顶杆的长度为

$$H_2 = H_1 + (h_2 - h_6) + h_4 + 3 = h_1 + h_2 + h_3 + h_4 - h_6 + 8\text{mm} \qquad (4\text{-}23)$$

式中　h_2——组合凹模高度；

　　　h_4——上凸模高度；

　　　h_6——模套高度。

上卸模架短推杆的长度为

$$H_3 = h_4 + h_5 + 10\text{mm} \qquad (4\text{-}24)$$

式中　h_5——上固定板厚度。

上卸模架长推杆的长度为

$$H_4 = h_1 + h_2 + h_4 + h_5 + 15\text{mm}$$

同一分型面上所使用的推杆（或顶杆）高度必须一致，以免推出时产生偏斜而损坏模具和制件。

3. 压缩模的手柄

为了使移动式或半固定式压缩模搬运方便，可在模具的两侧装上手柄，手柄的形式可根据压缩模的重量进行选择。图 4-34 所示是用薄钢板弯制而成的平板式手柄，用于小型模具。图 4-35 所示是棒状手柄，同样适用于小型模具。较重的压缩模使用圆形棒材弯制而成的环形手柄。图 4-36 所示是环形手柄，其中图 4-36a 适用于较重的大中型矩形模具；图 4-36b 适用于较重的大中型圆形模具。如果手柄设置在下模，高度较低，可将手柄上翘 20°左右。

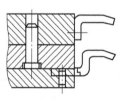

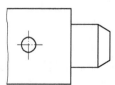

图 4-34　平板式手柄

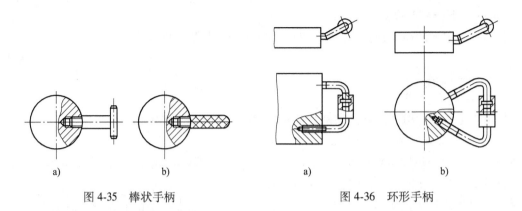

图 4-35 棒状手柄　　　　　　　图 4-36 环形手柄

思考题

1. 压缩模按上、下模配合特征分有哪几种形式？其加料腔结构有何区别？
2. 半溢式压缩模的加料腔的主要结构有哪些？
3. 压缩模的导向机构和推出机构有什么作用？
4. 压缩模的类型有哪些？
5. 压缩模有哪些脱模方式？
6. 移动式压缩模有何特点？

任务 4.3　压注模设计

【学习目标】
1. 掌握压注模的结构形式、分类及工作原理。
2. 掌握压注模的结构设计、加料室及浇注系统的设计要点。
3. 在类比设计中培养探索发展能力。

任务引入

压注成型又称为传递成型，它是在压缩成型基础上发展起来的一种热固性塑料的成型方法。由于压注模的结构与压缩模有所不同，所以压注成型原理与压缩成型原理略有区别。压注模的设计在很多方面与注射模、压缩模有相似处，如型腔的总体设计、分型面位置及形状的确定、合模导向机构、推出机构、侧向分型及抽芯机构、加热系统等。

任务内容：图 4-37 所示为带换向器的电枢，其内部的换向器塑料制品如图 4-38 所示。进行该塑料制品的压注模设计。已知制件材料为热固性塑料，要求模具寿命

图 4-37　带换向器的电枢

达10万次。

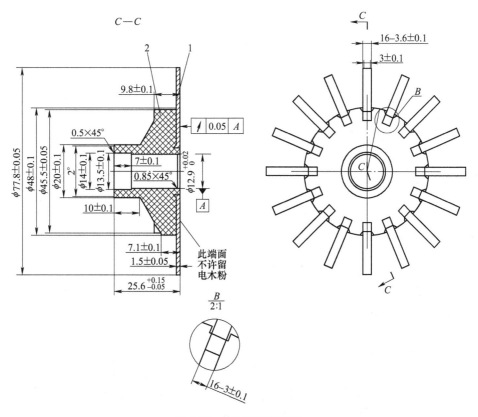

图4-38 换向器塑料制品

📖 **相关知识**

4.3.1 压注成型特点

压注模与压缩模有许多共同之处，两者的加工对象都是热固性塑料，型腔结构、推出机构、成型零件的结构及计算方法等基本相同，模具的加热方式也相同，但是压注成型与压缩成型相比又具有以下的特点：

(1) 成型周期短、生产率高 塑料在加料腔首先加热塑化，成型时塑料再以高速通过浇注系统挤入型腔，未完全塑化的塑料与高温的浇注系统相接触，使塑料升温快而均匀。同时，熔料在通过浇注系统的窄小部位时受摩擦热使温度进一步提高，有利于制件在型腔内迅速硬化，缩短了硬化时间，压注成型的硬化时间只相当于压缩成型的1/3~1/5。

(2) 制件的尺寸精度高、表面质量好 由于塑料受热均匀，交联硬化充分，改善了制件的力学性能，使制件的强度、电性能都得以提高。制件高度方向的尺寸精度较高，飞边很薄。

(3) 可以成型带有较细小嵌件、较深的侧孔及较复杂的制件 由于塑料是以熔融状态压入型腔的，因此对细长型芯、嵌件等产生的挤压力比压缩模小。一般的压缩成型在垂直方向上成型的孔深不大于直径3倍，侧向孔深不大于直径1.5倍，而压注成型可成型孔深不大于直径 10 倍的通孔、不大于直径 3 倍的盲孔。

（4）消耗原材料较多　由于浇注系统凝料的存在，并且为了传递压力，压注成型后总会有一部分余料留在加料腔内，因此原料消耗增多，小型制件尤为突出，模具适宜多型腔结构。

（5）压注成型的收缩率比压缩成型大　一般酚醛塑料压缩成型的收缩率为 0.8% 左右，但压注时为 0.9%~1%。而且收缩率具有方向性，这是由于物料在压力作用下定向流动而引起的，因此影响制件的精度，而对于用粉状填料填充的制件，则影响不大。

（6）压注模的结构比压缩模复杂，工艺条件要求严格　由于压注时熔料是通过浇注系统进入模具型腔成型的，因此，压注模的结构比压缩模复杂，工艺条件要求严格，特别是成型压力较高，比压缩成型时的压力要大得多，而且操作比较复杂，制造成本也高，因此，只有用压缩成型无法达到要求时才采用压注成型。

4.3.2　压注模结构设计

压注模又称为传递模，压注模与压缩模在结构上的区别在于压注模有单独的加料腔。

1. 压注模的结构组成

压注模的结构如图 4-39 所示，主要由以下几个组成部分组成。

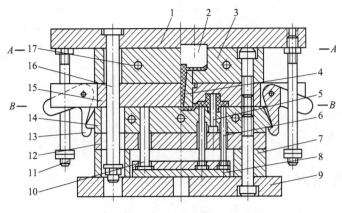

图 4-39　压注模结构

1—上模座板　2—压柱　3—加料腔　4—浇口套　5—型芯　6—推杆　7—垫块　8—推板　9—下模座板
10—复位杆　11—拉杆　12—支承板　13—拉钩　14—下模板　15—上模板　16—定距导柱　17—加热器安装孔

1）成型零部件。是直接与制件接触的那部分零件，如凹模、凸模、型芯等。

2）加料装置。由加料腔和压柱组成，移动式压注模的加料腔和模具是可分离的，固定式压注模的加料腔与模具在一起。

3）浇注系统。与注射模相似，主要由主流道、分流道、浇口组成。

4）导向机构。由导柱、导套组成，对上、下模起定位、导向作用。

5）推出机构。注射模中采用的推杆、推管、推件板及各种推出结构，在压注模中也同样适用。

6）加热系统。压注模的加热元件主要是电热棒、电热圈。加料腔、上模、下模均需要加热。移动式压注模主要靠压力机的上、下工作台的加热板进行加热。

7) 侧向分型与抽芯机构。如果制件中有侧向凸凹形状，必须采用侧向分型与抽芯机构，具体的设计方法与注射模的结构类似。

2. 压注模的分类

1) 按固定形式分类。压注模按照模具在压力机上的固定形式分类，可分为固定式压注模和移动式压注模。

①固定式压注模。图4-39所示是固定式压注模。工作时，上模部分和下模部分分别固定在压力机的上工作台和下工作台，分型和脱模随着压力机液压缸的动作自动进行。加料腔在模具的内部，与模具不能分离，在普通的压力机上就可以成型。塑化后合模，压力机上工作台带动上模座板使压柱2下移，将熔料通过浇注系统压入型腔后硬化定型。开模时，压柱随上模座板向上移动，沿A分型面分型，加料腔敞开，压柱把浇注系统的凝料从浇口套中拉出；当上模座板上升到一定高度时，拉杆11上的螺母迫使拉钩13转动，使其与下模部分脱开，接着定距导柱16起作用，沿B分型面分型，最后压力机下部的液压顶出缸开始工作，驱动推出机构将制件推出模外，然后再将塑料加入加料腔内进行下一次的压注成型。

②移动式压注模。移动式压注模的结构如图4-40所示。加料腔与模具本体可分离。工作时，模具闭合后放上加料腔2，将塑料加入加料腔后把压柱放入其中，然后把模具推入压力机的工作台加热；接着利用压力机的压力，将塑化的物料通过浇注系统高速挤入型腔，固化定型后，取下加料腔和压柱，用手工或专用工具（卸模架）将制件取出。移动式压注模对成型设备没有特殊的要求，在普通的压力机上就可以成型。

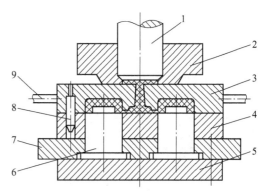

图4-40 移动式压注模结构
1—压柱 2—加料腔 3—凹模 4—下模板 5—下模座板
6—凸模 7—凸模固定板 8—导柱 9—手柄

2) 按机构特征分类。压注模按加料腔的机构特征可分为罐式压注模和柱塞式压注模。

①罐式压注模。罐式压注模用普通压力机成型，使用较为广泛，上述所介绍的在普通压力机上工作的固定式压注模和移动式压注模都是罐式压注模。

②柱塞式压注模。柱塞式压注模用专用压力机成型。与罐式压注模相比，柱塞式压注模没有主流道，只有分流道，主流道变为圆柱形的加料腔，与分流道相通。成型时，柱塞所施加的挤压力对模具不起锁模的作用，因此，需要用专用的压力机。压力机有主液压缸和辅助液压缸两个液压缸，主液缸起锁模作用，辅助液压缸起压注成型作用。此类模具既可以是单型腔，也可以一模多腔。

3) 按加料腔的位置分类。柱塞式压注模按加料腔的位置分类，又可分为上加料腔式压注模和下加料腔式压注模。

①上加料腔式压注模。上加料腔式压注模如图4-41所示。压力机的锁模液压缸在压力机的下方，自下而上合模；辅助液压缸在压力机的上方，自上而下将物料挤入型腔。合模加料后，当加入加料腔内的塑料受热呈熔融状态时，压力机辅助液压缸工作，柱塞将熔融物料挤入型腔，固化成型后，辅助液压缸带动柱塞上移，锁模液压缸带动下工作台将模具分型开

模，制件与浇注系统凝料留在下模，推出机构将制件从凹模镶件 5 中推出。此结构成型所需的挤压力小，成型质量好。

②下加料腔式压注模。下加料腔式压注模如图 4-42 所示。模具所用压力机的锁模液压缸在压力机的上方，自上而下合模；辅助液压缸在压力机的下方，自下而上将物料挤入型腔。与上加料腔式压注模的主要区别在于：它是先加料，后合模，最后压注成型；而上加料腔式压注模是先合模，后加料，最后压注成型。由于余料和分流道凝料与制件一同推出，因此，清理方便，节省材料。

4.3.3 压注模与液压机的关系

压注模必须安装在液压机上才能进行压注成型生产，设计模具时必须了解液压机的技术规范和使用性能，才能使模具顺利地安装到设备上。选择液压机时，应从以下几方面进行工艺参数的校核。

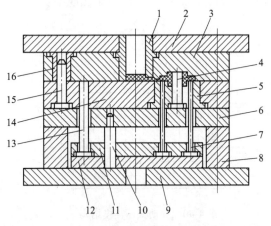

图 4-41 上加料腔式压注模

1—加料腔 2—上模座板 3—上模板 4—型芯
5—凹模镶件 6—支承板 7—推杆 8—垫块
9—下模座板 10—推板导柱 11—推杆固定板
12—推板 13—复位杆 14—下模板
15—导柱 16—导套

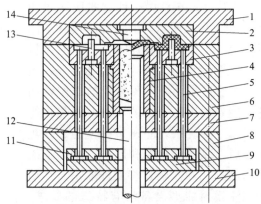

图 4-42 下加料腔式压注模

1—上模座板 2—上凹模 3—下凹模 4—加料腔
5—推杆 6—下模板 7—支承板（加热板）
8—垫块 9—推板 10—下模座板 11—推杆固定板
12—柱塞 13—型芯 14—分流锥

1. 普通液压机的选择

罐式压注模压注成型所用的设备主要是塑料成型用液压机，选择液压机时，要根据所用塑料及加料腔的截面积计算出压注成型所需的总压力，然后再选择液压机。

压注成型时的总压力按下式计算

$$F_m = pA \leqslant KF_n \tag{4-25}$$

式中 F_m——压注成型所需的总压力（N）；

p——压注成型时所需的成型压力（MPa）；

A——加料腔的截面积（mm^2）；

K——液压机的折旧系数，一般取 0.80 左右；

F_n——液压机的额定压力（N）。

2. 专用液压机的选择

柱塞式压注模成型时，需要用专用的液压机，专用液压机有锁模和成型两个液压缸，因此在选择设备时，要从成型和锁模两个方面进行考虑。

压注成型时所需的总压力要小于所选液压机辅助液压缸的额定压力，即

$$F_{\mathrm{m}} = pA \leqslant KF \tag{4-26}$$

式中　A——加料腔的截面积（mm^2）；

　　　p——压注成型时所需的成型压力（MPa）；

　　　F——液压机辅助液压缸的额定压力（N）；

　　　K——液压机辅助液压缸的压力损耗系数，一般取 0.80 左右。

锁模时，为了保证型腔内压力不将分型面顶开，必须有足够的锁模力，所需的锁模力应小于液压机主液压缸的额定压力（一般均能满足），即

$$pA_1 \leqslant KF_{\mathrm{n}} \tag{4-27}$$

式中　A_1——浇注系统与型腔在分型面上投影面积不重合部分之和（mm^2）；

　　　F_{n}——液压机主液压缸的额定压力（N）。

4.3.4　压注模零部件设计

压注模的结构设计原则与注射模、压缩模基本是相似的，例如制件的结构工艺性分析、分型面的选择、导向机构与推出机构的设计与注射模、压缩模的设计方法是完全相同的，可以参照上述两类模具的设计方法进行设计，在此主要介绍压注模特有的结构设计。

1. 加料腔设计

加料腔的作用是存放定量的塑料，对其进行加热，并在压注时承受压力。加料腔应有一定的强度，而且体积不宜太小，以避免热量散失而使塑料加热不良。

（1）加料腔的结构　压注成型之前，塑料必须加入加料腔内进行预热、加压，才能压注成型。由于压注模的结构不同，加料腔的形式也不相同。前面介绍过，加料腔分为移动式和固定式两种。加料腔截面形状大多为圆柱型腔，也有矩形及腰圆形，这主要取决于型腔结构与数量。加料腔的定位及固定形式取决于所选设备。

1）移动式罐式压注模的加料腔。这类加料腔的特点是可单独取下，并且有一定的通用性，其结构如图 4-43 所示。图 4-43a 所示加料腔依靠上模座板上的圆锥（或圆柱）台阶定位（可采用 H9/f9 配合），成型压力不仅通过物料作用在这个台阶的端面上保证上、下模闭合，而且底部还有一个带有 40°~45° 的斜角，使得压柱向加料腔内的塑料加压时，压力也作用在台阶上，从而将加料腔紧紧地压在模具的模板上，以免塑料从加料腔底部溢出。图 4-43b 所示结构主要用于加料腔底部有两个或两个以上主流道的压注模，其截面为长圆形。加料腔在模具上的定位方式如图 4-40 所示。

图 4-43a、b 所示为无定位的加料腔，这种结构的上模上表面和加料腔下表面均为平面，制造简单，清理方便，使用时目测加料腔基本在模具中心即可。图 4-43c 所示加料腔采用 3~4 个挡销定位，圆柱挡销与加料腔的配合间隙较大，此结构的特点是制造、使用都比较方便。图 4-43d 所示为用导柱定位的加料腔，导柱与配合端采用间隙配合，此结构的加料腔与模板能精确配合，缺点是拆卸和清理不方便。

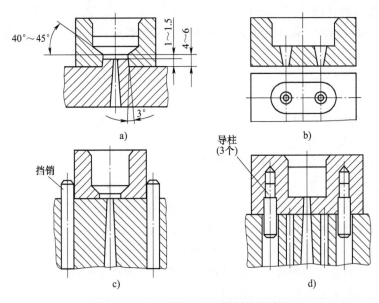

图 4-43 移动式罐式压注模加料腔结构

2) 固定式罐式压注模的加料腔。这类加料腔通常与上模连成一体，在加料腔底部开设流道通向型腔。当加料腔和上模分别加工在两块板上时，应加设浇口套，如图 4-44 所示。如有两个或两个以上的主流道，则可采用图 4-44 所示结构。

柱塞式压注模的加料腔截面均为圆形，其安装形式如图 4-41 和图 4-42 所示。由于采用的专用液压机带有锁模液压缸，加料腔截面尺寸与锁模无关，故其直径较小，高度较大。

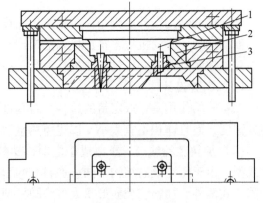

图 4-44 固定式罐式压注模加料腔结构
1—压柱　2—加料腔　3—浇口套

加料腔的材料一般选用 40Cr、T10A、CrWMn、Cr12 等，硬度为 52~56HRC，加料腔内腔最好镀铬且抛光至 $Ra0.4\mu m$ 或 $Ra0.4\mu m$ 以下。

(2) 加料腔尺寸计算

1) 确定加料腔的截面积。罐式压注模加料腔的截面积可从传热和锁模两个方面考虑。

从传热方面考虑，加料腔的加热面积 A 取决于加料量，根据经验，未经预热的热固性塑料每克约需 $1.4cm^2$ 的加热面积，加料腔总表面积为加料腔内腔投影面积的两倍与加料腔装料部分侧壁面积之和。为了简便起见，可将侧壁面积略去不计，这样比较安全，因此加料腔截面积为所需加热面积的一半，即

$$2A = 1.4m, A = 0.7m \tag{4-28}$$

式中　A——加料腔截面积（cm^2）；

　　　m——每一次压注的加料量（g）。

从锁模的方面考虑，加料腔截面积应大于型腔和浇注系统在合模方向投影面积之和，否则型腔内塑料熔体的压力将顶开分型面而溢料。根据经验，加料腔截面积必须比制件型腔与浇注系统投影面积之和大10%~25%，即

$$A = (1.10 \sim 1.25)A_1 \tag{4-29}$$

式中　A_1——制件型腔和浇注系统在合模方向上的投影面积之和。

对于未经预热的塑料，可采用式（4-28）计算加料腔截面积；对于经过预热的塑料，可按式（4-29）确定加料腔的截面积。

当压力机已确定时，应根据所选用的塑料品种和加料腔截面积对加料腔内的单位挤压力进行校核。校核公式为

$$10^{-2} \frac{F_p}{A} = p' \geqslant p \tag{4-30}$$

式中　F_p——压力机额定压力（N）；

　　　A——加料腔截面积（cm²）；

　　　p'——实际单位压力（MPa）；

　　　p——不同塑料所需单位挤压力（MPa）。

柱塞式压注模加料腔的截面积根据所用压力机辅助缸的能力，按下式进行计算

$$A \leqslant 10^{-2} \frac{F'_p}{p} \tag{4-31}$$

式中　F'_p——压力机辅助缸的额定压力（N）；

　　　A——加料腔截面积（cm²）；

　　　p——不同塑料所需单位挤压力（MPa）。

2）确定加料腔中塑料所占有的容积。加料腔截面积确定后，其余尺寸的计算方法与压缩模相似。加料腔内粉状塑料所占有的容积按下式计算

$$V_d = kV_s$$

式中　V_d——粉状塑料的体积；

　　　k——压缩比（参考表4-8）；

　　　V_s——制件的体积。

3）确定加料腔高度。加料腔高度可按下式确定

$$h = \frac{V_d}{A} + (8 \sim 15)\text{mm} \tag{4-32}$$

式中　h——加料腔的高度。

2. 压柱设计

图4-45所示是常见的罐式压注模的压柱结构。图4-45a为简单的圆柱形压柱，加工简便省料，常用于移动式压注模；图4-45b为带凸缘的结构，承压面积大，压注平稳，可用于移动式和固定式罐式压注模；图4-45c、d为组合式结构，用于固定式压注模，以便固定在压力机上，当模板面积较大时，常用此结构。

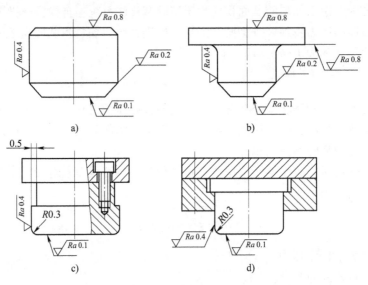

图 4-45 罐式压注模压柱结构

图 4-46 所示为柱塞式压注模的压柱结构,其一端带有螺纹,可直接拧在液压缸的活塞杆上,如图 4-46a 所示。也可在柱塞上加工出环形槽,以使溢出的料固化时起活塞环的作用,如图 4-46b 所示。图中头部的球形凹面有使料流集中、减少向侧面溢料的作用。

图 4-47 所示为压柱头部开有楔形沟槽的结构,其作用是拉出主流道凝料。图 4-47a 所示结构用于直径较小的压柱;图 4-47b 所示结构用于直径大于 75mm 的压柱。

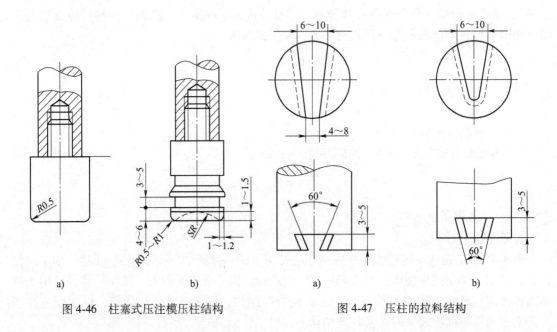

图 4-46 柱塞式压注模压柱结构　　　　图 4-47 压柱的拉料结构

压柱或柱塞选用的材料和热处理要求与加料腔相同。加料腔与压柱的配合通常取 H8/f9

或 H9/f9，也可采用 0.05~0.1mm 的单边间隙配合。压柱的高度应比加料腔的高度小 0.5~1mm，底部转角处应留 0.3~0.5mm 间隙。加料腔底部倾角为 40°~45°。

表 4-11 和表 4-12 为罐式压注模的加料腔和压柱的推荐尺寸。

表 4-11 罐式压注模加料腔推荐尺寸　　　　　　　　　　（单位：mm）

简图	D	d	d_1	h	H
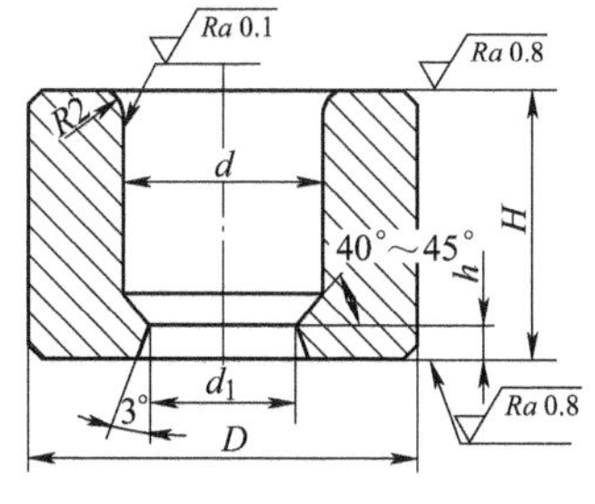	100	$30^{+0.033}_{0}$	$24^{+0.033}_{0}$	$3^{+0.05}_{0}$	30 ± 0.2
		$35^{+0.039}_{0}$	$28^{+0.33}_{0}$		35 ± 0.2
		$40^{+0.039}_{0}$	$32^{+0.039}_{0}$		40 ± 0.2
	120	$50^{+0.039}_{0}$	$42^{+0.039}_{0}$	$4^{+0.05}_{0}$	40 ± 0.2
		$60^{+0.046}_{0}$	$50^{+0.039}_{0}$		40 ± 0.2

表 4-12 罐式压注模压柱推荐尺寸　　　　　　　　　　（单位：mm）

简图	D	d	d_1	H	h
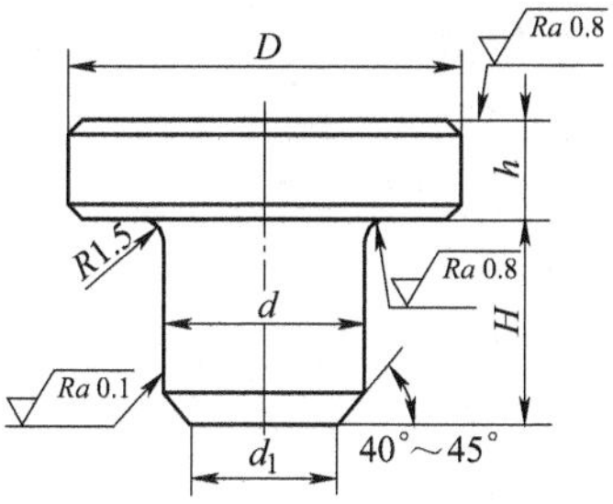	100	$30^{-0.020}_{-0.072}$	$23^{0}_{-0.1}$	26.5 ± 0.1	20
		$35^{-0.025}_{-0.087}$	$27^{0}_{-0.1}$	31.5 ± 0.1	
		$40^{-0.025}_{-0.087}$	$31^{0}_{-0.1}$	36.5 ± 0.1	
	120	$50^{-0.025}_{-0.087}$	$41^{0}_{-0.1}$	35.5 ± 0.1	25
		$60^{-0.030}_{-0.104}$	$49^{0}_{-0.1}$	35.5 ± 0.1	

3. 浇注系统设计

压注模浇注系统的组成与注射模相似，各组成部分的作用也与注射模类似。图 4-48 所示为压注模浇注系统的组成。

对浇注系统的要求，压注模与注射模有相同之处，也有不同之处。压注模与注射模都希望熔料在流动中压力损失小，这是相同之处；注射模希望熔料通过浇注系统时与流道壁尽量减少热交换，以使料温变化小，但压注模却需要在流动中进一步提高料温，使其塑化更好，这是二者不同之处。

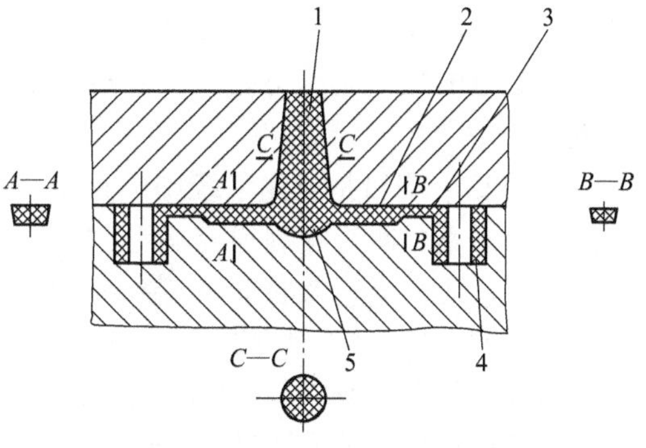

图 4-48 压注模浇注系统的组成
1—主流道 2—分流道 3—浇口
4—塑料制品 5—反料槽

(1) 主流道 在压注模中，有正圆锥形主流道、倒圆锥形主流道、带分流锥的主流道等形式，如图 4-49 所示。

图 4-49a 所示为正圆锥形主流道，其大端与分流道相连，常用于多型腔模具，有时也设

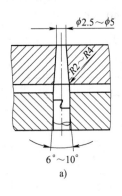 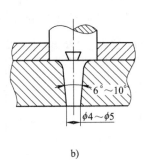 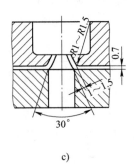

图 4-49 压注模主流道

计成直浇口的形式，用于流动性较差的塑料的单型腔模具。主流道有 6°~10° 的锥度，与分流道的连接处应有半径为 3mm 以上的过渡圆弧。图 4-49b 所示为倒圆锥形主流道，这种主流道大多用于固定式罐式压注模，与端面带楔形槽的压柱配合使用。开模时，主流道连同加料腔中的残余废料由压柱带出再予以清理。这种流道既可用于多型腔模具，又可用于单型腔模具或同一制件有几个浇口的模具。这种主流道尤其适用于以碎布、长纤维等为填充物时塑料制品的成型。图 4-49c 所示为带分流锥的主流道，它用于制件较大或型腔距模具中心较远时需缩短浇注系统长度、减少流动阻力及节约原料的场合。分流锥的形状及尺寸依据制件尺寸及型腔分布而定。型腔沿圆周分布时，分流锥可采用圆锥形；当型腔按两排并列时，分流锥可采用矩形截面。分流锥与流道间隙一般取 1~1.5mm。流道可以沿分流锥整个表面分布，也可在分流锥上开槽。

当主流道同时穿过两块以上模板时，最好设主流道衬套，以避免塑料溢入模板之间。

（2）分流道 为了达到较好的传热效果，压注模的分流道一般都比注射模的分流道浅而宽，但过浅会使塑料过度受热而过早硬化，会降低流动性，增加流动阻力。常用的分流道截面为梯形，其截面积约为浇口截面积的 5~10 倍，尺寸如图 4-50 所示。分流道的长度应尽可能短，并尽可能减少弯折，以减小压力损失。

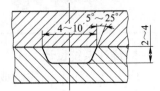

图 4-50 压注模梯形分流道

（3）浇口 浇口是浇注系统中的重要组成部分，它与型腔直接接触，对塑料能否顺利地充满型腔、制件质量及熔料的流动状态有很重要的影响，因此，浇口设计应根据塑料的特性、制件的质量要求及模具加工等多方面的因素来考虑。

压注模的浇口与注射模的浇口基本相同，可以参照注射模的浇口进行设计。由于热固性塑料的流动性较差，所以设计压注模浇口时，浇口应取较大的截面尺寸。压注模有直浇口、侧浇口、扇形浇口、环形浇口及轮辐式浇口等几种形式。

对于直浇口，其截面形式一般采用圆形。如果直浇口采用倒锥形，则浇口和型腔的连接可采用图 4-51 所示的结构，其连接处最小直径可取 2~4mm，连接长度取 2~3mm。图 4-51b、c 所示结构主要用于以长纤维为填料且流动性很差的塑料成型。

除了直浇口外，压注模也可以参考注射模采用侧浇口、扇形浇口、环形浇口等，具体选用时，需要根据塑料制品的形状和使用要求灵活确定。

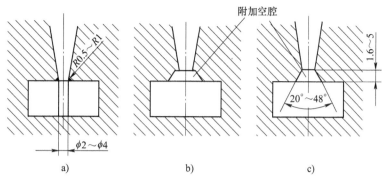

图 4-51 倒锥形直浇口

一模多件时，大多数压注模采用矩形截面的侧浇口，用普通热固性塑料成型中、小型制件时，最小浇口尺寸为深 0.4~1.6mm、宽 1.6~3.2mm。纤维填充的抗冲击性材料压注成型时，采用较大的浇口面积，尺寸为深 1.6~6.4mm，宽 3.2~12.7mm。对于大型制件，浇口尺寸可以超过以上范围。

压注模浇口位置和数量的选择应遵循以下原则。

1) 浇口位置由制件形状决定。由于热固性塑料流动性较差，故浇口开设位置应有利于流动。一般浇口开设在制件壁厚最大处，以减小流动阻力，并有助于补缩。同时，应使塑料在型腔内顺序填充，否则会卷入空气而形成制件缺陷。

2) 热固性塑料在型腔内的最大流动距离应尽可能限制在100mm内。对于大型制件，应多开设几个浇口，以减小流动距离，浇口间距应不大于120mm，否则在两股料流汇合处，由于物料硬化而不能牢固地熔合。

3) 热固性塑料在流动中会产生填料定向作用，造成制件变形、翘曲甚至开裂。特别是长纤维填充的制件，其定向更为严重，故应注意浇口位置。例如对于长条形制件，当浇口开设在长条中点时，会引起制件弯曲，而改在端部进料较好。对于圆筒形制件，单边进料易引起制件变形，改为环状浇口较好。

4) 浇口开设位置应避开制件的重要表面，以不影响制件的使用、外观及后加工工作量。

（4）反料槽　反料槽的结构如图 4-52 所示。图 4-52a、b 所示结构常用于上挤式模具，而图 4-52c、d 所示结构常用于下挤式模具。其尺寸依据塑料制品大小确定。

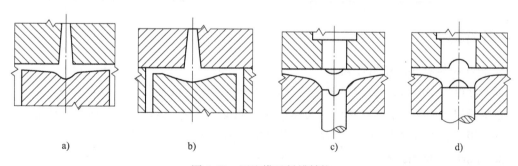

图 4-52 压注模反料槽结构

4. 排气槽设计

压注成型时，塑料进入型腔不但需要排除型腔内原有的空气，而且需要排除由于聚合作用而产生的气体，因此压注模设计时应开设排气槽。从排气槽溢出少量的冷料有助于提高制件的熔接强度。

对于中小型制件，分型面上排气槽的尺寸为深 0.04~0.13mm，宽 3.2~6.4mm，其截面积按下式计算

$$A = \frac{0.05V_s}{n} \tag{4-33}$$

式中　A——排气槽截面积（mm^2），其推荐尺寸见表 4-13；

　　　V_s——制件的体积（mm^3）；

　　　n——排气槽数量。

排气槽的位置一般需开设在型腔最后填充处；靠近嵌件或壁厚最薄处，易形成熔接痕，应开设排气槽；排气槽最好开在分型面上，以便于加工和清理；也可以利用活动型芯或推杆间隙排气，但每次成型后须清除溢入的塑料，以保持排气通畅。

表 4-13　排气槽截面推荐尺寸

排气槽截面积/mm^2	排气槽截面槽宽×槽深/(mm×mm)
≈0.2	5×0.04
>0.2~0.4	5×0.08
>0.4~0.6	6×0.1
>0.6~0.8	8×0.1
>0.8~1.0	10×0.1
>1.0~1.5	10×0.15
>1.5~2.0	10×0.2

任务实施

1. 分析制件材料的使用性能

换向器所采用的材料为酚醛塑料，俗称电木粉，是一种硬而脆的热固性塑料。

以酚醛树脂为基材的塑料总称为酚醛塑料，是最重要的一类热固性塑料，广泛用作电绝缘材料，用于制作家具零件、日用品、工艺品等。考虑采用压注模成型。

2. 分析制件结构工艺

换向器制件的基本结构为圆形，尺寸精度要求一般，模具相关零件的尺寸在加工时可以

保证，该制品没有严格的表面质量要求，便于成型。

3. 选择制件成型方式

换向器材料为酚醛塑料，属于热固性塑料。采用压注成型，压注设备为专用液压机，模具结构为上加料腔固定式压注模。

4. 分析成型工艺

压注成型过程为：闭合模具，将模具预热到成型温度；将原料加入模具加料腔并逐渐加热施压；塑料在型腔内受热、受压而固化成型；开启模具后取出制件，清理型腔、浇注系统和加料腔。

换向器的成型工艺参数如下：

1）材料预热温度：100~120℃；预热时间：8~10min。

2）成型压力：60~70MPa；成型温度：160~170℃。

3）固化时间：3~4min。

5. 成型设备工艺参数校核

实际计算时，可参考注射模和压缩模设计，此处计算省略。

6. 模具结构设计

图 4-53 所示为换向器压注模总装图。图 4-54~图 4-57 所示为模具的零件图。

7. 模具工作过程

在型腔板（图 4-54）的 4 处相应位置分别放入换向器嵌件（图 4-55），合模，将塑料加入加料腔，加温熔化后，随着压柱的下压，熔融的塑料注入型腔，经保压、加温并固化，开模后整体取下模具，对应下模板（图 4-56）和下模垫板（图 4-57）上的 4×φ22mm 推杆孔塞入推板、推杆组件后将制件连同型腔板一起脱离型芯，取出制件。

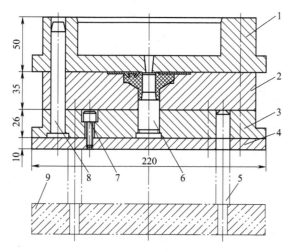

图 4-53 换向器压注模总装图

1—加料腔 2—型腔板 3—下模板 4—下模垫板 5—推杆 6—型芯
7—圆柱头内六角螺钉 8—导柱 9—推板

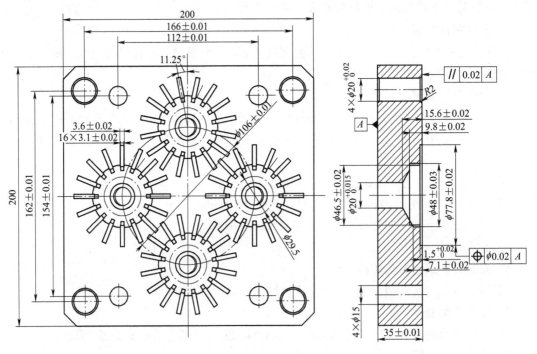

图 4-54 型腔板

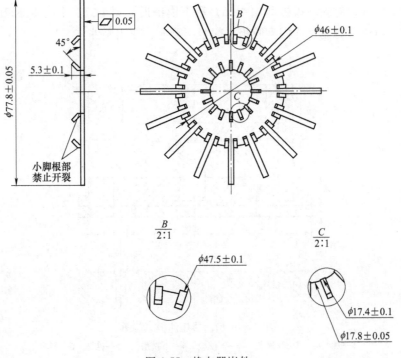

图 4-55 换向器嵌件

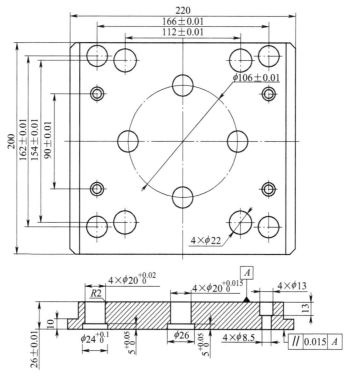

图 4-56 下模板

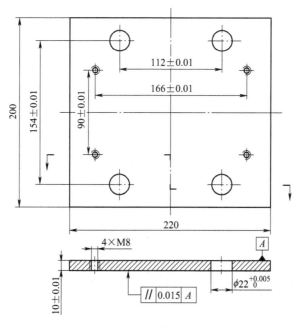

图 4-57 下模垫板

思考题

1. 普通液压机用压注模和专用液压机用压注模各有何特点?
2. 压注模按加料腔的结构可以分为哪几类?
3. 简述压注模的结构组成与分类。
4. 设计压注模时,选择液压机应从哪几方面进行工艺参数的校核?
5. 压注模浇注系统与注射模浇注系统有何相同和不同之处?
6. 压注模的排气槽设计有何要求?

项目 5
注射模典型结构实例分析

任务 5.1 点浇口模具顺序分型机构

【学习目标】
1. 掌握自动脱模机构的工作原理。
2. 掌握斜导柱侧向分型要点分析。
3. 在典型实例的学习中,培养学思贯通的学习方法。

任务引入

点浇口与塑料制品的连接面积较小,故较容易在开模的同时与制件分离,并分别从模具上脱出,这种模具结构有利于提高生产率和模具操作的安全性,实现自动化生产。其他形式的浇口与制件的连接面积较大,不容易利用开模动作将制件和浇口系统切断,往往需要一起推出后,再除去浇口。

任务内容:图 5-1 所示为电动机内的塑封定子,设计其注射模结构。

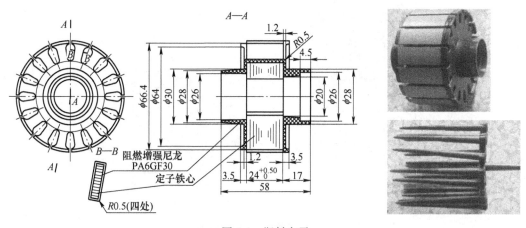

图 5-1 塑封定子

相关知识

5.1.1 点浇口及其脱料分析

1. 点浇口及手工脱料

如图 5-2 所示,由于喷嘴与浇口套连接处为熔融塑料,故在 A—A 面分型后,浇口废料必定随中间板留在点浇口锥孔中,在 B—B 面分型完毕后手工从 A—A 面取出点浇口废料。这样的操作增加了劳动强度。

2. 点浇口及拉杆式自动脱模机构

为了提高生产率、缩短成型周期和制件去浇口等清理工时,在模具设计时应考虑尽可能自动切断进料口。在自动成型模具中,特别是小塑料件或多模腔的模具,由于浇注系统较小,重量较轻,因此浇注系统只靠自重落下是不可靠的,应采取可靠的措施。点浇口一般采用三板模结构。开模时,中间板首先打开,把浇道和浇口断开,然后用自动脱浇道的辅助机构使浇道靠自重落下。

图 5-3 所示是点浇口及拉杆式自动脱模机构,其工作原理如图 5-4 所示。点浇口废料虽可以被中间板脱出,但定、动模之间由拉杆连接,由于拉杆不可能做得足够长,所以分型时,定、动模不可能彻底分离,必须中停,这就给操作带来了不安全的隐患。

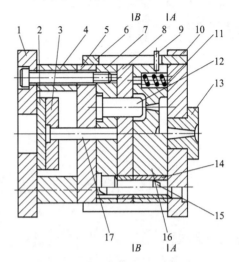

图 5-2 点浇口手工脱模机构
1—底板 2—推板 3—推杆固定板 4—垫块
5—支承板 6—拉板 7—型芯固定板 8—推件板
9—限位销 10—定模板 11—压簧 12—型芯
13—浇口套 14—导套 15—导柱
16—中间板 17—推杆

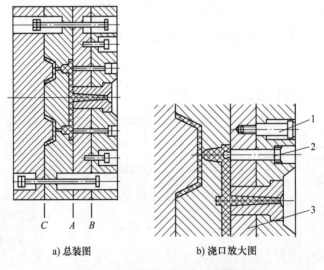

a) 总装图　　b) 浇口放大图

图 5-3 点浇口及拉杆式自动脱模机构
1—限位螺钉 2—浇道拉杆 3—浇道脱料板

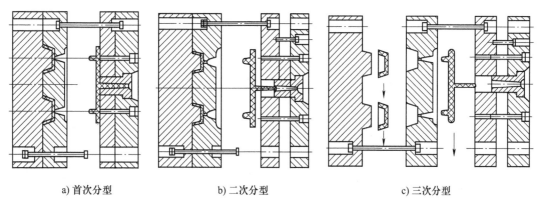

a) 首次分型　　　　　　b) 二次分型　　　　　　c) 三次分型

图 5-4　点浇口及拉杆式自动脱模工作原理

3. 拉环式点浇口自动脱模

如图 5-5 所示，开模时，$C—C$ 面被首先打开（制件包紧型芯，随动模左行）。件 7 通过连接螺钉带动件 2 左移，此时 $B—B$ 分型面被打开。由于件 6 的作用，浇道废料被拉出点浇口锥孔；继续开模，由于件 1、3、5 的作用，浇口废料被件 3 快速从件 6 的球头上卸下并自行落下。从图中可知，点浇口废料虽可以被浇口脱料板（件 3）卸脱，但定、动模之间（即 $C—C$ 分型面）由拉环（件 7）连接，由于拉环不可能做得足够长，所以分型时，定、动模不可能彻底分离，必须中停（借助行程开关），这就给操作带来了不安全的因素。

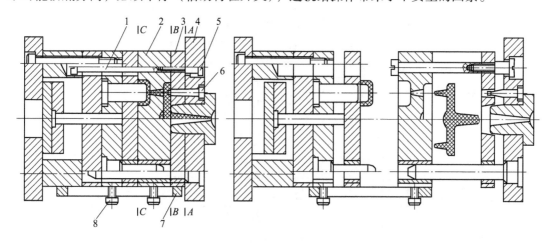

图 5-5　三分型面自动脱浇口模具
1—拉杆　2—型腔板　3—浇口脱料板　4—定模板　5—$A—A$ 面限位螺钉
6—浇道拉料杆　7—拉环　8—定、动模限位螺钉

5.1.2　双钩顺序自动脱浇口模具实例

从以上两例不难看出，虽然图 5-3、图 5-5 所示结构相对图 5-2 有所改善，但在实际生产中，注射机操作存在安全隐患，唯恐行程控制意外失灵而导致模具严重毁坏。

以下介绍一种在生产实际中较受欢迎的刚性自动脱料机构，即双钩顺序自动脱浇口模具。值得注意的是：在双分型面或多分型面模具中，模具各分型面的打开必须按一定的顺序进行。设计这类机构时,首先要有一个保证先分型的机构,其次要考虑各分型面分型距离的控制(保证浇注系统毫无阻碍地落下)及采用的形式,最后还必须保证合模后各部分复位的正确性。

1. 机壳结构分析

图 5-6 所示机壳注塑件由内、外缘两部分组成,若采用侧进料,则不论是从外缘还是内缘进料,四条筋均成为二次浇口,在填充的过程中,随着料温的迅速冷却,极大阻碍了机壳的成型。为了能兼顾内、外两部分,尽可能完美成型,选择筋与外缘交汇的四点进料,可获得较为理想的效果。

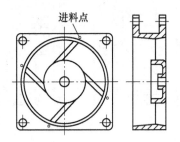 

图 5-6 机壳注塑件

2. 模具结构

模具结构如图 5-7 所示。

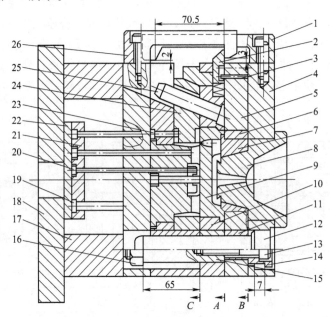

图 5-7 机壳注射模总装图

1—压钩 2—活动连接块 3—限位销 4—定模板 5—压板 6—浇口脱料板 7—卸料圈
8—浇口套 9—定模型芯 10—定模型芯固定板 11—导套 12—导柱 13—内六角圆柱头螺钉
14—卸料轴套 15—连接轴滑槽板 16—外六角螺母 17—垫块 18—底板 19—复位杆
20—推杆 21—推杆固定板 22—推板 23—小型芯 24—滑块 25—斜导柱 26—拉钩

3. 工作原理分析

模具分型合模的过程如下:

1)首次分型。拉钩 26 带动活动连接块 2 随动模左移,A—A 分型面打开,完成首次分型。此时浇口废料被浇口套 8 的倒锥拉住,从而脱出点浇口锥孔,如图 5-8 所示。

2)完成二次分型。当 A—A 面分型 65mm 后,定模型芯固定板 10 的左端面接触外六角螺母16的右端面，并带动螺母左行，促使卸料轴套14带动浇口脱料板6左移5mm，由于卸料圈7与浇口脱料板是过盈配合，因而卸料圈将浇口废料从倒锥上卸下，完成二次分型，如图5-9所示。由于运动速度很快，故浇口废料会弹出右锥孔并落地。

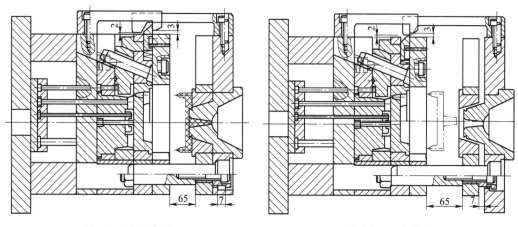

图5-8　首次分型　　　　　　　　　　　图5-9　二次分型

3）完成三次分型。在此同时，随着动模的左移，活动连接块2的左斜面被压钩1的斜面逐步平稳压下，直至拉钩26与活动连接块2分离，于是C—C分型面顺利打开，动、定模彻底分离，完成三次分型，如图5-10所示。拉钩、压钩的三维图如图5-11和图5-12所示。

4）合模。随着动模的右行，活动连接块2很快脱离压钩1而弹出至原先位置；如图5-10所示，拉钩26的右斜面逐步平稳压下活动连接块2，连接块很快又弹起并紧贴于拉钩26的工作侧面（即恢复至图5-7所示初始状态）。

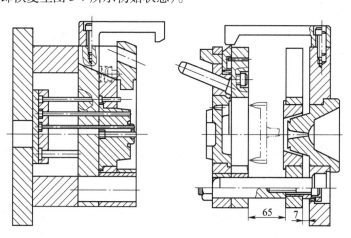

图5-10　三次分型

图5-11　拉钩三维图　　　图5-12　压钩三维图

任务实施

塑封定子是电动机生产的前沿技术,在我国电动机生产应用尚处于起步阶段,其特点是采用塑料注射封装技术,将电动机的定子铁心用工程塑料(熔点远高于电动机温升的阻燃增强尼龙)进行局部封装(图5-1),以取代传统的电动机定子铁心槽绝缘纸和端面衬板绝缘工艺。塑封定子铁心采用扣片式冲片,再经自扣冲片叠压模叠压成铁心,并以此铁心为嵌件进行注射塑封,从而得到塑封定子。定子的绕组可采用环形螺旋式电动机定子绕线机和专用夹具,将漆包线直接高速盘绕在定子铁心槽内(绕线转速高达 2500r/min),以取代传统的手工下嵌绕组技术。

1. 塑封定子的结构分析

塑封定子是以扣片式定子铁心(图5-13)为嵌件注射成型,其端面和内槽的塑料层厚度分别为 1.2mm 和 0.8mm。为保证绕线时漆包线不会被槽两端的塑料锐边刮伤甚至刮断,在槽两侧须做出 $R0.5$mm 的圆角(图5-1 局部剖视图),这在一定程度上增加了模具制作的难度。

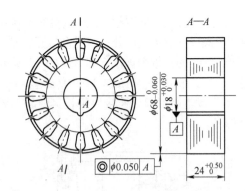

图5-13 扣片式定子铁心

2. 模具结构设计分析

图5-14 所示是一种在生产实际中的一种刚性自动脱模机构,即双钩顺序自动脱浇口模具,其3个分型面的打开必须按一定的顺序进行。对于浇注系统,由于该定子内槽塑料层厚度仅为 0.8mm,为确保成型而设置了均匀分布的 8 处点浇口(图5-17)。

3. 定子铁心的装夹

如图5-14 所示,定子铁心在动模上的定位,采用以 $\phi 20$mm 内孔为主定位,以 16 个 2mm 槽口为辅助定位,为克服过定位的影响,在动模前镶件 14 相应 16 个定位处取 0.1mm 配合间隙(图5-16)。值得关注的是,若动模槽型芯采用图5-15 所示结构,虽然可省去一个动模镶件,但其成型部分较难加工、一致性差,动模前镶件 14 上线切割 16 个封闭槽时分度不易精准,且在频繁的脱模推件过程中,可能出现动模后镶件 24 与动模前镶件 14 发生松动,导致频繁修模而影响生产。当采用图5-14 模具结构时,定子铁心便可装夹在动模前镶件(图5-16)内(形似于复合冲裁模中的凸凹模),实践证明,这样的结构刚性好、定位准确,且模具寿命长。

项目5 注射模典型结构实例分析

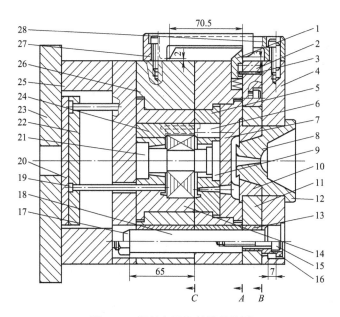

图 5-14 塑封定子注射模总装图

1—活动连接块 2—压板 3—限位销 4—定模板 5—定模型芯 6—嵌件定位芯 7—分流道镶件 8—浇口套 9—定模内孔型芯 10—卸料圈 11—浇口脱料板 12—定位圈 13—导套 14—动模前镶件 15—外六角螺钉 16—连接套 17—螺母 18—导柱 19—推杆 20—推板 21—动模型芯 22—推杆固定板 23—底板 24—动模后镶件 25—垫块 26—定模板 27—拉钩 28—压钩

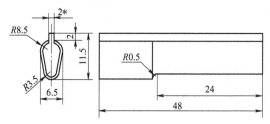

2*与定子铁心槽口一致;左端头部倒圆角R0.5,左端固定部分与动模后镶件以环氧树脂紧配。

图 5-15 动模槽型芯

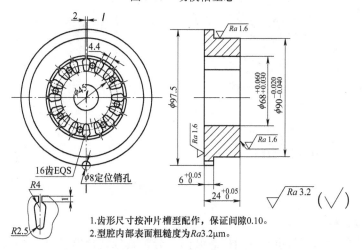

1.齿形尺寸按冲片槽型配作,保证间隙0.10。
2.型腔内部表面粗糙度为Ra3.2μm。

图 5-16 动模前镶件

4. 槽口圆角的处理

为在注塑定子槽的两端做出 $R0.5$mm 的圆角，在图 5-17 和图 5-18 所示的槽型齿底部周边需做出 $R0.5$mm 的圆角。加工方法可采用整体电火花加工或借助加工中心并选用 $R0.5$mm 圆角铣刀切削加工，后者加工方法更经济、快捷和精准。定子冲片如图 5-19 所示。

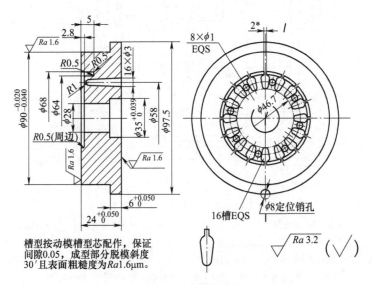

图 5-17　定模型芯

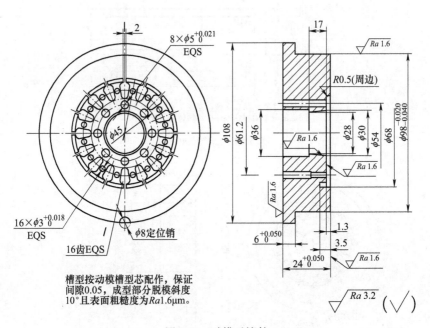

图 5-18　动模后镶件

5. 工作原理分析

根据图 5-14 所示的塑封定子注射模总装图，分析其分型合模过程。

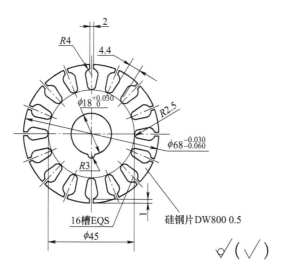

图 5-19 定子冲片

1) 首次分型。拉钩 27 带动活动连接块 1 随动模左移，A—A 分型面打开，完成首次分型。此时浇口废料被浇口套 8 的倒锥拉住，脱出点浇口锥孔，如图 5-20 所示。

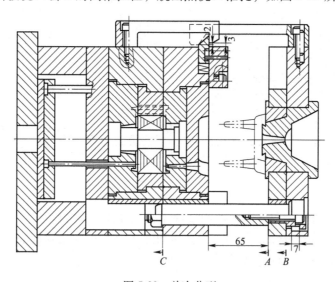

图 5-20 首次分型

2) 二次分型。当 A—A 分型 65mm（该尺寸需大于浇口废料的轴向长度）后，定模板 26 的左端面接触螺母 17 的右端面，并带动螺母左行，促使连接套 16 带动浇口脱料板 11 左移 5mm，由于卸料圈 10 与浇口脱料板 11 是过盈配合，因而卸料圈将浇口废料从倒锥上卸下，完成二次分型，如图 5-21 所示。由于运动速度很快，浇口废料会弹出主流道锥孔并掉落。

3) 三次分型。在此同时，随着动模的左移，活动连接块 1 的左斜面被压钩 28 的斜面逐步平稳压下，直至拉钩 27 与活动连接块 1 分离，于是 C—C 分型面被顺利打开，动、定模彻底分离，完成三次分型，如图 5-22 所示。

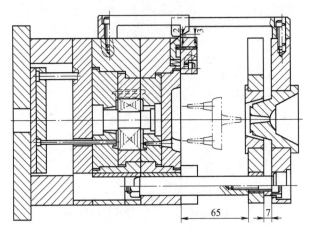

图 5-21 二次分型

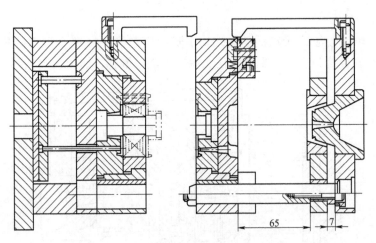

图 5-22 三次分型

4)合模。随着动模的右行,活动连接块 1 很快脱离压钩 28 而弹出至原先位置,拉钩 27 的右斜面逐步平稳压下活动连接块 1,且活动连接块 1 很快又弹起后紧贴于拉钩 27 的工作侧面,即恢复至图 5-14 所示初始状态。

6. 小结

值得一提的是,塑封定子槽不应设置较大的脱模斜度,以防绕线时槽两端绕组松紧不一,甚至在小端出现溢出现象。但斜度太小时,会导致对槽型芯的包紧力增加而难以脱模,实践证明,取 0.5° 为宜。

为了提高生产率、缩短成型周期和尽量减少制件去浇口的工作量,在模具设计时应尽可能考虑采用点浇口进料,以便自动切断进料口,省去去除浇口的工作。采用刚性顺序分型结构可克服弹性结构中弹性元件易老化的问题,可有效提高模具寿命,但在双分型面或多分型面模具中,必须很好地解决顺序分型、分型距离的有效控制及保证合模后各部分准确复位这三个问题。

思考题

1. 图 5-7 所示的机壳注射模结构能否采用其他浇口形式？
2. 采用刚性自动脱料机构的模具在开模时，定、动模能否彻底分离？为什么？浇口废料能否自动落下？为什么？

任务 5.2　斜导柱侧向分型与抽芯机构的制作

【学习目标】
1. 掌握斜导柱侧向分型与抽芯机构的工作原理。
2. 掌握斜导柱抽芯机构中，楔紧块与滑块斜面的配合要求及保证方法。
3. 在典型实例的学习中，不断挖掘创新思维。

任务引入

任务内容：在斜导柱抽芯机构中，楔紧块与滑块斜面配合的好坏，将直接影响制件的飞边大小，如何保证楔紧块与滑块斜面的配合？

相关知识

5.2.1　工作原理简介

斜导柱抽芯机构中，滑块、斜导柱和楔紧块是侧抽芯机构中最重要的组成零件。在抽芯运动开始时，滑块的抽芯动作必须滞后于定、动模的分型动作（否则两个运动都将无法进行），其实现方法是：滑块上斜孔与斜导柱之间做出 $\delta = 2\text{mm}$ 的间隙，以便分型面先打开 $\delta/\sin\alpha$ 的缝隙（如图 5-23 所示，直角 $\triangle ABC$ 中的 AB），使滑块先脱离楔紧块，之后斜导柱再驱动滑块做侧抽芯运动。

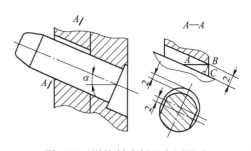

图 5-23　滑块斜孔断面为腰圆形

5.2.2　滑块斜孔的形式与加工工艺

滑块斜孔的断面形状可以选择腰圆形或圆形两种，而随之采用的加工方法和斜导柱形式也会有所差异。

1. 滑块斜孔的断面形状为腰圆孔的工艺保证

以图 5-7 所示机壳注射模为例，注塑制件如图 5-6 所示。从中不难看出，外形滑块的抽芯和复位是否完美是模具成功的关键。因此，外形滑块（图 5-24）中 4 个斜导柱孔的加工工艺合理与否，对整套模具而言至关重要。

实际应用中，可将图5-7中定模板4、滑块24和连接轴滑槽板15组合固定后，在立式铣床上加工。当选择滑块斜孔为腰圆孔时（图5-24），宜采用如下加工工艺：

1）在图5-7中的定模型芯固定板10和滑块24之间先垫一个0.2mm厚度的铜皮，以保证在模具在合模时，楔紧块斜面与滑块斜面有一预紧量，可有效防止注射时可能引起的滑块后退。

2）将立式铣床工作台扳至所需角度，以顶尖按钳工划线位置找正斜孔起始位置（图5-25）并锁紧工作台。

3）将顶尖换成立铣刀，按图样要求铣出平台，如图5-26所示。

4）将立铣刀换成麻花钻（按图样尺寸），钻出斜孔即可（图5-27）。实际操作证明，新钻头钻出斜孔的精度远超过了留余量镗孔。从工作原理来看，在抽芯工作时，滑块斜孔只有 AB 和 CD 两条斜线参与抽芯工作（图5-24）。根据这一结论，需将计算出的斜导柱直径值圆整至相应的麻花钻直径值。

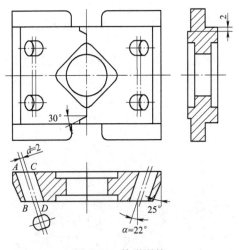

图5-24 外形滑块

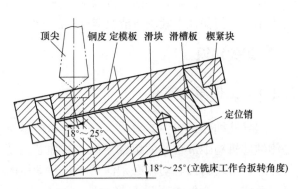

图5-25 找正

5）将其余零件拆除，并将滑块零件置于原保留角度的工作台上，在所钻斜孔中插入相应直径的立铣刀，工作台按图5-28中箭头所示方向移动2mm，其余3孔以相同方法操作即可。

6）按图5-27所示，采用线切割将滑块零件按线剖切成两件，两滑块间采用30°斜面对接，目的是精确定位和防止飞边。

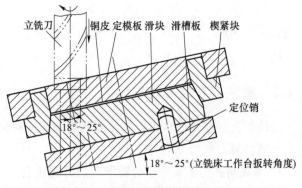

图5-26 铣平台

项目5 注射模典型结构实例分析

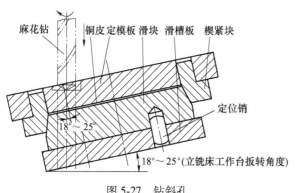

图 5-27 钻斜孔

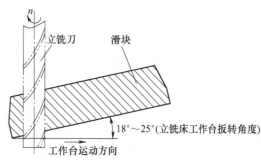

图 5-28 铣滑块腰圆孔

2. 滑块斜孔的断面形状为圆孔的工艺保证

图 5-29 所示的滑块斜孔的断面形状为圆孔，其加工工艺保证与加工腰圆孔相比，工艺步骤 1）~4）和 6）都相同，只是在工艺步骤 5）不同。如图 5-30 所示，可选用比所钻斜孔大 2mm 的立铣刀，确保在 A 处准确对刀后，铣刀垂直进给，铣通即可。

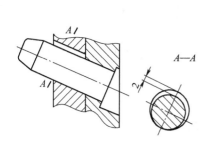

图 5-29 滑块斜孔断面形状为圆孔

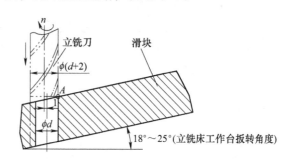

图 5-30 铣滑块圆孔

3. 斜导柱的差异

值得注意是，当滑块的斜导柱孔采用断面形状为腰圆孔时，其相应的斜导柱的两侧面宜铣出两个平面，以避免侧面的摩擦，如图 5-31 所示。当滑块的斜导柱孔采用断面形状为圆孔时，其相应的斜导柱无需铣出平面。

4. 小结

斜导柱抽芯机构中，滑块、斜导柱和楔紧块是该机构中最重要的组成零件。为了使抽芯机构工作顺利，滑块上的斜孔与斜导柱之间需保留 $\delta = 2mm$ 左右的间

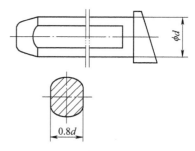

图 5-31 滑块斜导柱孔断面形状
为腰圆孔时的斜导柱

隙，并且合模时楔紧块与滑块的吻合既应有预紧量，压紧力又不宜太大而有损模具。因而，找到一种可靠而便捷的加工工艺尤为重要。

任务实施

1. 楔紧块的作用

斜导柱在工作过程中主要用来驱动侧滑块做往复运动。开模时，滑块沿斜导柱做侧向抽

芯运动，直至斜导柱脱离滑块时，侧向抽芯运动结束；合模时，滑块靠斜导柱复位，最终由楔紧块锁紧，即滑块的最终准确位置由楔紧块决定，以使其处于正确的成型位置而不因受塑料熔体压力的作用向两侧松动。

2. 楔紧块与滑块的配作

楔紧块与滑块的斜面吻合面积必须在 70%以上（由钳工借助红丹粉修配，以克服装配误差）。最简便的处理方法是，当斜面角度修磨吻合后，通过在楔紧块的背面（图 5-32 的 A 面）磨削至所需厚度或衬垫适当厚度的铁皮，可方便地调整楔紧块斜面的轴向位置，实现楔紧块与滑块间压紧度的调试。

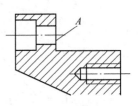

图 5-32　楔紧块

实际生产中的应用情况如图 5-33、图 5-34 和图 5-35 所示。

图 5-33　动模　　　　图 5-34　卸下滑块后的动模滑槽板　　　　图 5-35　带楔紧块的定模

思考题

1. 简述滑块斜孔的断面形状为腰圆孔时的加工工艺。
2. 滑块斜孔的形状可否为圆孔？如何制作？
3. 图 5-32 所示楔紧块的结构有什么优点？

项目 6

注射模的拆装

任务 6.1 注射模拆装前的准备

【学习目标】
1. 明确模具拆装的目的和要求。
2. 分析各注射模零件的结构特点及在模具中的作用，掌握其工作原理。
3. 掌握模具拆装前的准备和注意事项。
4. 掌握工量具的正确使用。
5. 在拆装准备工作中培养安全意识、细心和耐心。

任务引入

在生产实际中，我们会看到的模具往往是处于合模状态的成套模具。当需要进行模具的维护和修理时，第一步就是将模具打开，然后再有针对性地拆出某个所需要修复的零件。

任务内容：图 6-1 所示为仪表盖注塑件，针对仪表盖注射模做好拆装工作的准备。

相关知识

6.1.1 概述

模具拆装实训是模具设计与制造专业的学生在教师的指导下，对生产中使用的塑料模具进行拆卸和重新组装的实践教学环节。通过对塑料模具的拆装实训和试模，进一步了解模具的典型结构及工作原理，了解模具的零部件在模具中的作用，以及零部件相互间的装配关系；同时掌握模具的装配过程、方法和装配工具的使用。

图 6-1 仪表盖注塑件

6.1.2 模具拆装的目的和要求

1. 模具拆装的目的

通过对模具的拆卸和装配，培养学生的动手能力、分析问题和解决问题的能力，使学生能够综合运用已学知识和技能，对模具典型结构及零部件装配有全面的认识，为理论课的学习和模具设计奠定良好的基础。

2. 模具拆装的要求

掌握典型结构塑料模具的工作原理、结构组成，模具零部件的功用、相互间的配合关系及模具零件的加工要求；能正确地使用模具装配常用的工具和辅具；能正确地草绘模具结构图、部件图和零件图，并标注测量尺寸；掌握模具拆装的一般步骤和方法；通过观察模具的结构能分析出零件的形状；能对所拆装的模具结构提出自己的改进方案；能正确描述出模具的工作原理。

6.1.3 模具拆装前的准备

1. 拆装模具的种类

具有侧浇口、点浇口、斜导柱侧抽芯、斜滑块侧抽芯的注射模各一副。

2. 拆装工量具

游标卡尺、千分尺、角尺、内六角扳手、等高垫块、台虎钳、锤子、铜棒和油石等常用钳工工具。

3. 实训准备

1）小组成员分工。同组人员对拆卸、装配、测量、记录、草图绘制、尺寸标注等分工负责，并在下一套塑料模拆装时交换各自的岗位。

2）工具准备。领用并清点拆卸和测量所用的工量具，了解工具的使用方法及使用要求，将工具摆放整齐。实训结束时按工具清单清点工具并归还。

3）熟悉实训要求。复习有关理论知识，详细阅读指导书，对实训报告所要求的内容在实训过程中做详细的记录。拆装实训时带齐绘图工具和纸张。

6.1.4 模具拆装时的注意事项

1）拆卸和装配模具时，首先应仔细观察模具，务必了解模具零部件的相互装配关系和紧固方法，并按钳工的基本操作方法进行，以免损坏模具零件。

2）在拆装过程中，切忌损坏模具零件，对老师指出不宜拆卸的部位，不能强行拆卸。拆卸过程中对少量损伤的零件应及时修复，严重损坏的零件应更换。

3）注意模具的维护与保养。

6.1.5 模具拆装的步骤

1）仔细研究已准备好的拆装模具，熟悉模具的工作原理，各零部件的名称、功用及相互配合关系。

2）拟订模具拆卸顺序及方法。按拆模顺序将模具拆分为定、动模两个部件，再将其分解为单个零件，用测量工具测出各零部件的具体尺寸并确定各配合件的配合关系，画出草图。

3）拟订模具的装配顺序及方法。把已拆卸的模具零件按装配工艺顺序进行部件装配、总装、调整，使模具恢复原状，并绘出模具装配图。

4）装配好的模具采取人工合模验证，必要时再在注射机上试模，验证模具工作是否正常，所注射的塑料件是否合格，并写出分析报告。

任务实施

通过相关知识学习，对模具的拆装程序有了系统性了解，按照要求做好拆装前的各项准备工作。

知识拓展

注射模拆装的应用场合

1. 注射模的实际工作状况

模具拆装实验的过程是模具的维护与模具钳工技能并举的一项重要工作。在企业实际生产中，模具的故障往往发生在注射机的生产现场，如点浇口堵塞导致无法成型、型芯脱模斜度偏小导致制件脱模困难。处理故障的原则是能不拆模的绝不拆模，能少拆的决不多拆一个零件。针对点浇口堵塞，处理方案是只需在开模状态下，用喷枪熔通即可；对于型芯脱模斜度偏小，也无需拆模，只要在开模状态下，用锉削的方法加大斜度，再以砂纸抛光即可。只有当模具出现拉伤、合模困难、顶出困难等需要更换或大修某个模具零件的情况下，才不得不拆模进行维修。

2. 拆装技术的应用场合

一般而言，模具拆装技术是为模具的正常维护服务的。对于有氮化处理要求的模具，在完成试模后必须将模具全部拆下，取出型芯、型腔等成型零件进行氮化处理，然后再重新装配。若模具在注射机上工作时，某个部分出现故障而需要维修，应遵循所拆范围越小越好的原则进行。

思考题

1. 模具拆装的目的是什么？
2. 模具拆装前要做哪些准备工作？
3. 模具拆装测绘时常用哪些量具？
4. 模具拆装时应注意哪些问题？
5. 为何要对某些拆下的零件进行编号？若型芯或型腔成型处出现拉伤现象，应如何处理？
6. 在模具拆装过程中锤子和铜棒在选择使用上有什么区别？

任务6.2　注射模的拆卸与装配

【学习目标】
1. 能正确分析模具结构，拟订模具拆卸顺序及方法。
2. 掌握浇注系统、合模导向机构、推出机构的组成零件及其作用。
3. 掌握模具各零件之间的拆卸、装配关系及工艺过程。
4. 在模具拆装过程中培养综合实践的能力。

任务引入

注射模工作过程中若发生了诸如飞边、推出不流畅或滑块运动不灵敏等故障，往往需要对模具进行拆卸和维修。为进一步了解模具典型结构及工作原理，了解模具零部件在模具中的作用，零部件相互间的装配关系，掌握模具的装配过程及方法至关重要。

任务内容：对图 6-1 所示的仪表盖的注射模进行拆卸和装配。拆卸及装配后的模具分别如图 6-2 和图 6-3 所示。

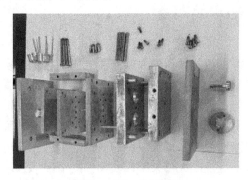

图 6-2 拆卸后的模具

图 6-3 装配后的模具

相关知识

6.2.1 模具拆装的内容

1. 对模具结构进行观察分析

确定具体要拆装的模具后，需进行仔细观察分析，并做好记录。

1）模具类型分析。对给定模具进行模具类型分析与确定。
2）模具的工作原理。分析浇注系统类型、分型面及分型方式、推出机构类型等。
3）模具的零部件。分析并记录模具各零件的名称、功用及相互间装配关系。

2. 拟订模具拆卸顺序及方法

1）分析模具。拆卸模具之前，应先分清可拆卸件和不可拆卸件，针对各种模具须具体分析其结构特点，制订模具拆卸顺序及方法的方案，提请指导教师审查同意后方可拆卸。
2）拆卸模具。先将动模和定模分开，分别将动、定模的紧固螺钉拧松，再打出销，用拆卸工具将模具各主要板块拆下；然后从定模板上拆下浇注系统，从动模板上拆下推出机构，拆散推出机构各零件，从固定板中压出型芯等零件，有侧抽芯机构时，拆下侧抽芯机构各相关零件，电热系统则不拆卸。

针对把已拆卸的模具零件，按先拆的零件后装、后拆的零件先装的原则制订装配顺序。

6.2.2 模具拆装的步骤

1. 注射模的拆卸

（1）动模部分的拆卸　具体流程如下。

拆卸紧固螺钉→动模座板→垫块→拆卸推板上的紧固螺钉→推板→推杆→推杆固定板→支承板→动模板→型芯→导柱

（2）定模部分的拆卸 具体流程如下。

拆卸定位圈紧固螺钉→定位圈→拆卸定模座板上的紧固螺钉→定模座板→定模板→浇口套→导套。

注意：各类对称零件的安装方位易混淆零件，在拆卸时要做上标记，以免安装时搞错方向。

（3）清洗 用煤油、柴油或汽油，将拆卸下来的零件上的油污、轻微的铁锈或附着的其他杂质擦拭干净，并按要求有序存放。

（4）零件拆卸 单分型面注射模的组成零件按用途可分为三类：成型零件、结构零件和导向零件。观察各类零部件的结构特征，并记住名称。

1）成型零件：凹模、型芯等。

2）结构零件：动模座板、垫块、推板、推杆固定板、动模板、定模板、定模座板、浇口套、推杆、复位杆。

3）导向零件：导柱、导套。

拆卸要点：

①按所拟拆卸顺序进行模具拆卸。要求分析拆卸连接件的受力情况，对所拆下的每一个零件进行观察、测量并做记录。记录拆下零件的位置并用彩笔做好标记，按一定顺序摆放，避免在组装时出现错误或漏装零件。

②测绘主要零件。对从模具中拆下的凹模、型芯等主要零部件进行测绘。要求测量公称尺寸，并按设计尺寸确定公差。

③拆卸注意事项。正确使用拆卸工具和测量工具。拆卸配合件时要分别采用拍打、压出等不同方法对待不同配合关系的零件。注意保护模具，使其受力平衡，切不可盲目用力敲打。严禁用锤子直接敲击模具零件。不可拆卸的零件和不宜拆卸的零件不要拆卸。拆卸过程中特别要注意操作安全，避免损坏模具。拆卸遇到困难时应分析原因，并请教指导教师。

2. 注射模的装配

模具拆卸和测绘完毕，需进行装配，以恢复到原先的状态。

（1）装配前的检查 先检查各类零件是否清洁，有无划伤等，如有划伤或飞边（特别是成型零件），应用油石平整。

（2）动模部分装配 将型芯、导柱等装入动模板，将支承板与动模板的基面对齐。将装有小导套的推杆固定板套入装在支承板上的小导柱上，将推杆和复位杆穿入推杆固定板、支承板和动模板。然后盖上推板，用螺钉拧紧，再将动模座板、垫块、支承板用螺钉与动模板紧固连接。

装配要点：

①导柱装入动模板时，应注意拆卸时所做的标记，避免方位出错，以免导柱或定模上的导套不能正常装入。

②推杆、复位杆在装配后，应动作灵活，尽量避免磨损。

③推杆固定板与推板需有导向装置和复位支承。

(3) 定模部分装配　将导套和凹模镶件装入定模板，将浇口套装入定模座板，再用螺钉将定模板与定模座板紧固连接，然后将定位圈用螺钉连接在定模座板上。

装配要点：

①按顺序装配模具。按拟订的顺序将全部模具零件装回原来位置。注意正反方向，防止漏装，其他注意事项与拆卸模具相同。遇到零件受损不能进行装配时，应在老师的指导下学习用工具修复受损零件后再装配。

②装配后检查。观察装配后模具是否与拆卸前一致，检查是否有错装和漏装等现象。

③绘制模具总装草图，并在图上记录有关尺寸。

任务实施

1. 模具拆卸

1）拆装定模部分。拆定模时，用六角扳手卸下螺钉，将模具分型面朝上平放在等高垫块上，用销棒将销向下敲出。

2）拆浇口套。先卸下定位圈，再用铜棒冲出浇口套。

3）拆成型零件。将型腔板分型面朝上平放在垫铁上，用软制金属（铜棒或铝棒）拧出凸模或型芯。

4）拆装动模部分。先取螺钉再取销，取销要从分型面往下打。

5）拆垫块。用六角扳手卸下螺钉，再将模具放在垫铁上，分型面朝上，其后用销棒将销往下冲出，垫块和动模座板就可拆下。

6）拆推杆。卸下动模座板和垫块后，即可见推杆固定板和推板。用六角扳手拆下推板上的螺钉，拿开推板，将推杆从推杆固定板中取出或者将推杆和推杆固定板一起从动模中取出。

7）拆成型零件。取出推杆后，拿开推杆固定板，可看见凸模固定板上凸模或型芯在上面的固定情况，将分型面朝上，用铜棒将凸模或型芯拆下。

2. 模具装配

先装配出定模，如图6-4所示，再装配出动模，如图6-5所示，最后合模即可。装配工作过程见表6-1。

图6-4　定模

图6-5　动模

项目6 注射模的拆装

表 6-1 装配工作过程

序号	结构状态	装配说明	序号	结构状态	装配说明
1		拆卸后的模具按定模与动模、先拆后装的原则有序排列	7	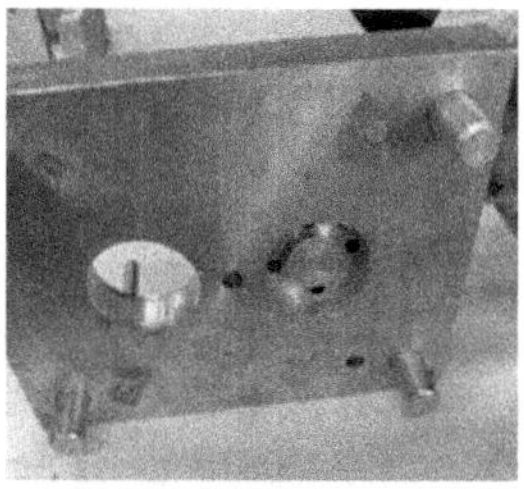	动模板装入型芯，对准后方可用锤子敲击
2	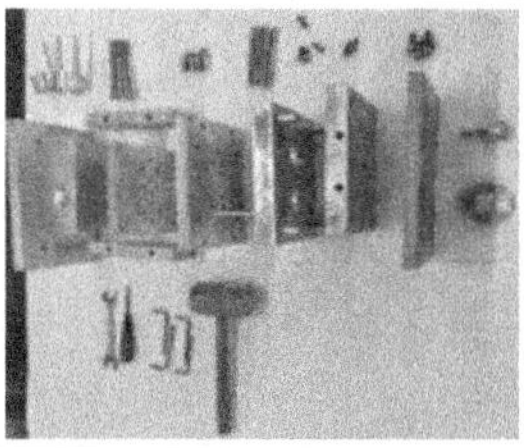	准备外六角扳手、铜棒（或锤子）、内六角扳手、螺丝刀等拆装工具	8		在动模板和动模支承板之间打入定位销和旋入内六角螺钉
3		定模板装入浇口套，对准后方可用锤子敲击	9		将动模板和动模支承板整体翻身，盖上推杆固定板，推杆孔对准后装入推杆
4	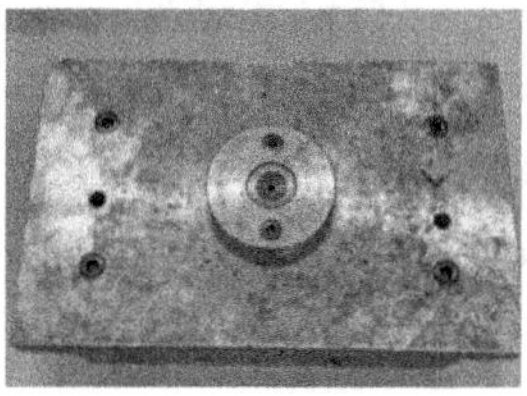	装入定位环及其螺钉	10	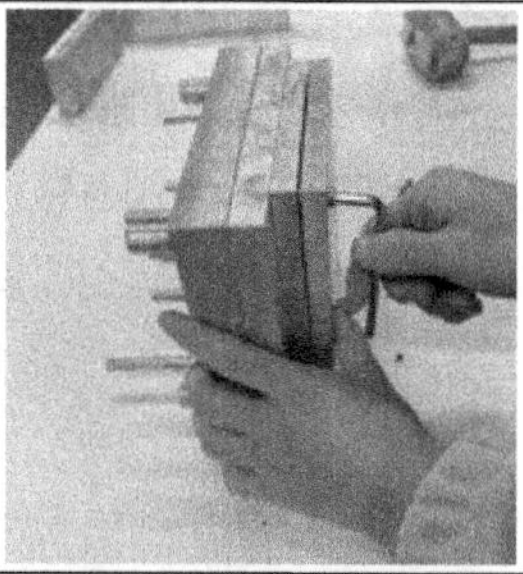	盖上推板后，将推杆固定板和推板以内六角圆柱头螺钉紧固
5		在定模板侧面旋入水嘴，以便注入冷却水	11		盖上动模座板后锁定紧固螺钉
6		动模板装入导柱，对准后方可用锤子敲击	12		合上定模

263

(续)

序号	结构状态	装配说明	序号	结构状态	装配说明
13		装配完成			

3. 完成模具拆装实训报告

进行拆装后，需完成实训报告（见附录 A）。内容包括绘制所拆装的塑料模总装图一份，绘制该塑料模的主要零件图，并对所拆塑料模进行分析，含模具类型、名称、浇注系统、成型零件的结构特点、模具工作原理等。

知识拓展

注射模装配的配作加工法

实践证明，完全合格的零件不一定能装出一副合格的模具。这是因为模具是由若干零件组成的，由于零件间误差的积累或表面粗糙度不达标，常出现应该平坦的端面出现台阶、过盈配合表面经多次拆装后变成了间隙配合。所以模具装配并非简单的拼搭，更包含了太多的装配工艺手段，如定位销孔的配作加工、切削加工消除积累误差法等。

在模具生产中，为最大限度地保证精度，往往出现过定位状况，最好的解决方法是配作加工法。注射模定模、动模常采用四导柱定位，为保证其只有唯一的合模位置，常采用三个导柱直径相同，第四个导柱的直径增加 2mm，从而保证合模时定、动模位置唯一。

思考题

1. 型芯固定在固定板上的方法有哪些？
2. 简述各类模具零件的名称及结构特点。
3. 成型零件与其固定板宜选用怎样的配合？
4. 模具拆装应按哪些步骤进行？
5. 根据自己所拆卸的一套模具，分析拆装过程中遇到的问题，并谈谈实验后的体会。

任务 6.3　注射模的安装与调试

【学习目标】
1. 掌握注射模的安装与调试的目的和要求。
2. 观察试样件缺陷，正确分析缺陷产生的原因。
3. 掌握注射成型工艺参数的调整方法。
4. 在注射模的安装与调试中树立理论联系实际解决问题、真抓实干的理念。

🔖 任务引入

注射模在工作过程中若产生了诸如飞边、充型不满或表面出现熔接痕等缺陷,往往需要对注射机的工艺参数进行分析和调整。要让一套合格的模具生产出一件合格的塑料制品,模具在注射机上安装后将温度、压力和时间参数调整至较理想状态是一项最基本也是最重要的操作。

任务内容:安装模具,调试注射机,注射成型出合格的仪表盖注塑件(图6-1)。

📖 相关知识

6.3.1 注射模安装与调试的目的和要求

1. 注射模安装与调试的目的

1)掌握注射模正确安装到注射机上的方法。
2)了解注射机的调试方法。
3)了解注射调试中常见问题的处理方法。
4)了解注射成型工艺。

2. 注射模安装与调试的要求

1)将注射模正确安装到注射机上,调整注射机的工艺参数,注射成型出合格制件。
2)对制件在注射成型过程中出现的缺陷进行现场合理分析,并提出解决方法。

3. 注意事项

1)在吊装模具时,控制按钮必须使用点动,人员严禁站在模具下面,以免出现安全事故。
2)制件尺寸的精确测量必须在冷却后进行。

4. 设备与工具

XS-ZY-125型注射机、活动扳手、扳手套筒、平行压板、螺钉、铜锤头、行吊。

6.3.2 操作步骤

1. 模具安装前的准备工作

(1)**最大注射量的校核** 检查成型制件所需的总注射量是否小于所选注射机的最大注射量。如总注射量小于所选注射机的最大注射量,则所选注射机符合最大注射量的校核。否则,产品不能完全成型,所选注射机不符合要求。

(2)**注射压力校核** 检查注射机的额定注射压力是否大于成型时所需的注射压力。当额定注射压力大于注射压力时,产品才能完全成型。

(3)**锁模力校核** 当高压塑料熔体充满整个模具型腔时,会产生使模具分型面胀开的力 F_z,这个力应小于注射机的额定锁模力 F_p,即 $F_z<F_p$。

(4)**模具与注射机安装部分相关尺寸的校核** 检查模具的喷嘴尺寸、定位圈尺寸、最大和最小厚度及模板上的安装螺孔尺寸是否与注射机相匹配。

2. 模具的安装步骤

1)用行吊将模具吊入注射机移动模板和固定模板之间的合适位置,轻轻单击行吊按钮,移动模具,使模具上的定位圈进入注射机固定模板上的定位孔内。

2) 由合模系统合模,并将模具锁紧。

3) 用螺钉和平行压板将模具的动模部分和定模部分分别紧固在注射机的移动模板和固定模板上。

4) 安装水管接头。

3. 模具空运转检查

1) 合模后,分型面之间不得有间隙,接合要严密。

2) 活动型芯、推出及导向机构运动及滑动要平衡,动作要灵活,定位导向要准确。

3) 开模时,推出机构应保证顺利脱模,以方便取出制件及浇注系统凝料。

4) 冷却水要通畅,冷却系统不漏水。

4. 注射模的调试

注射模调试工艺过程如图6-6所示。

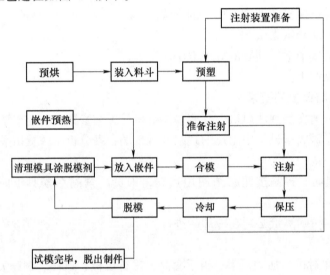

图6-6 注射模调试工艺过程

任务实施

1. 仪表盖注塑件注射模试模

仪表盖材料:ABS;设置喷嘴温度为180℃,料筒前、中、后段温度分别取180℃、200℃和210℃;注射压力和保压压力均取80MPa;注射时间取4s,保压和冷却时间均取15s;取合模力700kN。

调试步骤及说明见表6-2。

表6-2 调试步骤及说明

序号	调试说明	序号	调试说明
1	借助行吊将模具吊至注射机的定、动模之间,定模定位圈插入注射机定模孔后,以压板固定模具	2	开、合模并观察是否运动自如;设定温度、压力和时间等重要工艺参数

(续)

序号	调试说明	序号	调试说明
3	对空注射,观察料温调整是否到位	7	推出制件后比较前后两件,发现飞边消失
4	注射第一模并推出制件	8	去除浇口后得到最终产品
5	分析制件,发现制件分型面上飞边较多,说明锁模力不够	9	对照图样进行尺寸检测
6	调高锁模力后再次合模注射		

2. 注射模调整要点

注射模调整要点见表6-3。

3. 企业中制件常见的缺陷及调整方法

企业中制件常见的缺陷及调整方法见表6-4。

表6-3 注射模调整要点

调整项目	要点说明
选择螺杆及喷嘴	1) 按设备要求,根据塑料品种选用螺杆 2) 根据成型工艺要求及塑料品种选用喷嘴
调节加料量及确定加料方式	1) 按制件重量(包括浇注系统耗用量,但不计嵌件),确定加料量,并调节定量加料装置,最后以试模结果为准 2) 按成型要求,调节加料方式 ①固定加料法:在整个成型周期中,喷嘴与模具一直保持接触,适于一般塑料 ②前加料法:每次注射后,塑化达到要求注射的容量时,注射座后退,直至下一个循环开始时再前进,使模具与喷嘴接触后进行注射 ③后加料法:注射后注射座后退,进行预塑化工作,待下一个循环开始,再进行注射,用于结晶性塑料 3) 注射座需来回移动时,应调节定位螺钉,以保证每次能正确复位。喷嘴与模具要紧密配合
调节锁模系统	模具安装后,按模具的闭合高度、开模距离调节锁模系统及缓冲装置,应保证开模距离要求,锁模力松紧要适当,开闭模具时,要平稳缓慢
调整推出机构与抽芯机构	1) 调节推出距离,以保证正常推出制件 2) 对设有抽芯装置的设备,应将装置与模具连接,调节控制系统,以保证动作起止协调,定位及行程正确
调整塑化能力	1) 调节螺杆转速,按成型条件进行调整 2) 调节料筒及喷嘴温度,塑化能力应按试模时的塑化情况酌情增减
调节注射压力	1) 按成型要求调节注射压力,$P_{注} = P_{表} \cdot d_{缸}^2 / d_{螺}^2$ 式中,$P_{注}$—注射压力(MPa);$P_{表}$—压力表读数(MPa);$d_{螺}$—螺杆直径(mm);$d_{缸}$—液压缸活塞直径(mm) 2) 按塑料品种及壁厚,通过调节流量调节阀来调节注射速度
调节成型时间	按成型要求控制注射、保压、冷却时间及整个成型周期。试模时,应手动控制,酌情调整各成型时间,也可以通过调节时间继电器自动控制各成型时间

(续)

调整项目	要点说明
调节模温及水冷系统	1) 按成型条件调节流水量和电加热器电压，以控制模温及冷却速度 2) 开机前，应打开液压泵、料斗、各部位冷却水系统
确定操作工序	装料、注射、闭模、开模等工序应按成型要求调节。试模时，采用人工控制，生产时，采用自动及半自动控制

表6-4 企业中制件常见的缺陷及调整方法

缺陷类型	产生原因	调整方法
制件外形残缺或多型腔模具中个别型腔填充不满	1) 注射量不够，加料量及塑化能力不足 2) 塑料粒度不同或不匀 3) 多型腔时，进料平衡不好 4) 喷嘴或料筒温度太低或喷孔太小 5) 注射压力小，注射时间短，保压时间短，螺杆或柱塞退回过早 6) 注射速度太快或太慢 7) 塑料流动性太差 8) 飞边溢料过多 9) 模温低，塑料冷却快 10) 模具浇注系统流动阻力大，进料口位置不当且截面小 11) 排气不当，无冷料穴或冷料穴设置不合理 12) 脱模剂过多，型腔中有水分 13) 塑料含有水分或挥发性物质	1) 加大注射量和加料量，增加塑化能力 2) 改用新塑料 3) 修整进料口，使各型腔进料口形状相同 4) 提高喷嘴及料筒温度或更换新的喷嘴 5) 提高注射压力和延长注射、保压时间 6) 合理控制注射速度 7) 选择合适流动性的塑料材料 8) 使溢料槽变小 9) 提高模温 10) 修整进料口，加大浇口截面 11) 增加或修整冷料穴，使模具可以有效地排气 12) 适当使用脱模剂，清除型腔内水分 13) 塑料在使用前要烘干
制件尺寸不稳定	1) 注射机电气或液压系统不稳定 2) 模具强度不够，定位杆弯曲、磨损 3) 成型条件（温度、压力、时间）变化，成型周期不一致 4) 模具精度不高，活动零件动作不稳定，定位不准确 5) 模具合模时，时紧时松，易出飞边 6) 浇口太小；多型腔时，各型腔进料口大小不一致，进料不平衡 7) 塑料加料量不均 8) 塑料颗粒不均，收缩率不稳定	1) 调整注射机，使其电气部分、液压系统稳定可靠 2) 提高模具强度，更换定位杆 3) 控制成型条件，使每一个制品的成型周期稳定一致 4) 调整模具精度，使活动零件动作平稳，定位零件定位准确 5) 增加锁模力，使合模稳定 6) 修整浇口，使进料平衡、稳定 7) 控制加料量，每次定量加料 8) 更换新的塑料
制件产生气泡	1) 塑料含水分太多，有挥发性物质存在 2) 料温高，加热时间长 3) 注射压力小 4) 柱塞或螺杆退回早 5) 模具排气不良 6) 模具温度低 7) 注射速度太快 8) 模具型腔内有水、油污或使用脱模剂不当	1) 更换新塑料或在使用前烘干 2) 降低温度和减少加热时间 3) 加大注射压力 4) 控制柱塞或螺杆退回时间 5) 增设冷料穴，使其排气良好 6) 提高模具温度 7) 降低注射速度 8) 清除型腔水分及油污，合理使用脱模剂

(续)

缺陷类型	产生原因	调整方法
制件产生凹痕、塌坑	1) 进料口太小或数量不够 2) 制件壁太厚或薄厚不均 3) 模具各支承面平行度差 4) 模具单向受力或安装时没有被压紧 5) 注射压力大，锁模力不足或锁模机构不良；注射机定、动模板不平行 6) 制件投影面积超过注射机所容许的制件面积 7) 料温、模温高，注射速度太快 8) 加料量大	1) 增大浇口尺寸或改变浇口数量 2) 重新设计制件结构，调整壁厚尺寸 3) 重修模具，使各支承面间互相平行 4) 重新安装模具 5) 减少注射压力，增加锁模力，重新调整定、动模板 6) 要换大容量的注射机 7) 重新调整注射速度，降低料温、模温 8) 减少加料量
制件表面或内部产生明显的细缝	1) 料温低，模具温度也低 2) 注射速度慢、注射压力小 3) 进料口位置不当，进料口数量多或浇注系统流程长、阻力太大或料温下降太快 4) 模具冷却系统设计不合理 5) 制件薄，嵌件过多或薄厚不均，使料在薄壁处汇合出现熔接不良 6) 嵌件温度太低 7) 塑料流动性差 8) 模具型腔内有水，润滑剂、脱模剂太多 9) 模具排气不良 10) 纤维填料分布不均	1) 提高料温、模温 2) 加快注射速度，加大注射压力 3) 调整进料口和浇注系统 4) 改变冷却回路，使之冷却均匀 5) 重新改进制件设计，使之符合工艺性要求 6) 嵌件在使用前应预热 7) 更换流动性好的塑料 8) 清除模具内水分，适量使用润滑、脱模剂 9) 增设排气冷却槽，充分排除气体 10) 改善填料，使之分布均匀
制件表面出现波纹	1) 料温低，模温、喷嘴温度也低 2) 注射压力小，注射速度慢 3) 冷却穴设计不合理，里面有冷料未清除 4) 塑料流动性差 5) 模具冷却系统设计不合理 6) 浇注系统流程长，截面积小；进料口尺寸大小及形状、位置不合理，使熔料流动受阻，冷却快，出现波纹状 7) 制件壁薄，投影面积大，形状复杂 8) 供料不足 9) 流道曲折、狭窄，表面粗糙	1) 提高模温、料温及喷嘴温度 2) 提高注射压力，加快注射速度 3) 改进冷料穴设计，消除冷料 4) 更换流动性好的塑料 5) 修整模具冷却系统 6) 改进浇注系统，并加大流道和浇口尺寸 7) 改进制件设计，使之符合工艺性要求 8) 加大供料量 9) 改修流道，抛光使其表面光洁
制件表面产生银丝或片状云母纹(水痕)	1) 塑料温度太高，模具温度也高 2) 塑料含有水分及挥发物 3) 注射压力太小 4) 料中含有气体，排气不良 5) 流道进料口小 6) 模具型腔有水，润滑油、脱模剂使用太多 7) 模温低，注射压力小，注射速度低，使熔料填充慢，冷却快，易形成银白色或白色反射光的薄层（常有冷却痕） 8) 熔料从薄壁流入厚壁时膨胀、挥发物汽化与模具表面接触液化成银丝 9) 配料不当，混入异物或不熔料，发生分层脱离	1) 降低料温、模温 2) 烘干塑料 3) 加大注射压力 4) 改善排气系统 5) 加大进料口尺寸 6) 清除模具内水分，合理使用润滑及脱模剂 7) 提高模温，加大的注射压力和加快注射速度 8) 改善制件设计，使壁厚均匀过渡，符合工艺性要求 9) 配料时注意纯度

（续）

缺陷类型	产生原因	调整方法
制件翘曲变形	1）冷却时间不够，模温高 2）制件形状设计不合理，薄厚不均且相差太大，强度不足；嵌件分布不合理，预热不足 3）进料口位置不合理，尺寸小；料温、模温低，注射压力小，注射速度快；保压补缩不足，冷却不均，收缩不匀 4）动、定模温差大，冷却不均，造成变形 5）塑料塑化不匀，供料不足或过量 6）冷却时间短，出模太早 7）模具强度不够，易变形 8）进料口位置不合理，料直接冲击型芯，两侧受力不均 9）推杆位置布置不合理	1）增长冷却时间，降低模温 2）重新修改制件设计，使之符合工艺性设计要求 3）加大进料口尺寸或改变其位置，合理制订注射工艺规程 4）合理控制模温，使动、定模温度均匀 5）应定量供料 6）合理控制出模时间 7）修整或重装模具 8）调整及改变进料口位置 9）调整推出机构，使其作用力均匀
制件产生裂纹	1）脱模时推出不合理，推出力分布不均匀 2）模温太低或模具受热不均匀 3）冷却时间过长或过快 4）脱模剂使用不当 5）嵌件不干净或预热不够 6）型腔脱模斜度小，有尖角或缺口，容易产生应力集中 7）成型条件不合理 8）进料口尺寸过大或形状不合理，产生应力 9）塑料混入杂质 10）填料分布不均	1）调整模具推出机构，使其受力均匀，动作可靠 2）提高模温，并使模具各部受热均匀 3）合理控制冷却时间 4）合理使用脱模剂 5）预热嵌件，清除嵌件表面杂质 6）改善制件设计或修整型腔脱模斜度 7）改善制件成型条件并严格控制 8）改进进料口尺寸及形状 9）使用干净塑料，清除杂质 10）合理使用填料，并搅拌均匀
制件表面产生黑条或呈炭状烧伤现象	1）料筒不洁或有混杂物 2）模具排气不良或锁模力太大 3）型腔表面有可燃性挥发物 4）塑料受潮、水解变黑 5）染色不均，有深色物或颜料变质 6）塑料成分分解变质	1）认真清洗料筒，检查塑料有无杂质并及时清除 2）合理修整模具排气系统，减小锁模力 3）清理型腔表面，应无杂物及水分存在 4）使用前烘干塑料，去除水分 5）合理配料 6）采用新塑料
色泽不匀或变色	1）颜料质量不好，搅拌不均匀或塑化不均 2）型腔表面有水分、油污或脱模剂过多 3）塑料与颜料中混入杂质 4）结晶度低或塑料壁厚不均，影响透明度造成色泽不均	1）更换颜料、搅拌均匀，使之与塑料一起塑化 2）清除型腔表面水分，合理使用脱模剂 3）更新材料 4）改善塑料的工艺性

(续)

缺陷类型	产生原因	调整方法
脱模困难	1）型腔表面粗糙 2）型腔脱模斜度小 3）模具镶件处缝隙太小 4）模具无进气孔 5）模具温度太高或太低 6）成型时间不合适 7）推杆太短，不起作用 8）拉料杆失灵 9）型腔变形大，表面有伤痕，难脱出制件 10）活动型芯脱模不及时 11）塑料发脆，收缩大 12）制件工艺性差，不易从模中脱出	1）抛光型腔 2）修整型腔，加大脱模斜度 3）重修模具镶件 4）增设进气孔 5）改善模具温度 6）控制成型时间 7）加长推杆长度 8）修整拉料杆 9）修整型腔并抛光 10）修整活动型芯，及时脱模 11）更换塑料 12）更新制件设计，使之符合工艺性要求
粘模	1）浇道斜度不对，没有使用脱模剂 2）同一塑料不同类别相混或塑化不匀，混入异物易粘模 3）料温、模温低，喷嘴温度也低，喷嘴与浇口套不吻合或有夹料 4）拉料杆失灵 5）模具型腔表面粗糙，有划痕 6）冷却时间短 7）浇道及主浇道连接强度低，浇道直径偏大	1）改进浇道斜度，使用脱模剂脱模 2）使用干净的塑料，清除异物 3）提高料温、模温及喷嘴温度，使喷嘴与浇口套吻合 4）更换拉料杆 5）抛光型腔表面 6）加长冷却时间 7）改善浇道强度或更换新浇道
制件透明度低	1）模温、料温均低，熔料与型腔表面接触不良 2）模具型腔表面粗糙，有水或油污 3）脱模剂太多 4）料温太高，使料分解变质 5）塑料有水分及杂质	1）提高模温、料温 2）抛光及清洁模具型腔表面 3）合理使用脱模剂 4）降低料温 5）烘干塑料，清除杂质
制件表面不光洁、有拉伤痕	1）型腔表面不光洁、粗糙 2）型腔内有杂质、水或油污 3）脱模剂使用太多或选用不当 4）塑料含水分及挥发物质 5）塑料及颜料分解、变质、流动性差 6）料温、模温均低，注射速度慢 7）模具排气不良 8）注射速度快，进料口尺寸小使熔料雾化 9）供料不足，塑化不良 10）塑料中混入异物 11）脱模斜度小 12）料温、模温忽高忽低 13）操作时擦伤表面	1）型腔表面镀铬、抛光 2）注射前，每次都要清理型腔 3）合理选用及使用脱模剂 4）烘干塑料 5）更换塑料 6）改善工艺条件 7）改善模具排气系统 8）降低注射速度，加大进料口尺寸 9）合理定量供料 10）改换塑料 11）加大脱模斜度 12）合理控制模温、料温 13）按操作工艺操作

知识拓展

影响注射成型质量的其他因素

1. 掌握制件所用的塑料种类及其性能

以 PP 和 PE 塑料为例,它们都可用于制作餐具,但由于所能承受的温度不同,所以在成型需要耐高温的茶杯时,必须选择 PP。此外,在满足使用性能的前提下,应优先考虑性价比,以降低成本,例如塑料齿轮,材料可优先选择聚甲醛(POM),因为其价格远低于尼龙(PA)。

2. 分析制件的结构工艺性

应重视制件的变形问题,有的制件(如风叶),由于形状特殊,随着内部应力的释放,有可能数日后出现变形或尺寸超差,这就要求在保压时间、冷却时间或制件的后处理方面采取措施。

3. 确定成型设备的规格和型号

这个问题是相对的,一般而言,应该在企业现有设备的基础上选择最合适的成型设备,而不是依据手册随意确定。

思考题

1. 简述模具拆装的目的和要求。
2. 简述模具在注射机中的安装步骤。
3. 制件产生气泡的原因有哪些?应如何处理?
4. 注射模试模时发现制件有熔接痕,应如何处理?
5. 注射成型的成型时间是如何调节和设定的?

附 录

附录 A 实训报告

实 训 报 告

课程名称：_____

专　　业：_____

班　　级：_____

学　　号：_____

学生姓名：_____

指导教师：_____

年　月　日

实训报告一　单分型面注射模拆装与调试

1. 在 A2 图纸上完成模具总装图的绘制。
2. 结合拆装过程完成所拆装模具的零件明细表。

类别	序号	名称	数量	材料
成型零件				
导向零件				
推出零件				
支承零件				
定位零件				
紧固零件				

3. 根据试模时所获得的工艺参数完成下表。

注射成型	设备规格			材料名称	
	产品名称			零件净重	
	料筒温度	第一段		注射时间	闭模	
		第二段			注射	
		第三段			保压	
		第四段			冷却	
		第五段			开模	
		喷嘴			总时间	
	压力	注射		模温	
		保压		螺杆类型	

4. 根据拆装所得的动模型芯、定模型腔和浇口套零件的尺寸，结合装配图的信息，试按比例在 A3 或 A4 图纸上绘出制件、动模型芯、定模型腔和浇口套的图样。

5. 叙述所拆装模具的工作原理。

6. 简述试模时料筒温度、注射压力和保压时间的设置与调整过程。

实训报告二　双分型面注射模拆装与调试

1. 在 A2 图纸上完成模具总装图的绘制。
2. 结合拆装过程完成所拆装模具的零件明细表。

类别	序号	名称	数量	材料
成型零件				
导向零件				
推出零件				
支承零件				
定位零件				
紧固零件				

3. 根据试模时所获得的工艺参数完成下表。

注射成型	设备规格		材料名称	
	产品名称		零件净重	
	料筒温度	第一段		注射时间	闭模	
		第二段			注射	
		第三段			保压	
		第四段			冷却	
		第五段			开模	
		喷嘴			总时间	
	压力	注射		模温	
		保压		螺杆类型	

4. 根据拆装所得的动模型芯、定模型腔、中间板零件的尺寸，结合装配图的信息，试按比例在 A3 或 A4 图纸上绘出制件、动模型芯、定模型腔和中间板的图样。

5. 叙述所拆装模具的工作原理。

6. 简述试模时料筒温度、注射压力和保压时间的设置与调整过程。

实训报告三 斜导柱侧抽芯注射模的拆装与调试

1. 在 A2 图纸上完成模具总装图的绘制。
2. 结合拆装过程完成所拆装模具的零件明细表。

类别	序号	名称	数量	材料
成型零件				
导向零件				
推出零件				
支承零件				
定位零件				
紧固零件				

3. 根据试模时所获得的工艺参数完成下表。

注射成型	设备规格		材料名称	
	产品名称		零件净重	
	料筒温度	第一段	注射时间	闭模
		第二段		注射
		第三段		保压
		第四段		冷却
		第五段		开模
		喷嘴		总时间
	压力	注射		模温
		保压		螺杆类型

4. 根据拆装所得的动模型芯、定模型腔、滑块、楔紧块和斜导柱的尺寸，结合装配图的信息，试按比例在 A3 或 A4 图纸上绘出制件、动模型芯、定模型腔、滑块、楔紧块和斜导柱的图样。

5. 叙述所拆装模具的工作原理。

6. 简述试模时料筒温度、注射压力和保压时间的设置与调整过程。

实训报告四　斜滑块侧抽芯注射模的拆装与调试

1. 在 A2 图纸上完成模具总装图的绘制。
2. 结合拆装过程完成所拆装模具的零件明细表。

类别	序号	名称	数量	材料
成型零件				
导向零件				
推出零件				
支承零件				
定位零件				
紧固零件				

3. 根据试模时所获得的工艺参数完成下表。

注射成型		设备规格			材料名称	
		产品名称			零件净重	
	料筒温度	第一段		注射时间	闭模	
		第二段			注射	
		第三段			保压	
		第四段			冷却	
		第五段			开模	
		喷嘴			总时间	
	压力	注射			模温	
		保压			螺杆类型	

4. 根据拆装所得的型芯、定模型腔、斜滑块、滑槽板的尺寸，结合装配图的信息，试按比例在 A3 或 A4 图纸上绘出制件、型芯、定模型腔、斜滑块、滑槽板的图样。

5. 叙述所拆装模具的工作原理。

6. 简述试模时料筒温度、注射压力和保压时间的设置与调整过程。

附录 B 参考数据表

表 B-1 常用塑料收缩率

塑料名称	收缩率（%）	塑料名称	收缩率（%）
聚乙烯（低密度）	1.5~3.5	尼龙6（30%玻璃纤维）	0.35~0.45
聚乙烯（高密度）	1.5~3.0	尼龙9	1.5~2.5
聚丙烯	1.0~2.5	尼龙11	1.2~1.5
聚丙烯（玻璃纤维增强）	0.4~0.8	尼龙66	1.5~2.2
聚氯乙烯（硬质）	0.6~1.5	尼龙66（30%玻璃纤维）	0.4~0.55
聚氯乙烯（半硬质）	0.6~2.5	尼龙610	1.2~2.0
聚氯乙烯（软质）	1.5~3.0	尼龙610（30%玻璃纤维）	0.35~0.45
聚苯乙烯（通用）	0.6~0.8	尼龙1010	0.5~4.0
聚苯乙烯（耐热）	0.2~0.8	醋酸纤维素	1.0~1.5
聚苯乙烯（增韧）	0.3~0.6	醋酸丁酸纤维素	0.2~0.5
ABS（抗冲）	0.3~0.8	丙酸纤维素	0.2~0.5
ABS（耐热）	0.3~0.8	聚丙烯酸酯类塑料（通用）	0.2~0.9
ABS（30%玻璃纤维增强）	0.3~0.6	聚丙烯酸酯类塑料（改性）	0.5~0.7
聚甲醛	1.2~3.0	聚乙烯乙炔	1.0~3.0
聚碳酸酯	0.5~0.8	酚醛塑料（木粉填料）	0.5~0.9
聚砜	0.5~0.7	酚醛塑料（石棉填料）	0.2~0.7
聚砜（玻璃纤维增强）	0.4~0.7	酚醛塑料（云母填料）	0.1~0.5
聚苯醚	0.7~1.0	酚醛塑料（棉纤维填料）	0.3~0.7
改性聚苯醚	0.5~0.7	酚醛塑料（玻璃纤维填料）	0.05~0.2
氯化聚醚	0.4~0.8	脲醛塑料（纸浆填料）	0.6~1.3
氟塑料F-4	1.0~1.5	脲醛塑料（木粉填料）	0.7~1.2
氟塑料F-3	1.0~2.5	三聚氰胺甲醛（纸浆填料）	0.5~0.7
氟塑料F-2	2	三聚氰胺甲醛（矿物填料）	0.4~0.7
氟塑料F-46	2.0~5.0	聚邻苯二甲酸二烯丙酯（石棉填料）	0.28
尼龙6	0.8~2.5	聚邻苯二甲酸二烯丙酯（玻璃纤维填料）	0.42

表 B-2 模塑件尺寸公差（GB/T 14486—2008）

公差等级	公差种类	>0~3	>3~6	>6~10	>10~14	>14~18	>18~24	>24~30	>30~40	>40~50	>50~65	>65~80	>80~100	>100~120	>120~140	>140~160	>160~180	>180~200	>200~225	>225~250	>250~280	>280~315	>315~355	>355~400	>400~450	>450~500	>500~630	>630~800	>800~1000
		标注公差的尺寸公差值																											
MT1	a	0.07	0.08	0.09	0.10	0.11	0.12	0.14	0.16	0.18	0.20	0.23	0.26	0.29	0.32	0.36	0.40	0.44	0.48	0.52	0.56	0.60	0.64	0.70	0.78	0.86	0.97	1.16	1.39
	b	0.14	0.16	0.18	0.20	0.21	0.22	0.24	0.26	0.28	0.30	0.33	0.36	0.39	0.42	0.46	0.50	0.54	0.58	0.62	0.66	0.70	0.74	0.80	0.88	0.96	1.07	1.26	1.49
MT2	a	0.10	0.12	0.14	0.16	0.18	0.20	0.22	0.24	0.26	0.30	0.34	0.38	0.42	0.46	0.50	0.54	0.60	0.66	0.72	0.76	0.84	0.92	1.00	1.10	1.20	1.40	1.70	2.10
	b	0.20	0.22	0.24	0.26	0.28	0.30	0.32	0.34	0.36	0.40	0.44	0.48	0.52	0.56	0.60	0.64	0.70	0.76	0.82	0.86	0.94	1.02	1.10	1.20	1.30	1.50	1.80	2.20
MT3	a	0.12	0.14	0.16	0.18	0.20	0.22	0.26	0.30	0.34	0.40	0.46	0.52	0.58	0.64	0.70	0.78	0.86	0.92	1.00	1.10	1.20	1.30	1.44	1.60	1.74	2.00	2.40	3.00
	b	0.32	0.34	0.36	0.38	0.40	0.42	0.46	0.50	0.54	0.60	0.66	0.72	0.78	0.84	0.90	0.98	1.06	1.12	1.20	1.30	1.40	1.50	1.64	1.80	1.94	2.20	2.60	3.20
MT4	a	0.16	0.18	0.20	0.24	0.28	0.32	0.36	0.42	0.48	0.56	0.64	0.72	0.82	0.92	1.02	1.12	1.24	1.36	1.48	1.62	1.80	2.00	2.20	2.40	2.60	3.10	3.80	4.60
	b	0.36	0.38	0.40	0.44	0.48	0.52	0.56	0.62	0.68	0.76	0.84	0.92	1.02	1.12	1.22	1.32	1.44	1.56	1.68	1.82	2.00	2.20	2.40	2.60	2.80	3.30	4.00	4.80
MT5	a	0.20	0.24	0.28	0.32	0.38	0.44	0.50	0.56	0.64	0.74	0.86	1.00	1.14	1.28	1.44	1.60	1.76	1.92	2.10	2.30	2.50	2.80	3.10	3.50	3.90	4.50	5.60	6.90
	b	0.40	0.44	0.48	0.52	0.58	0.64	0.70	0.76	0.84	0.94	1.06	1.20	1.34	1.48	1.64	1.80	1.96	2.12	2.30	2.50	2.70	3.00	3.30	3.70	4.10	4.70	5.80	7.10
MT6	a	0.26	0.32	0.38	0.46	0.52	0.60	0.70	0.80	0.94	1.10	1.28	1.48	1.72	2.00	2.20	2.40	2.60	2.90	3.20	3.50	3.90	4.30	4.80	5.30	5.90	6.90	8.50	10.60
	b	0.46	0.52	0.58	0.66	0.72	0.80	0.90	1.00	1.14	1.30	1.48	1.68	1.92	2.20	2.40	2.60	2.80	3.10	3.40	3.70	4.10	4.50	5.00	5.50	6.10	7.10	8.70	10.80
MT7	a	0.38	0.46	0.56	0.66	0.76	0.86	0.98	1.12	1.32	1.54	1.80	2.00	2.40	2.70	3.00	3.30	3.70	4.10	4.50	4.90	5.40	6.00	6.70	7.40	8.20	9.60	11.90	14.80
	b	0.58	0.66	0.76	0.86	0.96	1.06	1.18	1.32	1.52	1.74	2.00	2.30	2.60	2.90	3.20	3.50	3.90	4.30	4.70	5.10	5.60	6.20	6.90	7.60	8.40	9.80	12.10	15.00
		未注公差的尺寸允许偏差																											
MT5	a	±0.10	±0.12	±0.14	±0.16	±0.19	±0.22	±0.25	±0.28	±0.32	±0.37	±0.43	±0.50	±0.57	±0.64	±0.72	±0.80	±0.88	±0.96	±1.05	±1.15	±1.25	±1.40	±1.55	±1.75	±1.95	±2.25	±2.80	±3.45
	b	±0.20	±0.22	±0.24	±0.26	±0.29	±0.32	±0.35	±0.38	±0.42	±0.47	±0.53	±0.60	±0.67	±0.74	±0.82	±0.90	±0.98	±1.06	±1.15	±1.25	±1.35	±1.50	±1.65	±1.85	±2.05	±2.35	±2.90	±3.55
MT6	a	±0.13	±0.16	±0.19	±0.23	±0.26	±0.30	±0.35	±0.40	±0.47	±0.55	±0.64	±0.74	±0.86	±1.00	±1.10	±1.20	±1.30	±1.45	±1.60	±1.75	±1.95	±2.15	±2.40	±2.65	±2.95	±3.45	±4.25	±5.30
	b	±0.23	±0.26	±0.29	±0.33	±0.36	±0.40	±0.45	±0.50	±0.57	±0.65	±0.74	±0.84	±0.96	±1.10	±1.20	±1.30	±1.40	±1.55	±1.70	±1.85	±2.05	±2.25	±2.50	±2.75	±3.05	±3.55	±4.35	±5.40
MT7	a	±0.19	±0.23	±0.28	±0.33	±0.38	±0.43	±0.49	±0.56	±0.66	±0.77	±0.90	±1.05	±1.20	±1.35	±1.50	±1.65	±1.85	±2.05	±2.25	±2.45	±2.70	±3.00	±3.35	±3.70	±4.10	±4.80	±5.95	±7.40
	b	±0.29	±0.33	±0.38	±0.43	±0.48	±0.53	±0.59	±0.66	±0.76	±0.87	±1.00	±1.15	±1.30	±1.45	±1.60	±1.75	±1.95	±2.15	±2.35	±2.55	±2.80	±3.10	±3.45	±3.80	±4.20	±4.90	±6.05	±7.50

注：1. a 为不受模具活动部分影响的尺寸公差值；b 为受模具活动部分影响的尺寸公差值。
2. MT1 级为精密级，只有采用严密的工艺控制措施和高精度的模具、设备，原料时才有可能选用。

表 B-3　部分国产注射机技术规格

项目	型号						
	XS-ZS-22	XS-Z-60	XS-ZY-125	G54-S-200/400	SA1600/540		
					A	B	C
额定注射量/cm³	30、20	60	125	200~400	253	320	395
螺杆（柱塞）直径/mm	25×2 20×2	38	42	55	40	45	50
注射压力/MPa	75、117	122	120	109	215	169	137
注射时间/s	0.45、0.5	2.9	1.6				
螺杆转数/（r/min）			29、43、60 69、83、101	16、28、48	0~205		
注射方式	双柱塞式（双色）	柱塞式	螺杆式	螺杆式	螺杆式		
合模力/kN	250	500	900	2540	1600		
最大成型面积/cm²	90	130	320	645			
最大开（合）模行程/mm	160	180	300	260	430		
最大模厚/mm	180	200	300	406	520		
最小模具厚/mm	60	70	200	165	180		
动、定模固定板尺寸/mm	250×280	330×440	428×458	532×634	705×705		
拉杆内距/mm	235	190×300	260×290	290×368	470×470		
顶出行程/mm		160	180		140		
顶出力/kN		15	15		33		
合模方式	液压-机械	液压-机械	液压-机械	液压-机械	液压-机械		
最大液压泵压力/MPa	6.5	6.5	6.5	6.5	16		
电动机功率/kW	5.5	11	11	18.5	15		
加热功率/kW	1.75	2.7	5	10	9.75		
机器外形尺寸/mm	234×800×1460	316×850×1550	334×750×1550	470×1400×1800	5150×1350×1990		

参 考 文 献

[1] 苗德忠. 塑料成型工艺与模具设计[M]. 北京：北京理工大学出版社，2015.
[2] 林章辉. 塑料成型工艺及模具设计[M]. 北京：北京理工大学出版社，2010.
[3] 刘峥，程惠清. 塑料成型工艺及模具：设计与实践[M]. 重庆：重庆大学出版社，2013.
[4] 杨海鹏. 模具设计与制造实训教程[M]. 北京：清华大学出版社，2011.
[5] 杨永顺. 塑料成型工艺与模具设计[M]. 北京：机械工业出版社，2011.
[6] 洪慎章. 实用压塑模具结构图集[M]. 北京：化学工业出版社，2010.
[7] 吴泊良，周宗明. 塑料成型工艺与模具设计[M]. 北京：国防工业出版社，2011.
[8] 张维合. 注塑模具设计实用手册[M]. 2版. 北京：化学工业出版社，2019.
[9] 王基维. 塑料模具设计与制造[M]. 哈尔滨：哈尔滨工业大学出版社，2021.
[10] 郭志强. 塑料模具结构及拆装测绘实训教程[M]. 北京：化学工业出版社，2016.
[11] 金捷，朱红萍. 塑料成型工艺与模具设计[M]. 北京：机械工业出版社，2018.
[12] 李东君，唐妍. 塑料模具设计[M]. 北京：化学工业出版社，2019.
[13] 褚建忠，甘辉，黄志高. 塑料模具设计基础及项目实践[M]. 杭州：浙江大学出版社，2015.
[14] 李厚佳，王浩. 注塑模具课程设计指导书[M]. 北京：机械工业出版社，2011.
[15] 屈华昌，张俊. 塑料成型工艺与模具设计[M]. 3版. 北京：机械工业出版社，2014.
[16] 屈华昌，吴梦陵. 塑料成型工艺与模具设计[M]. 4版. 北京：高等教育出版社，2018.
[17] 王树人. 塑料模具设计方法与技巧[M]. 北京：化学工业出版社，2018.
[18] 江昌勇，沈洪雷. 塑料成型模具设计[M]. 2版. 北京：北京大学出版社，2017.
[19] 王春艳，陈国亮. 塑料成型工艺与模具设计[M]. 北京：机械工业出版社，2018.